AI 时代重新定义人才

伍江平　编著

中国财经出版传媒集团
中国财政经济出版社

图书在版编目（CIP）数据

AI 时代重新定义人才/伍江平编著. —北京：中国财政经济出版社，2019.2

ISBN 978-7-5095-8769-0

Ⅰ.①A… Ⅱ.①伍… Ⅲ.①人生哲学－通俗读物 Ⅳ.①B821-49

中国版本图书馆 CIP 数据核字（2019）第 013124 号

责任编辑：付克华　　　　　责任校对：徐艳丽
封面设计：华乐功

中国财政经济出版社 出版

URL：http://www.cfeph.cn

E-mail：cfeph@cfeph.cn

（版权所有　翻印必究）

社址：北京市海淀区阜成路甲 28 号　邮政编码：100142

营销中心电话：010-88191537

北京时捷印刷有限公司印刷　各地新华书店经销

787×1092 毫米　16 开　24.25 印张　428 000 字

2019 年 2 月第 1 版　2019 年 11 月北京第 2 次印刷

定价：98.00 元

ISBN 978-7-5095-8769-0

（图书出现印装问题，本社负责调换）

本社质量投诉电话：010-88190744

打击盗版举报热线：010-88191661　QQ：2242791300

序一

"才人",这个说法很有意思。我们知道,武则天曾被称为武才人,是因为她在唐太宗时期曾任一个叫做才人的宫官,实际上是妃嫔中的一种。据史书记载,这一宫职始设于晋,至明代仍沿用。另外一处出现"才人"一词的,大概就是清人赵翼的《论诗》了。他说:"江山代有才人出,各领风骚数百年"。

何谓才人?把宫官一说放到一边不论,大概指的就是有才之人。这就涉及另外一个仅是将同样的两个字倒装过来的概念——"人才"。

从古至今,人才都是重要的,在当代社会更凸显其特有的价值,所以才有了"尊重知识,尊重人才""人才是第一资源""人才是实现民族振兴、赢得国际竞争主动的战略资源"等一系列著名论断。那么,这又回到同样的问题,何谓人才?

本来,这并不是一个复杂的问题。人才,人才,就是有才之人,与本书中的"才人"一词大可视为同义语,一般意义上的解释即可就此打住。但现在我们有时难免犯糊涂,一些教科书式的看似精确甚至力图量化的解释,又让人如坠烟云。

人才问题,我以为,实质上就是人之才的问题,即人之才(掌握知识及运用知识的能力)的蕴积与发挥的问题,通俗来讲,就是人成其才与人尽其才两方面的问题。

人成其才是知识价值的蕴积(当然也包括知识的发现与创造),在社会实践中主要是教育;人尽其才是知识价值的发挥,即一个具备一定知识的人进入社会生产领域、与工作岗位及职责等匹配后应产生的价值,在社会实践中主要就是人事工作或称人力资源管理,也包括作为人力资源管理外化的人力资源服务。

《才人说》同"才人"一词一样有意思。没有高头讲章的煞有介事，没有宣传鼓动的渲染铺陈，笔触是轻松的，但认识是深透的。披览全稿，时见珠玑之见。我以为，这得益于参与本书写作的50位作者，他们显然具备厚实的学养，而又几乎都工作在人才开发实践的第一线，凡其所论，皆有所本，自然无蹈空之言。

　　本书的编著者伍江平同志经营着一家猎头公司，为用人单位做高层次人才寻访与选聘，是实实在在的人才工作者。他在这个领域深耕近20年，本来就有很多心得，而他花费近一年的时间，邀集国内人才工作领域卓有见识的同行就一个共同的问题来谈认识，就更见其不同凡响了。

　　受江平的盛邀，我认真地看了书中的各篇稿子，认为是值得推荐给广大读者，特别是人才工作领域的同行们读一读。故乐为之序！

中国人事科学研究院院长

余兴安

2019年1月22日

序二

集众家之长 合百家之思 展百家之态

受江平之托，得有幸品读《AI时代重新定义人才》一书，能看到这么多人才结合自身的发展谈人才观，深感惊叹！我一直认为，人才不是全才，更不是全能，不可能尽善尽美，只是某一个行业、某一种职业、某一个单位的佼佼者，金无足赤，人无完人，世界上只能找到适合做某项工作的人才，很难找到完美无缺的全才。因此，我们以往更多是接触到某领域、某职位的人才谈人才观的书籍，很难目睹覆盖多个领域的人才观著作！本书将不同行业领域、不同职业的的人汇聚在一起，有人才谈管理，有人才思想的流露，有用新技术、新思想探讨人才文化，书中充满了思想与智慧的碰撞，集众家之长，合百家之思，展百家之态，造就了人力资源管理领域的又一大力作。

滴水成河，步行成道，皆非一日之功！《AI时代重新定义人才》自2018年1月2日至11月17日，历时320天，汇聚企事业单位高管、大学教授、各界领导等各领域50位大咖，著成30多万字的著作，这是轰动人才专属领域的大事。能为此书做序，能够品读各位人才之作品，结识各行各业的人才，学习各领域的人才发展观，深感荣幸。借此机会也谈谈个人的一点心得，供各位读者在阅读之时以作借鉴。

说起心得，我一直讲究追本溯源，方得始终。对于任何事情，我喜欢循序渐进地探究其根本，方能释怀。这么一来，对于任何作品的诞生其实都有其特有的根源。

对于《AI时代重新定义人才》，当然得从编著江平说起！说起江平，每次见面张口就来："我是午马猎头伍江平，一生只做一件事，让发展中的企业在其发展的每个阶段找到适合其发展的人才！让成长中的职业经理人在成长的每个阶段找到适合其成长的平台！"。就是这一句话，也是对他个人最完美总结的一句话，促使他20年深耕人力资源管理精准招聘领域，精研各行业领域的人才，专注于企业成长和人才成长，用专业技术塑造行业标准，持之以恒坚持打造和谐的人才生态圈。从这一句话中，我们能够深深体会到江平，一是具有深根领域、坚持不懈、勇往直前的斗志；二是他一直在帮助不同发展阶段的企业和职业经理人，能结识各行各业的精英，能善结能人，全身散发着一股意气风发的豪情！这两点为《AI时代重新定义人才》汇聚起各领域的大咖做了很好的铺垫！

顺藤摸瓜，讲到这就不得不提一下午马猎头。"午马猎头"顾名思义，一个专注于专业猎头行业的机构，一个人才汇聚的大平台！对于午马猎头，最先让我想到的是千里马，韩愈在《马说》中讲到"千里马常有，而伯乐不常有"，午马猎头作为当代的伯乐，成了千里马集聚的大平台。记得午马猎头在2009年创建之始，便定下了"打造和谐的人才生态圈"的愿景，到2018年已是第十个年头。十年可以做很多事，但是午马猎头专注于人力资源企业高端人才精准招聘领域，朝着打造和谐生态圈的愿景努力，一步步成为千里马的聚集之地，成为人才展现自我的大舞台，成为推动人才文化向前发展的助推器！午马猎头十年的坚守，打造人才交流的舞台，塑造人才文化的阵地，为《AI时代重新定义人才》的面世打下了坚实的基础。

我认为在了解这些信息的基础上，再来品鉴《AI时代重新定义人才》，更能领略其中的深刻韵味！品鉴到其中至纯至真的深厚人才文化内涵！在此，我谈谈个人的几点看法：

首先，从善出发，至纯至真。

从善出发，这是本书编著伍江平一直秉承"心善就是快乐，成人就是达己"的信念，相信也是《AI时代重新定义人才》编著时的初衷。我们都知道，任何人所学的知识与人类已有的知识、经验、能力相比都只是沧海一粟。如果没有专业的平台做铺垫,别说学习吸收众家经验,只是搜集好众家思想几乎就是非常艰难的事情。

从善出发,《AI时代重新定义人才》集众家之长、合百家之思,让很多沉寂的专业思想、人才主张、成功之道得以绽放!给职场中有成就的人,提供了一个专业分享成就的舞台;给成功步入职场的人,提供了一个更好地借鉴吸收经验的平台;给即将步入职场的人,提供了一个学习成功经验的渠道!因此,《AI时代重新定义人才》是以一种更长远的发展目光来发现人才、培养人才。

说它至纯至真,是因为《AI时代重新定义人才》作为一个专业思想和人才主张展现的舞台,让人才论人才,专家谈人才。50位大咖所展现出来的全是原创观点,是个人真实的写照,是才人专属思想的地震源,是专业思想的汇聚地,是最权威、最专业、最前瞻的对才人的剖析,是至纯至真的展示。它能让更多的后来人快速吸取众家之长,学为己用。

其次,述论结合,通俗易懂。

《AI时代重新定义人才》另辟蹊径,改变以往书籍固有的纯理论讲解模式,打造百家思想汇聚之舞台,采用"专家论述"和"江平辩才"相结合的形式,既有才人人才观的阐述,又有对人才观的点评和论述。述论结合,通俗易懂,这是本书的一大特色,既增强了书籍的趣味性和实践性,又能够让读者快速地阅读和掌握其中知识的精髓。

《AI时代重新定义人才》除序言、后记之外共有50篇,每篇的"专家论述"都由专人对各自所在行业领域人才观进行阐述。50位大咖分篇通过对职业成长的思考,对人生意义和生活真谛的感悟,对人生一路走来的观点总结,对人才、对职场、对生活、对人生的思考与探索,系统化地阐述自身的人才观。每篇均经过专业思考后的提炼,是个人人生历程的总结,是个人思想最真实的写照,代表着最权威、最专业、最前瞻的思想源泉。

"江平辩才"则由本书编著伍江平系统化地通过对原著人才观的剖析,一针见血地点评,精准聚焦当今的人才文化现象,高度总结人才文化发展大势,探讨人才发展理念。通过不断总结和提炼,通俗易懂,给读者提供更好的阅读思考方法，品味更深的人才文化意蕴。

最后，顺势而为，百家之态。

在各地人才战略相继出台，人才竞争日渐炽热化的大背景下，大家对系统化人才类书籍的需求与日俱增。但纵观市面人才类书籍均采用长篇大论、侃侃而谈的模式，让读者感觉有些乏味。同时很多人才著作均停留在自我层面，要么以个人专辑形式展现，要么以专业板块论述呈现，人才文化缺乏激烈碰撞的火花。

《AI时代重新定义人才》顺应时代潮流，应读者的需求，汇聚50位大咖，集众家之长，合百家之思，展百家之态。有对职业成长的思考，对人生意义的感悟，对人生观点的总结，以一种全新的人才发展观展现全新的人才文化思想，促进人才文化发展，成为百家专业思想和人才主张展现的舞台。

莎士比亚曾说："一千个读者就有一千个哈姆雷特"。何况是各领域专业人士汇聚在一起，通俗易懂地说人才，谈笑风生地谈人才，有理有据地论人才，VUCA时代、区块链、物联网下人工智能时代的人才观等系统化人才文化观点的《AI时代重新定义人才》，这可是一艘何其豪华的人才文化巨艇！并且每个人都有其不平凡的历程，每个人都有其传奇的人生，这又将是一笔何其宝贵的财富，以供后来人共勉！

华南师范大学人力资源研究中心主任、教授、博士生导师

谌新民

2019年2月

序三

做人用人术与道

著名人力资源专家伍江平先生为医药行业人力资源的提升、为行业新人成长、为企业选人用人做了一件大事，这就是2019年轰动业界的《AI时代重新定义人才》走红大江南北。江平用自己的激情、使命、专业、文采组织出一篇篇有温度、有深度、有高度的人才思想盛宴。这本书发表的每篇文章也都是有理念、有观点、有经验、有实战经验总结的人才成长、人才做人和医药企业用人的术与道。

本书首先说的是做人，读了这本书医药界大咖的所有文章，江平精心挑选的业界大咖作为谈论人才的每位作者，都是满怀激情、满怀正能量的人，他们自己的字里行间都渗透出自己做人的理念、做人的方法、为人处世之道，仿佛是一篇篇活灵活现的人生教科书，尤其给年轻的职业经理人健康成长，指明了方向，修正了航标，给出了方法。

在这本书中，谈得最多的是怎样成为人才，人才应当具备什么样的能力素质，不同的作者，从价值观的养成与修正、思维的创新与提升、管理的原理与哲学、专业技能的精进、职业素养的培养、学习能力的持续提高，以及人才情商、智商、胆商等不同方面，洋洋洒洒、各抒己见，娓娓道来，不同风格的文章既是知识分享的美文，又是业界大咖成长的现身说法，有些还是颠扑不破的真理，可读性极强。

本书的价值还在于，它给企业家和企业人力资源工作者，提供了一个识人、辨人、选人的独特视角，以及作为人才的职业经理人对企业的诉求，作为企业家从这里可以了解到业界大咖们是怎么想、怎么做的，他们对一件事情的看法与理解，企业家们也可以从中感悟到如何才能给自己企业的人才提供一个孵化器式的成长平台，让人才伴随着自己企业一起成长！

本书的精华之处，当属江平先生对每篇文章妙笔生花的点评。江平既能从人力资源专家的角度，又能从管理、心理、社会、哲学多个维度，对每篇文章及作者进行鞭辟入里、明事辩理、栩栩如生、恰如其分、提炼升华、画龙点睛式的精彩点评。我更喜欢每篇文章后面所附上的"江平辩才"，每篇"江平辩才"都值得深度细读并收藏思考。

感谢江平先生为业界做出这样的贡献，感谢才华横溢、激情满怀的伍江平先生！

李从选

2019年1月21日于成都环球中心

目 录

1. 李从选：职业经理人成功的八大关键词 …………………… 1

   结果好，才是真的好！观念，自律，担当，敬业，专业，团队，执行，结果。这8个衡量职业经理人走向成功的指标，是一个赢得了中国医药行业众多企业家和职业经理人内心的真实写照，值得大家去学习。

2. 何泽贤：如何在"田忌赛马"中胜出？ …………………… 5

   团队是重要的，你必须着力建设；业绩是必要的，就看你如何去努力实现；情商是胜负手，决定你能否胜任高管的使命责任。一篇《田忌赛马》完美诠释了一个职业经理人为什么跳槽？如何和企业进行有效沟通？在新企业如何站稳脚跟？又如何一步步稳健成长？

3. 余立志：我在"立健"激情燃烧的岁月 …………………… 13

   真正的高手不是高在专业上，而是高在让别人能够懂他、理解他，进而去信任他、支持他，余总在山东立健的职业实践更好地诠释了这个道理。

4. 吴国铭：我的人才系统观 …………………… 18

   人只有在岗位上交付结果，才有价值！才是人才！才能满足企业在发展的不同阶段的需求。这篇人才系统观的雄文，完美诠释了吴总多年坚持和秉承的原则和方法，愿这个系统的人才观能照亮和指引更多渴望向上的职场中人。

5. 马士锋：再谈"人才"时代冷思考 …………………… 23

   什么样的人才是人才？不是学历高，不是成绩好，不是有能耐。人要成为人才，你得交付结果；企业要有人才，你得打造平台。这是"人才"时代冷思考的直接观点。在人才的探索路上，我们通过此文将获得更深刻的认知。

6. 钟梓鉴：风控官的成长路 ·· 31

　　世事皆虚幻，须静心以视之。以清净心对待，不为外来因素、欲望、贪念和执着所干扰，在清净中寻找智慧，就能发现事物的本质。这些在这部讲述一个没有背景但一直脚踏实地永远前行的风控官真实职场经历的葵花宝典中得到了最好诠释。

7. 刘冠中：益盟人才 DNA ··· 39

　　因为人才，所以相信。创业不到 3 年的刘总单品做了一个亿的规模，还造福了很多人对健康管理的新思维，恰恰得益于仁才、刃才、韧才、忍才这四大人才组织基因和团队 DNA 的打造和锤炼。

8. 聂有诚：构建"人人是才"的理念到落地体系 ··················· 44

　　这是企业如何实现"人人是才"的一套非常有价值的方法论。有格局、有标准、有平台、有伯乐、有园丁、有机会、有制度、有竞争、有文化，站在企业的视角，从 9 个维度阐述了"人人是才"的体系建设，值得认真一读。

9. 徐元虎：唯健康方人才！不健康非人才！ ························· 51

　　这是一篇人才论的立体雄文。是人才必须健康！不健康一定是假人才！文章从三维九点：从平台维度的三业，敬业、职业、专业；从内在维度的三性，德性、悟性、韧性；从执行维度的三力，心力、脑力、体力，系统阐述人才内涵的指标点。

10. 徐海元：中小学名师专业发展的向度和特质 ······················ 61

　　一篇构筑名师是怎样炼成的逻辑方法论的精致好文。精致在结构、在思想、在案例、在经历！开篇立论恢宏，但又单刀直入，直指名师人才的向度和特质，纹理在专业情意、专业知识和专业技能，落笔在专注、专心、专业。

11. 王军：从战士到五百强公司总裁 ······································ 66

　　人唯真实，方见质朴。一个普通、真实、有理想的王总，质朴地解构了前 30 多年的职业历练，给我们充盈了一副活生生的人生画卷。有对命运的抗争，有向上的意志，有得志时的迷惘，失意时的哀怨，有对理想的孜孜追求。

目 录

12. 陈阳：论人才我想起了从前的几个老大 …………………………… 72

　　八大维度构筑人才精髓，通篇就是一个老板是如何炼成的教科书。人才一定要坚持、要有韧性，人才得适应平台，人才能改变环境，人才一定要有眼界，人才敢于承载失败和挫折，人才一定得控场，人才要胸怀远方，人才要有傲骨。

13. 张英智：我的追随智慧之旅 ……………………………………… 78

　　一个活脱脱的思想开阔、眼界辽阔、格局高阔的人才智慧说。什么是智慧？思路前瞻且能落地就是智慧，方法朴实关键有效就是智慧，逻辑严密入木三分就是智慧，既开脑洞又通人心就是智慧。追随智慧就是追随人才，就是追随未来！

14. 胡龙英：如何成为企业的优选"人才" ……………………………… 84

　　质朴的胡总给予人才质朴的解说。人品+能力维度、三力合成量才维度、沟通维度三大维度构成了质朴的人才方法论！一个高手不是高在专业上，而是高在能够让老板知道你在做什么，为什么这样做，这样做带来的好处在哪里？一切量质而行，从朴说起。

15. 倪磊：新环境下的人才成长路径 …………………………………… 90

　　人才成长的路径就是原汤原汁不加水不加料，以本色行走职场，才是王道。补、快、勤、学、新、律。这6字真言是倪总职业成长的心路，是几十年沉淀后总结出的职场成长定律，更是最本质的人才观。

16. 刘学兰：人才的心理素质漫谈 ……………………………………… 97

　　一篇以学术思想构筑但绝没有学究风格的学术文章，清新自然悦目，简练必定沁心，共鸣所以酣畅。漫谈人才必定智商高，人才必定情商高，人才必定逆商高的专业人才观。

17. 郑桂梅：我在海印的人才幸福感实践 ……………………………… 103

　　翻开了人才幸福构建的思维导图，如一幅山水画一样引导我们去追寻幸福的感觉，探源幸福的真谛，破译幸福的密码。指引我们用幸福的体验去推动一个人才创造完美，把工作的被动转化为他内心的欲望。

18. 张德生：人才"五行"说 ··· 110

  品德行、能力行、担当行、三效行、魅力行构成了人才五行的基本元素。与金、木、水、火、土天地自然五行遥相呼应。福来福往，忠诚于内心已然忠诚于企业，与忠诚于企业会得到被需要和尊重也必然遥相呼应。

19. 夏军：职场才人的勤、悟、罩 ·· 116

  勤就是心勤，悟就是去创新、去应用、去变通、去开发新的成果，罩必须建立在好的修行基础上。职场健康发展的三大重要因素：勤、悟、罩，完美点拨出职场成功的方法论。

20. 熊荣军：重庆鸿雁让天下英才入渝得水 ································ 121

  要有独特的城市气质，要有优惠的人才政策，要有适宜的创业平台，要有高效的引才载体，要有真诚的人才服务。这"五要"是完美诠释重庆鸿雁计划的核心真谛。

21. 刘常凌：百年科勒人才观 ··· 128

  活脱脱的一个企业组织胜任力标准化模型案例教科书。渐进式且基于不同层级人才的任职胜任力分级标准管理，不但对职位的层级分类有了依据，更关键的是给每个层级的胜任力的标准提出了具体指标。完美诠释科勒 145 年发展历史的人才基因。

22. 王自后：企业人才战略之"三善之道" ································ 137

  不直接去谈人才的定位，一开篇就切入人才管理的正题，直插如何用好人才。从善用人才、善育人才、善留人才三善之道，独具匠心地诠释了企业的人才战略。

23. 王高俊：新时期的"四有新人" ··· 145

  做企业，要做一个有思想的企业；做人，要做一个有故事的人；企业选拔人才一定要选新时期有激情、有想法、有道德、有执行的"四有新人"。

24. 叶笑平：走好人才"选育用留"四步棋 ································ 151

  "选育用留"人才四步棋，是历经 17 年选才、育才、用才、留才经验的完美总结。人才，不一定是拥有高学历、高职称的人，但一定是勤奋好学，拥有拼搏激情与敬业精神的人，对"选育用留"人才四步棋进行了完美诠释。

25. 何姣辉："选人才的"一专业三素质"" 158

> 企业找人首先要建立人才的参照物标准。"一专业三素质"就是适合企业人才的标准参照物。有了它就有了比对的标准，有了标准，就有了组织的基因，就有了组织发展需要的人才 DNA，就有了组织的发展。

26. 叶玖荣：维尚的人才价值与创造 165

> 尚品宅配这个定制化品牌这 9 年高速成长背后的秘密？HR 应该怎么做，做什么才会被人需要，受人尊敬价值最大？组织和文化在大家眼里好像是虚的东西如何实在起来？三大问题入手诠释人才价值与创造。

27. 王飚："八选八不选"让我拥有了合适的人才 176

> 围绕"选择相匹配的人，不选完美的人"，得出了"八选八不选"的用人之道。而对于企业来说，要的是合适的人，适合企业的岗位结果，适合企业的文化，适合企业的资源，适合企业的发展战略。

28. 黄宝华：人才=（能力+意愿）×道德 182

> 人才=（能力+意愿）×道德。这道数学公式不但揭示了人才的内涵，关键是指出了人才培养和人才教育以及人才成长的核心路径。

29. 唐运兵：我看人才的"四合适" 189

> 成长为人才定好位很重要、选择对很重要、目标准确很重要。在此基础上才能满足合适的阶段、合适的平台、合适的企业主、合适的项目"四合适"人才成长准则。

30. 伍江平：在才人说 30 期后的思考 194

> 世上万千事，唯思想不朽。从思想出发，就是从自己内心的真实出发，让自己的思想独立，不断成熟和丰满自己的思想，用有所为有所不为的心态为思想持续升温。

31. 阳芳：高潜质人才的识别与管理 198

> 什么是高潜质人才？为什么需要高潜质人才？高潜质人才一个最核心的标签和内涵就是值得信任，懂得责任。在被信任和责任的逻辑下，没有意外，没有因为，没有假如。只有结果，只有目标，只有兑现。

32. 宗卫东：职业经理人的职业素养与道德修为 ············· 205

  职业经理人的职业素养和道德修为，是很多人特别关心的内容，简单概述为"忠诚"二字。诚就是诚实守信；忠于企业本质上是忠于自己的未来。一定是先有你对企业的忠才有你的职业发展，绝不是先有企业对你的信任才换来你对企业的忠。逻辑错了，结果一定会错。

33. 黄强：谈谈金融里的"人" ························· 213

  一篇非常难得的金融人职业发展教科书。从金融行业到金融产品，从金融产品到金融产品的经营，从金融产品的经营到经营金融产品的人。用最普通的语言通俗易懂地讲透了金融和金融业态的逻辑，用最务实的维度简单明了地描述了金融人才的技术模型和素质模型。

34. 李璐：金域医学的人才观 ························· 220

  一家企业高速而稳健地成长，一定是得益于其组织发展和人才保障。全文用任职建模的方式深度解码了金域医学人才的素质维度和领导力维度，更解构了金域医学高速成长为行业领军企业的背后文化逻辑和人才逻辑。

35. 李忠玉：我看企业的人才观 ······················· 228

  企业做，大大在格局，格局在容，有容乃大，容得下在你看来别人所有的"不是"，你就能拥有他的所有的"是"。一篇渗透学术原理的企业人才观作品，从人才伦理维度和人才包容度两大板块做了全面的阐述。

36. 吴惠灵：修身，修业，修心，修行 ················· 236

  "身稳嘴稳，处处好藏身"。身稳关键在身正，什么事该做，什么事不该做；什么话该说，什么话不该说。这是人才成长修身、修业、修心、修行的不二法门。心是一块田，种善得善，种乐得乐。

37. 谌新民：人才的核心要义与层级运用 ··············· 242

  立论恢宏大气，角度新颖奇巧，辩理丝丝相扣，既读得出学术的严谨与浑厚，又悟得出对实践的指导与应用，实实在在为人才的自我定位和人才培养、配置的社会责任和企业责任给足了方向感和方法论。

目 录

38. 陈国海：AI时代重新定义人才 ······················· 249

　　未来已来！不变是我们的存在和成长！要变的是我们的知识和思维！本文用通俗易懂的语言给读者揭开和展示了AI时代对人才的重新定义。不仅定位精确、推理严密，更关键的是前瞻性极强、实用性极好。

39. 张义强：我在企业的人才系统管理实践 ··············· 259

　　企业的人才系统管理实践观点全是作者职业过程中所遇到的问题的解决思路和方法。不是照搬硬抄的管理理论，而是活灵活现的思想沉淀；不是移花接木的案例堆积，而是日积月累的实操总结。

40. 朱庆阳：产业人才模型初探 ························· 271

　　融思辨和指导于一体，紧贴时代精神前瞻性地做出了产业人才的专业定位；围绕市场需求精准画像了产业人才的岗位模型；站在政策和时代的结合点上解读了产业人才的发展趋势；既从实践中提炼又在理论上总结出推动产业发展的人才系统实践观。

41. 张大超：大健康产业的可持续发展对人才的需求定位 ······ 287

　　这是所有大健康产业企业家和职业经理人最为渴望读到的文章。站在大健康产业行业的高度，结合行业的特点进行人才的系统定位和人才组织功能的规划，提出了系统化的人才分类架构。

42. 吴福培：生命壹号的人才之道 ······················· 294

　　"人才是关键，效益是核心，分配是根本。"关键在人才是企业的根。效益让企业可持续发展。分配是因，是得人才得心的因；人才是果，是企业做好分配善于分配的果。这是生命壹号系统化的人才之道。

43. 吴震瑜：汤臣倍健的人才战略实践 ··················· 302

　　通篇人才战略的干货，全是汤臣倍健这些年一路高速成长背后的逻辑，也就是汤臣倍健怎么发展、怎么成长的硬道理。正是因为有这套人才战略，才让汤臣倍健战略得到正确落地，才让汤臣倍健的业务得到有效发展。

44. 张林：格局与精神——全之道成长基因解码 308

　　激情澎湃中却充满着理性的光泽，深度思考中永远在探寻落地的逻辑。格局和精神，不仅仅是张总身上全部的力量和魅力所在，更是他一次次创新商业模式所形成的中国医药生态链运营平台全之道公司的灵魂所在。

45. 段传斌：卓越人才就是能和成一条龙 317

　　和成一条龙，就是把你的专业形成专业链，产生专业生产力；和成一条龙，就是要形成生态思维观，产生共生生产力；和成一条龙，就是要扭成一股绳，让大家心往一处想，劲往一处使，产生团队生产力。

46. 陈伟平：点燃莎普爱思的人才基因 324

　　一个企业之所以百年传承，支撑和推动它的一定是它的文化，文化的根本和精髓就是企业的价值观。而文化的传承必先认同文化，价值的传承必先认同价值。"以坚韧之心、坚强面对一切、坚持做到最好"的"三坚"文化是莎普爱思的文化基因。

47. 李焕荣：新时代奋斗者的管理初探 331

　　新时代奋斗者的管理就是让"老实人"不吃亏先得培养"老实人"的政治技能。具有高度责任感，结果导向，表里如一，永不放弃，主动用心的人才才是奋斗者。在培养上要从社会机敏性、人际影响力、关系网络能力和外显真诚性4个维度去培养奋斗者的政治技能。

48. 吴培冠：我看人才的德和才 337

　　这是关于德才阐述最为明了的一篇文章。德就是善良、正直、诚实、感恩，德其实最终是一个让别人愿意接受你和你相处的根和源。才就是"听说读写"能力，所展现的一是学习力，二是有效沟通力，能听会说，大道至简。

49. 赵琛徽：VUCA时代的人才管理：挑战与创新 343

　　VUCA时代具有什么特点？基于这些特点如何找出其问题根源？基于这些问题根源，我们的思路和方法是什么？人才管理不仅是组织内管理，还有组织边界管理，无边界化组织管理，自定义组织管理等。我们不能沉浸在过去的人力资源管理的思想观点工具和方法上。

目录

50. 郭亚洲：才为业本，善用功成 …………………………………… 355

> 老板是干什么的？老板就是找人用人的。找到合适的人，用好身边的人。一切做得大的企业和一切能做成功的企业，老板都是善于找人，更善于用人。放手放权让身边的人去做中学习、做中思考、做中总结、做中成长，从而将会永远推动组织的可持续发展。

后记　我为什么要做这件事？ …………………………………… 363

李从选：职业经理人成功的八大关键词

作者简介：李从选

人民大学医药行业 EMBA；

人民大学培训中心高级讲师；

广东省医药企业管理协会副会长；

医药市场 TOP 百人研究会首任 OTC 联席主席；

2015 中国医药十大营销案例获得者；

2016 年中国医药营销十大操盘手；

2016 年《中国药店年度人物》；

康美药业 OTC 事业部总经理。

接到江平先生要我写一篇有关成功职业经理人标准方面的文章时，我一时难以下笔，思考很久，感觉这个问题很大，涉及面也很广，难以有标准答案，只能就我自己多年担当职业经理人的心得，谈以下8点体会：

第一，观念。也就是三观，没有正确的三观，很难成为人才。比如在职期间对企业的忠诚，比如待遇要靠自己的业绩换取，比如没有贡献不敢要求企业或者老板兑现所谓承诺，比如不与其他不同业务部门简单地比收入等等，涉及三观问题。三观不合就会与企业老板、他人发生冲突，就会心里不平衡，就会跳槽如吃饭一样频繁。

营销职业经理人三观正确只要记住两句话即可："天下从来没有掉下来的馅饼""是金子总是会发光的！"你没有发光说明你还不是金子。

第二，自律。成功的职业经理人都是高度自律的人，没有人能靠别人的监控，督促成为人才。成功人士自己会成为发动机，正能量十足，自觉自愿遵守各项规章制度，自觉自愿做好每件事，自觉自愿成为团队的楷模。

第三，担当。作为一个成功的职业经理人，必须有担当，敢于负责。通俗的说法就是有肩膀。没有责任心，不愿承担的人，很难成功！

第四，敬业。成功人士必须是敬业的。敬业就是干一行爱一行、专一行、精一行。没有人生来就喜欢做某项工作，一做不好就说自己不喜欢做这件事，往往事实并不如此。只有兢兢业业、认认真真去做了，并且做好了，你才可能爱上这个工作。

第五，专业。所谓专业就是你做得比别人多，实践经验比别人多，知识积累比别人多，思考水平比别人高，融会贯通比别人强，理论创新比别人先进。当你带着思考与创新去做一件事，细心琢磨耐心溯源，做出成绩乃至成就，你就成为了行业专家，你自然就专业了。

敬业可以得到别人的认可，专业就能得到别人的尊敬。专业加上敬业，收获的是别人的帮助与自己的成功。

第六，团队。经常有朋友问我营销成功的秘籍。这些年的实践和体会可以坦率地告诉朋友们：带好团队最关键。由于每个人的成长背景、三观、做事的风格习惯、执行力、情商等等还是有所差异的。因此，我们的事业需要团队的凝聚来完成。团队执行力既靠管又靠带，带团队的关键之一就是领导者要树立正面正向的企业管理文化。一个充满负能量和负面文化导向的团队是不可能成功、不可能有战斗力的。

带好团队要有包容心，要有情商，沟通能力要强，自己要一身正气、管理与激励要依靠制度公平公正公开。管理犹如刺猬，需要保持适度的距离感。

第七，执行。执行就是马上去做正确的事，执行的态度不是坐而论道而是起身先做。执行就是一件事一件事持续做好，积无数小事为事业成功做铺垫。任何一件事都可以规划得完美，但达成目标，仍需要在执行中发现问题、及时修正。只有会做、认真正确地去努力实践，才能成为合格的职业经理人。

第八，结果。职业经理人要永远牢记：结果好、业绩好、考核你的数据好才是好！结果数据不好，即使有一千个、一万个理由，且确实是正当的理由，最后都是不好！必须用结果导向的思维、千方百计地去努力达成结果。有条件要上，没有条件创造条件、整合资源也要上，做出好结果。

前面的7个关键词都是为了最后一个关键词"结果"。

你的价值、身价、职场前景都只与你负责的事情的结果有关，结果好，才是真的好。

江平辩才：

结果好，才是真的好。李总直白而深刻地告诉身在职场的大家一个真理。

我在很多个讲座场合，有人问我，伍老师请你评判一下李总。我说，李总是好人。为什么是好人？因为他对我好，对我好的人绝对是好人。

这是我非常朴素的哲学观。

世界之大我管不了，但我能管我的心。对我好的人我都不说你好，谁敢对我好呢？我也不是圣人，我也构建不了好坏的道德维度。因此，我只有一杆秤，那就是你是否对我好。

李总就是一个对我好的人。好得简单，好得纯净，好得没有考虑任何回报。

因此，我必须无条件对他好。这种好不是回报，是用心去呵护彼此的认同和珍惜。

观念，自律，担当，敬业，专业，团队，执行，结果。

这8个衡量职业经理人走向成功的指标没有刻意雕刻，纯属李总的内心真实写照。他是这样想的，他更是这样做的。

因此，他赢得了中国医药行业众多企业家和职业经理人对他的认可和尊重。

在我的眼里，李总还是一个道德感极强、极度勤奋、认真和真诚的人。

做他的朋友，有一种满满的被呵护的幸福感。

2 何泽贤：如何在"田忌赛马"中胜出？

作者简介：何泽贤

研究生学历，现为某企业运营副总裁；

早期从事过10多年的市场营销工作；

有世界500强企业任职经历；

特别擅长解决方案营销；

后期主要从事企业运营管理工作；

对于新行业、新企业的运营管理有很多独到的见解。

2.1 被猎聘

记得几年前,我接到某猎头公司的邀请,参加某公司营销总监的面试,那场面至今仍记忆犹新。到猎头公司进行了初步面谈,了解情况后修订简历,真正的考验开始了,面试是在某五星级酒店进行的,面试官竟然是国内某知名营销策划大师,那时的我紧张得手心里有点儿冒汗。

同时面试的有3个人(后来才知道是9晋3的选拔),我平复了一下心情,开始打量起周围的人,迅速观察各个人的外貌和神情,并从谈话中发现个人的特点;脑子里在想着怎么比其他两人表现得更好,如何回答面试官的问题,等等。

轮到我的时候了,我在前面观察已下了决定:只有3分钟,其实不能了解太多,是表现情商的状态。因此,我见某大师时没谈过多的营销及市场理论,只谈职业规划、目标、理想和表现澎湃的激情。

很幸运,我猜对了,我获得了进行最后一轮面试的机会——要见未来老板去了。

需要到企业去面试,还要预约时间,大概有两周的空隙,这时的我还在原单位的原职务上,冷静下来后,我在问自己:真的要跳槽吗?

我在第一周的时候,认真回答了自己的这个问题:原单位是传统行业,自己也从业十多年了,行业发展已到黄昏,职业上在原单位也几乎到了最高职位,简单来说就是行业没落,职业到天花板;那目前意向企业是否符合自己的职业规划呢?

其实那个阶段的我需要的工作满足3点:(1)新兴的、国家倡导的、高科技、高速增长的行业;(2)企业是初创企业,在行业中有一定的地位,大股东实力雄厚;(3)企业在高速发展的上市前期,入职能够获得股份。

第二周,我与猎头顾问进行了沟通,详细了解了新的行业和意向企业，基本得到的结论是：符合我的3点要求。

既然符合职业规划的发展，那就下去再好好准备见未来老板吧，当下我有两个疑虑：（1）12月份跳槽不划算，年终奖还没拿呢？（2）新行业新企业怎么做，心里还没底啊！

带着疑虑，我再次咨询猎头顾问，经过交流，我知道其实跳槽确实需要一些取舍和勇气，因此，需要自己下决心。不管怎么样，先准备到企业面试吧，只有录取通知下来了，才能再考虑下一步了！

因为是新的行业，以前有听说，但没怎么接触过，只好在网上找些资料恶补一番，最后根据微博的知识，准备了一份"市场营销规划书"（其实现在想起这件事，还真是有利有弊，利是能表达自己对企业的关注和用心，弊是进入新的企业什么都不了解，就写规划，很容易被批评和指责），在猎头顾问的协助下我顺利通过了企业方的面试，两周后获得了录取通知书。

12月初面试，到1月初报到，我纠结了：代价不小，年终奖几十万泡汤了！但我还是很清楚自己究竟想要什么，职业生涯中就缺"做一个上市公司"了！因此，我义无反顾地去了新的企业。

2.2　被赛马

广东的一月依然阳光普照，气候宜人；怀着兴奋和疑虑的复杂心情，我揣着录取通知书到新的企业报到了。

一系列程序后，安排办公室、宿舍，会见其他部门领导等等，结果被安排与技术副总同一套房（以后才感到这是幸运）；报到后差不多一周也没见到新老板，倒是看到原股东某先生还在主持销售工作，再接着还报到了其他两个销售总监（暂叫A君和B君），形势一片复杂。

第二周的周一是公司的周例会，这时才见到新老板，周会除了例行汇报各部工作外，就是介绍3个新入职的销售总监，会后新老板总结，最主要的一句就是：公司要大力拓展业务。

今天招了3个销售总监，我觉得都很不错，我不单相马同时也赛马，今年开始比试比试，大家拭目以待，看看哪匹马胜出！

我脑子里马上闪出个概念："田忌赛马"，我在过往企业都已是副总级了，管理着市场部、方案部、销售及综合管理部、售后服务部；现在管个销售部，还要一分三，还要比拼。

此时此景，我自己感觉落差挺大的，这也是入职前没有预料到的。可是走到这一步了，没有退路，只有一年时间，销售额要突破亿元大关（原来只有2000多万元），而且要从3人中胜出。

面对这样的局面，我冷静下来，选择了坚持和努力：思考、分析、策略、步骤，这不仅需要有能力，更需要有情商。

我着重分析了一下公司的组织架构，大老板（有几家公司，之前没着手管理过此公司）、股东兼副总（香港人，老行尊）、技术副总、两个技术经理、人力总监等，目前由香港人操盘，技术部分人员话语权很强，其他部门都是辅助的，暂时无须关注。但奇怪的是，我们新进的3个销售总监由大老板直接领导，无须向香港人汇报。当时我的理解是，这个半初创公司可能正面临一些股权股东的变化，需要特别关注各种复杂的人际关系。

考验一：太公分猪肉

接下来是直接上岗，把原来做销售的6个人进行分配，把原来的客户进行分配，其他两位非常紧张，为了把能力强的人和现有订单的客户拿到手，几乎使出浑身解数，争得面红耳赤。第一次会议时，他们各分得国内最大的家电企业客户和已成交的客户，挑选了他们认为不错的人员，我基本上没发表意见，剩下的就是我的。当然，他们一个A君来自某电机上市公司，一个B君来自某著名家电品牌，分管以上客户都熟悉，都有道理。而我并非来自名企，且确实没有这个行业的相熟客户，选择礼让也是自然的！

但我也有别的考虑，这样一次分配人员和资源，除了考量合适与合理之外，可能还要看人品、人性，接下来的动作让我更深信不疑。

第二次会议时，大老板主持，技术副总、技术经理和现有销售人员参与，对于第一次的客户分配可以暂定，但对于人员，需要双向选择；由现有的销售人员投票选择自己喜欢的销售总监，这是要考验什么？相信大家闭眼也能猜到了，结果是争抢最激烈的那个总监 A 君没人选择，B 君有 2 个人选择，6 个人中有 4 个选择了我。因此，刚到一个新的公司，融入团队比展现能力更重要。

考验二：拼学习

"猪肉"分完了，为了公平，大老板最后给我们 3 个销售总监，每人配了两个销售人员，我分到的是一个跟大老板很多年的人 C 君和一个 90 后，分完后 C 君跟我说，大老板要他跟着我好好学习，这是什么意思？我到现在也没想明白。

走进一个新行业，对于所销售的产品真的是一点儿不懂，那怎么办呢？唯有努力学习，我相信：懂产品、懂技术才能做更好的销售！作为一个半初创公司，管理也不怎么样，学习根本没人教。简单来说，进入企业到现在还没有什么培训，作为一个外行，要快速把机器人行业、产品、技术等搞懂，确实并不容易。在这里，不得不提的是我的幸运，与技术副总住一套房，每天下班后，我都在宿舍等他，开小灶，拼命从他身上吸取专业知识。

一个月后，我就能编写培训 PPT 了，编写的过程就是自我学习，也是为以后进来的员工提供教材，不用像我这样到处摸索。

当 A 君和 B 君都在外面跑客户，都在找关系，都在找订单时，我却在花时间学习，我相信只有基础扎实才能走得更远。虽然他们都跑了不少客户，但是我明显感觉到他们专业知识的匮乏，每次回答问题，都要去找技术支持，这成了他们明显的短板。而我面对客户已经能够对产品和技术，侃侃而谈了。

除了学习，我还认真分析市场、分析客户、找痛点、出卖点，并提炼出一套"解决方案营销的标准作业流程"。

考验三：销售只看结果

从第三个月开始，我们都逐步进入状态，A 君死磕珠海某著名家电品牌，通过以前别人已成交的基础上为公司再添 1000 万级大单；B 君也针对顺德的某家电品牌展开工作，每周都有投标，忙得很，订单也有几百万。他们的做法都是盯死一个客户，快速成单，有业绩才有底气，不得不说，在上半年他们靠着一切有利条件，成功拿下良好业绩，表现突出。

分配给我的客户都是较小、较分散的，因此，上半年我跟他们相反，跑很多客户，销售业绩确实不理想，比他们都少。

半年的试用期大家都通过了，他们开始沾沾自喜，以为胜券在握，A 君根本不把我和公司其他同事放在眼里，居功自傲；B 君就天天外出，风花雪月去了。

我沉默、低调，加强与其他部门的沟通和互动，培训内部团队，做好基础工作；坚持不懈地跑客户，要从量变到质变！

下半年开始了，A 君和 B 君才发现自己的客户基数不够，才拼命补充，但是成单数量由于时间关系，少得可怜；我却相反，得益于客户基数，下半年开始爆发，东方不亮西边亮，从 8 月开始，创造出平均每 18 天签一份合同的佳绩。

全年度考核期下来，A 君完成率 85%，B 君完成率 77%，我的完成率超过 100%。这个是年度赛跑，需要持久战术，我笑到了最后。

2.3　胜出心得

第二年，大老板说，去年的成绩已确定了，都很不错，也达到了公司的预期效果，但公司的付出也是很大的，公司希望从 3 位中选择一位升任副总，因此，上半年进入新的考察期。其实，我经过一年的工作，从各部门人员、老板个性、团队建设与业绩等因素上来说，可以基本上确定是我胜任了。

那么在这个过程中我最大的几点感受是：一是团队是重要的，你必须着力建设；二是业绩是必要的，就看你如何去努力实现；三是情商是胜负手，决定你能否胜任高管的使命责任。

江平辩才：

团队是重要的，你必须着力建设；业绩是必要的，就看你如何去努力实现；情商是胜负手，决定你能否胜任高管的使命责任。

这是何泽贤职场稳健上升的心得和积累，我相信这是他之所以不断发展的内心独白。

初见何泽贤，貌不惊人、话不多，不是那种看起来气度不凡的人。沉稳冷静、谦逊，给我的感觉不是初识而表现出来的，绝对是骨头里的元素，没有矫揉造作，我的第一印象就是这个男人给别人的感觉好舒服，他简单、敞亮、沉稳、真实。

慢慢熟悉以后，我发现他抽烟、喝酒，也谈风月。抽烟时他会静悄悄地走到一边，喝酒后也会比较理智，你端杯他必陪着，一口闷了。偶尔他也会蹦出一句有点儿无伤大雅的话来，没伤风景反而让大家会意而气氛更加融洽。没见他醉过，不知道他酒量究竟怎样，始终安静地在酒桌上透出怡然自得，这种感觉也让对方怡然自得。

这种怡然自得的生活态度让他把他的前老板、现老板，把他的客户和他的团队，还有我们这样熟识的人，全部变成了他的朋友。

因此，在我的眼里，何总多了一项新的内容，这是一个闷骚型男人，这样的闷骚让他更富情趣，无论在工作上还是生活里；这样的闷骚让我读出了这个男人的自我控制力，这恰恰是情商的关键。

一篇三千来字的《田忌赛马》其实就是何泽贤进入一家新企业的心路

和经历，成功演绎了一个职业经理人为什么跳槽？如何和企业进行有效沟通？在新企业如何站稳脚跟？又如何一步步稳健成长？

这就是一个职业经理人从青涩走向成熟、从成熟走向成功的经典 MBA 教案。

这样真实的案例值得一读，更值得大家品悟。

3

余立志：我在"立健"激情燃烧的岁月

作者简介：余立志

山东立健药店连锁有限公司副总经理；

中国医疗保健国际交流促进会糖尿病教育与管理分会社会药房糖尿病病学组项目管理副组长；

20多年从事医药流通行业的经营管理工作经历；

曾任湖南益丰长沙分部总经理、上海益丰副总经理、广东国大副总经理、济南立健总经理等职，尤其擅长医药零售连锁企业实战经营管理与咨询服务。

转眼之间，空降"立健"已经3年了，在这期间我经历过蜜月期、风暴期、稳定期、高效期，估计明后年要进入调整期，真正要融入一个全新的团队，特别像零售药店这种传统的劳动密集型企业，实在需要一个较长的时间过程。

与立健实际控制人张立俊先生的相识与了解，对于我来讲，一直处在一个比较被动的接收状态；3次深入企业的现场考察，多达6次在6个不同城市横穿大半个中国；当面有温度的交流，长达4年近100次的电话沟通，也为这次的合作奠定了坚实的基础。

这样的长时间、多频次、多维度的沟通，让我们深入了解了彼此的需求，调整了双方的期望值，对企业与个人都有了一个比较具体、量化的认识，也增加了双方的匹配度，适合的才是最好的。

刚到立健的第一个岗位是济南分公司总经理，当时的济南共有75家门店，350人的团队，因为有董事长事前的铺垫，团队的每个成员都有新鲜感；我曾在国内知名企业的工作经历，给大家高看一眼的激情。虽然团队整体来说，信心高涨，士气高，但是下达的指令基本让人找不到方向，讲解多次也理解不了，有些粗枝大叶的工作习惯就是改不了。

更何况济南立健其时刚刚完成对3个企业的整合工作，立健自有的老员工不足100人，另外的250人分别来自被整合的3个不同企业，企业文化、经营理念、管理模式并未实现全面融合，如何破局呢？

对于这个问题，我首先考虑到的是要解决核心团队的凝聚力问题，其次要解决思想理念统一的问题，最后要解决的就是执行的力度与速度问题。

为解决团队问题，我依托总部的力量和时机，对济南的组织架构每半年一次，分3次进行团队的优化和调整，在精简、扩编、重新组合的过程中，逐步打破部门间的壁垒，打破来自4家企业的各个小团体的集合与利益，通过每周一次的总部晨会、每周一次的部门周会、月度商采会、月度店长会、全员会、片区店长会等形式，通过沟通统一思想；通过每月10家不折不扣的门店现场检核解决终端执行和理解的问题，通过半年一次的目标确定与沟通，促进各项制度、流程的修订与完善，历时两年终于完成了团队的全面整合。

不仅基本上依靠整合企业的业务骨干实现了 6 年来首次门店医保资格申办的零突破，一次性获得 6 家零售药店医保定点资格，而且通过内部近 40 家门店的统一形象、重装开业和近 20 家门店的店面调整，取得较高的利润增长和内部的团队协同，为第三年大举并购奠定坚实的基础。

承蒙董事长信任，在 2018 年调任总部担任副总经理，并分管采购、营运两大中心的工作，恰逢公司获得两笔共 11.8 亿元融资，利用前期布局的平台资源，我们以 600 店年销售额 7.8 亿元的体量，一年内在省内一口气整合了 20 家小型连锁企业，实现的门店数量、销售能力在一年内翻一番的行业感叹整合速度；在企业的高速成长过程中，不少缺点开始暴露，有些人从期望走向失望，当遇到困难时就会存在人心浮动、人员流失的情况。

因为整合企业阶段性的业绩下挫，有些人开始质疑我们的整合能力，质疑管理者的权威，有些人对公司的目标信心开始动摇，人际关系处理上出现一些危机。但是，董事长总是会高人一筹，及时进行了企业文化的重新学习、提炼、宣讲，组织的自我反省、批评会议，发动高层管理进行批评与自我批评。

进一步明确了组织原则、沟通原则、管理红线，并在 1 个月内完成了总公司和 10 家分子公司的管理架构重组，涉及人员近 400 人，充分体现了公司的魄力和执行力，也让我真正认识到了什么是立健速度，更为企业下一个 5 年的发展奠定了坚实的基础。

通过在立健 3 年来的工作，让我真正体会，一个高管要找一个适合自己的平台很不容易；平台的寻找，不仅需要与企业成长的阶段相匹配，要求的薪酬与个人价值相匹配，而且更要与企业的支付能力、企业实际控制人的期望值、包容心相匹配，单赢的方案都是难以持久的。

老板的包容、团队的认可、出色的业绩，是职业经理人需要铭记的 3 条生命线，不可轻易突破其中任何一条。否则，另外两条都会马上变得不堪一击。

企业引进高管的风险，除了代理人道德风险外，还存在价值创造不匹配、理念文化认同与融合不畅、发展阶段与能力模块不匹配、能力与知识结构过时与市场环境不匹配等方面的不确定性。有时可能不仅未能助力企业发展，而且甚至有可能成为企业发展的新阻力。

"钱多事少离家近，位高权重责任轻"的工作，是每一个打工者内心深处都有的一个梦想，但是骨感的现实，让我们认识到，没有价值创造的价格，从来不可能持续和长久，薪酬的高低往往和职业的稳定性成反比，如果我们不能清醒地认识到自己的个人价值，对企业过多的索取，最后受伤的一定是我们自己。

用平常心对待生命中已有的一切，感恩社会、企业给予自己的一切，战战兢兢，如履薄冰做好每天的工作，及时更新，与时俱进地了解社会的变迁和消费者需求的变化，适时调整经营理念和策略，才有可能让个人的职业发展之路走得更长远一些。

江平辩才：

是人都会有他生存的本领和能力，这就叫才干。当你用错了他的才干，他给不了你结果，也让他自己纠结，这就不是人才。当你用对了他的才干，他给你带来了你想要的结果，他自己在成就着，在快乐着，这就是人才。

午马猎头有一个最基本的观点，帮助企业找对的人，帮助人才找对的平台。对的才是合适的，合适在哪里？午马猎头提出了5个合适观点，在合适的时间把合适的人推荐到合适的企业放到合适的岗位去做合适的事。

在若干的实践中，我们总结出只要有一个不合适，就没有结果了，人才就不是人才了。

认识余立志是在2014年春节前的情人节，康美药业和潇湘汇搞了一个联谊活动，我给这个活动讲了一个课。课余，余总和我有过一个简短的沟通，综合他在主持论坛分享时的节奏和他与我的沟通，我对他的理解是：这是一个有故事的男人，高度的责任感让他在做事时受压太多，他的表达很难呈现张力，但他内心对一件事情的分析和判断极有逻辑。

因此，我更多地去倾听和关注他内心的思想，因为比他的语言更加丰富而生动。解读他的思想，我得到的完整的信息是，余总很清楚要什么，他的目标在哪里，然后他会对目标非常坚定，在走向目标的过程中他会执着而坚韧。

从余总在山东立健的成长，你更多的是读出他的感恩，在感恩的心态作用下，他一点点地去调整自己开展工作的思路和方法，初到一家企业，他会用心去发现这家企业的好是什么，而不是一味去挑毛病，找问题。只有发现企业的好，才会真正用心融入。在融入后，会得到老板和团队的认同，这种认同会加深彼此的合作，会让团队给自己工作的开展增加支持和配合。只有工作一点点往前推动了，你的结果才会一点点地接近目标，你的能力才会被企业一点点地认同。

我曾经讲过一句话，真正的高手不是高在专业上，而是高在让别人能够懂他、理解他，进而去信任他、支持他，余总在山东立健的职业实践其实更好地诠释了这个道理。

4

吴国铭：我的人才系统观

作者简介：吴国铭

华南师范大学研究生硕士、印第安纳宾夕法尼亚大学工商管理MBA；

曾任广东发展银行总行副总经理；

广东盈信信息投资有限公司副总裁；

广东珠江投资（集团）有限公司董事、集团副总经理；

广东盈通网络投资有限公司董事长兼总裁；

现任广东安德投资有限公司执行董事。

4. 吴国铭：我的人才系统观

在企业管理中，最初描述企业的基本要素是人、财、物，随着信息化的普及，大家把信息当作第四种要素。而在这4种要素中，人则是其中最为关键的要素。

对于企业老板来讲，无论老板如何聪明能干，如何刻苦勤奋，如果身边没有一支合适的团队，企业很难发展壮大。而要找到一支这样的队伍，需要时间的磨合和不断的优胜劣汰过程，才能聚集一群适合企业发展的人才。

什么是人才？我个人观点是，首先，人才是相对的。我在过去的职业经理人生涯经验中认识到，在企业的整个生命周期中，不同阶段所需的人才是不太一样的。小企业靠技术，中型企业靠管理，大型企业靠文化。

创业初期，有创新能力和技术骨干的人才很关键，而在企业发展到一定程度，要进行大规模的布局和发展，没有管理能力、整合能力，基本很难做大，做大了漏洞就容易越大，企业死得越快。因此，必须引进具有管理能力的团队，通过科学的管理，提升工作效率，降低生产成本，并形成自己的商业模式、盈利模式，进行标准化，不断进行复制和扩展。

而当企业形成规模，就必须有统领企业文化的人才，因此，许多大企业如华为、腾讯、阿里都很重视企业文化的归纳、提炼、传播及传承，这是培育、熏陶企业人才的重要途径。

其次，人才的内涵也有所不同。招聘员工的时候，我通常会根据品德、团队精神、工作经验、学习态度和工作能力、证书文凭等因素按重要性进行排列。品德是首位的，因为一个能力很强的人，如果存在不正的思想，对企业的破坏力更大。王永庆说过，一根火柴几分钱，一栋楼几千万元，几分钱能烧掉一栋楼。

因此，带着火柴的"人才"，其实是"坏才"。团队精神也是十分重要，如一个企业产生内耗，那就无法产生"1+1＞2"的效果；我认为工作与学习态度比文凭更加重要，态度决定一切，假如一个所谓人才故步自封，不愿意继续学习，不舍得努力，在知识大爆炸的年代，将会变成庸才。

文凭在一定程度上反映其智力水平和文化程度，但不代表一定就能成功。工作经验是理论知识的延伸，也是所学知识的检验，在工作实践中脱颖而出的人才可使得企业省去很多学习成本。

再次，人才是需要时间检验的。所谓"试玉要烧三日满，辨才须待七年期"，对于求贤若渴的企业，需要时间去考察。

记得一次与柳传志对话时，他列举联想考察人才时的形象比喻：先看面部，再看两侧，最后看后脑。面部是文凭及工作经验能力，两侧是入职后的表现是否满足预期，而后脑则是其价值观，对朋友、家庭、社会的态度和行动。这些需要比较长的时间才能考察到。

最后，我认为高级人才除了上述基本条件外，必须具有优秀的素质和良好的习惯：比如懂得如何做人，善于决策，展现自信，坚持追求，满腔热情，持续创新，有效沟通，注重家庭及社会价值等。

懂得做人是个人EQ的表现，合格的企业领导者都习惯真诚地欣赏他人的优点，对人诚实、正直、公正、和善和宽容。懂得做人不是传统意义上的八面玲珑，而是在生活、工作上取得别人的信任。善于决策是领导的特征，在信息时代，技术、市场瞬息万变，我常常跟员工说，这世界上大不一定吃掉小，但快一定打败慢。Do right thing first , then do thing right。如事必躬亲，优柔寡断，则会浪费时间，也会错失很多机会。

自信来自于知识和经验的积累，也决定其决策的水平。坚持是成功者的特征，成功是经历过许多失败而成的，没有坚持的意志就不可能成功。不想当将军的士兵不是好士兵，而半途而废的逃兵更是一事无成。对工作、对生活充满热情的人往往在事业上更能获得成功，因为他对周围的人产生了正能量，持续创新的人才表现出其独特的思维方式和勇于挑战自我的精神。

对于沟通，我总结出：对下属落实4W原则：what（任务是什么），when（什么时候完成），where（在哪里实施），who（谁负责）；对上级则按3s内容汇报：subject（汇报主题），suggestion（建议方案选择比较），solution（自己的解决方案及依据）。

如每件事情都能遵循这样的原则，相信上下级沟通就会非常有效率。至于建议方案的选择，我自己要求必须从 4C 的角度去考虑：customer（顾客的角度），competition（竞争者的角度），colleague（同事的角度），company（公司的角度），这样的方案才可行。至于价值观，那是涉及个人行为的准则，如一个对家庭、对朋友、对社会都背信弃义的人，则难以担当大任。这是许多老板最看重的东西，也是最难了解的。

最后，谈谈企业如何用人，一个爱才的企业，有才就有财。

这是许多尊重人才的企业的成功之处，但有些企业成功之后，变成有财就有才，我见过不少企业因聚集人才而发展壮大，但老板最后认为企业大了，只要高薪聘请，不怕没人来，对原来的人才弃之，结果因为新来的人没有经过企业文化的熏陶，最终靠追逐高薪，无法保持创业精神，导致企业逐渐走下坡路。重赏之下，必有勇夫，但当企业进入低潮期时，勇夫必弃之。

士为知己者死，如企业能关心人才，培养人才，重用人才，并提供一个展示其才华的平台，笔者认为在薪酬合理的情况下，才能留得住人才。

如今世界的竞争，归根结底是人才的竞争，如何甄别人才，培养人才，用好人才，是企业必须面对而且认真考虑的首要问题。

江平辩才：

"企业在发展的不同阶段对人才的需求是不同的。"吴总在成长和认知的实践中的总结和我们的观点不谋而合。

因为企业在发展的不同阶段，对职位的定位和要求是不同的，职位对企业的价值贡献也是不同的，所以对合适职位的人选的胜任力和关键行为力要求是不一样的。这个要求客观的需要岗位原来的人才所具有的能力、愿力和资源必须能够满足岗位新的要求。

这个要求其实就是一个人在岗位上的自我学习和自我成长能力，因为任何一个人只有在他的岗位上交付结果，他才有价值！他才是人才！

这恰恰是我从吴总身上所读到的最核心的内容。从见他的第一次，我对他的标签就已定格了好多元素，潮汕人、海归、双研究生学位，跟你沟通的时候都会让你很舒服。通过越来越多的接触和共同参加活动，我越来越感觉他人脉之广，合作的同事、离开的同事、学者、官员，大家对他的尊重和喜欢是发自内心的。

这种感觉像磁场一样吸引我职业化地去研究他，最终得出的结论是：博学但从不卖弄，敦厚而富有情趣，严谨但不乏圆融，热忱且永远真诚。这些概念珍藏在我心底并一直影响我前行。

这是一篇人才系统观的雄文，更是吴总多年坚持和秉承的原则和方法，也是他一路稳健上升让人景仰成为标杆和典范的逻辑和原理。愿这个系统的人才观能照亮和指引更多渴望向上的职场中人。

我想这就是才人说和吴总的恩德。

马士锋：再谈"人才"时代冷思考

作者简介：马士锋

长期致力于药品营销、品牌建设、政府事务的实践；

拥有丰富的产品规划、营销管理、品牌运营经验；

现任振东制药集团总裁。

近日，恒大的一纸任命在朋友圈广为流传，许家印给任泽平居然开出了1500万元的年薪，一时间甚嚣尘上、搅乱一江春水；同样的在当年，碧桂园的杨国强为网络天下英才、大胆授权，曾对时任人力资源总经理彭志斌说"我给你30个亿，你去给我找300个人来"。其他诸如华为中信、BATJ等等快速发展的企业，在人才战略上的投入就不再一一赘述！

上述吸引眼球、刷爆神经的是那些高薪，可背后的实质是：面对日益激烈的市场竞争，企业的生存和发展系于一端，那就是吸引人才的能力，高薪的背后，就是对人才的重视和充分尊重。在当下这个纷繁多扰的世界上，我们在调侃自嘲后，更应该对"人才"有一份冷思考！

5.1　什么才是人才？

在传统的人才观中，对于具体的组织而言，人才的概念是指具有一定的专业知识或专门技能，能够胜任岗位能力要求，进行创造性劳动并对企业发展做出贡献的人。而一个组织要包括经营人才、管理人才、技术人才和技能人才等，但核心就是把事情做成、为组织创造出价值利润，能力强并能为组织所用，方可称之为"人才"，否则，再"有才"都毫无价值！

你说你成绩好？可企业要求的人才不是应试人才，而是做事人才，能力是要优于知识的。没有过硬的业务能力或者只会纸上谈兵的人必然会被市场竞争所淘汰；具备有力的组织与规划能力，才能充分发挥团队的能动性，而不受按部就班的局限；懂得如何表达信息和思想并能够听取信息和思想，才有可能沟通和发展；具备一定的想象力，才能从某种程度上带动创造性和创新能力等等。

总之，作为企业，衡量人才的一个硬性指标就是结果导向：善于攻坚克难，能够在极富挑战性的环境和条件下顺利完成任务；长于举一反三，能将从其他较成熟市场获得的专业技能用于新领域；好于传帮带，能从基层培育和锤炼新人；敢于探索实践，能成功建立优秀的组织模式等等。如果没有结果，其他一切都是空谈。

你说你学历高？可如果一个博士不能带来经济效益，那么就很难说他是人才；反过来，能带来巨大市场效益的大都是高素质人才。另外，一个人即使他不是高学历者，也没有职称，但他在不断地学习、充实知识来适应社会，这样的人显然就是我们需要的人才。真正检验人才的是市场，是投入产出比。公开的竞争，强弱高下一目了然。

你说你有能耐？离开了组织和平台，韩信亦难封侯！对于企业来讲，人才就是那些认同核心价值观，具有职业素养和较高工作技能，能持续地为企业创造价值的人。博学广识有专长，耐力洞察方法效率之外，更重要的是感恩和良好的人品！

人才就是有能力创造性地完成某件事的人，企业的功利性决定了人才必然是那些能够为企业创造价值的人。

5.2 企业该干吗？

至于人才，我们应该怎样做？

首先，我们要明白人才的需求。根据马斯洛的需求层次理论，对于人才来讲，他们的前3项基本需求肯定得到了满足，他们更强烈地要求是被尊重和充分的自我价值实现。他们要求充分发挥自身潜能，他们极欲看到和承担与自身最大能力相称的工作。企业在这方面首先就是要提供良好的环境、晋升通道和提升可能。

在成才的路上，即使遇到工作压力、环境、人际关系、自身等等诸多不畅，我们必须专心致志、精益求精。因为没有对高品质工作的追求就不可能做出高品质的工作，尤其对于新出校门的毕业生来讲，他们需要的不仅仅是一份工作，更应该是一个实现自我的平台，并在这个平台上发现并创造价值。

针对于此，企业要做的就是引导，秉持"以人为本"的宗旨，关心人、理解人和尊重人，提供环境和氛围，助力成才，最大限度地调动员工与企业同呼吸共命运的积极性。当一个人认为自己为之努力奋斗的目标是值得的，他才会以极高的热情投入工作，那么其创造力和工作效果有可能就是难以估量的。

对有潜质的人才，企业应给予充分的信任和必要的锻炼，否则，有可能坠入"急功近利"的价值泥坑，企业亦可能失去人才。必须强调管理面前人人平等，人才没有超越制度的特权。企业管理的原则是尊重人才而不是屈从于人才，我们可以通过用人体制改革，建立"人才激励机制"，突出人才、兼顾公平！

"鸟择良木而栖，士择良主而仕"，有能力的人必然向尊重人才、工作报酬优厚、更能充分实现自身价值的单位流动，并达成自己社会地位的不断提升。人才可以流动但不能流失，人才流失是企业无可弥补的损失。当人才外流而又没有新生力量及时补充时，就已预示着该企业的用人制度存在应当改进的地方。

企业中人人都有可能成为人才！我国企业缺少的不是人才，而是成才的环境，缺少的是良好的人力资本经营模式和相关的制度机制。企业是否能够吸引、留住和有效使用人才，道理亦在于斯。

5.3 企业如何破局？

企业间的人才流动是客观存在，但要保证企业的正常运转、留住人才，我们必须具备培育及牵引人成才的机制！我们的人才理念就是"识德育知、用才聚贤"！

导师制，为打造学习型组织，共同提升，与时俱进。对有提升欲望和潜质的所有员工，下沉一级展开"一对一"的带培。学员制月评综评成绩考核，最终实现点对点的帮扶提升。

"2＋2"培训，接受培训、培训他人、提升素质，在内部和走出去接受培训，在内部和去其他企业授课培训，通过建设互动共享的学习体系，努力创建学习型企业，以保证能够拥有一支数量充足、结构合理、素质优良的员工队伍，最终使企业在变革中保持持久的竞争优势。

轮讲轮训，是振东制药在发展过程中自行总结形成互动培训方式，旨在提高全员的学习意识，给员工提供展示、推销自己的平台，让听者与讲者都能全方位提升自己。通过找差距、讲案例、交流经验、互相学习、彼此借鉴，使有效的工作方法、经验得到有效推广，并使其存在的不足与问题得到相应的整改，管理意识、企业文化、综合素质等都得到了增强。

轮流主持，我们现在有各式各样的交流沟通平台，经营管理和培训月会、经理论坛、研究生论坛，等等，让将要提升的兄弟姐妹提前进入角色，加担子、提要求，强化组织协调沟通能力，进一步锻炼处理各项复杂矛盾的能力。

企业选人以德为先，凭事业吸引人，用知识培养人，靠机制激励人，以文化凝聚人，抓住每个人的个性特征，采用各种方法对其进行培育，使其扬长避短。聚天下英才，集众人之力，扬振东伟业。

5.4　对职业成长引发的思考

针对个体而言，你的未来在你执掌之中！

出名需趁早。常有人误会在职场中表现自己会引人反感，以致常压抑自己，不敢说出自己的真实想法。殊不知，正是因为此种心理，错失很多被领导注视、同事了解的机遇，自然升迁加薪的好事也远离了自己。谁的精力都特别有限，谁都不会刻意去关注你。

但是表现自己并不等于凡事争先、个人英雄主义，任何成功的事业都是一个团队的行为，表现自己的同时，要注重团队协作，众人拾柴火焰高！此外，记住和别人分享你的经验、知识，你得到的将远远大于你的付出！

情商跟智商同样重要。不管你工作能力多么强,人际关系对于你的职场前景的作用都不可小觑。无须多言,良好的人际关系可以营造良好的工作气氛,让自己和周围的人都感觉心情愉悦,工作自然顺利开展。想要拥有良好的人际关系其实并不复杂,只须奉献你的耳朵而管住你的嘴就可以了。

同时,不要让小节影响了你良好的人际关系。身在职场,言谈举止都有着巧妙精辟的规则。举手投足间,你给别人的印象都可能关乎你的职场前景,职场前景光明与否,生存法则至关重要。

站得高才能看得远,这关乎眼光和洞察力,除了自身的进步,更要关注行业的发展。因为随着职业晋升通道的发展,越往上走越会逐步向复合型人才转型,职场人就必须对本身将来发展的相关行业背景有一定的了解;兴趣爱好要广泛,随着在一个行业的深入发展,你所接触的并不完全表现在本职业相关的复合,更表现在其职业能力的多元化。

国际视野意识,在这个跨界打劫、飞速变化的时代,你永远无法想象下一个竞争对手会是谁,我们唯一能做的,就是保持足够开阔的视野,每当有新鲜事物出现、新兴行业兴起的时候,多去发散思考一下,说不定想到的某些点,就能串联成线,就可以比别人早一点儿看到未来,早一点儿抓住机遇呢!

革新求变,生生不息;故步自封,等待革命!

职业发展,永无止境!

江平辩才:

什么样的人才是人才?"不是学历高的是人才,不是成绩好的是人才,不是有能耐的是人才。"

这是马总一开始就提出的观点,对于这一观点我深表认同。

因为对人才的定义不能站在人才的角度自说自话,而是要站在企业的角度，看你是否是人才。企业很简单，你是否能够在你的岗位上交付结果？你能交付，你就是人才；不能交付，就另当别论了。

什么样的人才才是人才？一开篇，马总就从企业用人的实践中道出了企业对人才的定位：善于攻坚克难，能在极富挑战性的环境和条件下顺利完成任务；长于举一反三，能将从其他较成熟市场获得的专业技能用于新领域；善于传帮带，能从基层培育和锤炼新人；敢于探索实践，能成功建立优秀的组织模式。

其实这个观点从一定层面回应了我对人才的理解：人才一定要在你的岗位上交付结果。

我见到马总的第一次，他的身份应该是振东药业的一个事业部总经理。在我办公室不多的交流场景中，他给我的感觉沉稳、低调、谦逊、坚定，还有一个感觉直到现在我还有很深的印象就是干净。一个走江湖、做市场的男人给我这样的感觉，让我对他产生了专业探究的兴趣。

还有一个最大的特点是，每每聊起我和他共同认识的人的时候，他看着我的眼轻轻告诉我，"他是我的老领导，很好的一个人"，"他是我原来的一个同事，很能干"，对每一个人评价都不多，但对每一个人都是正面的。

干净不仅仅是给我外表穿着的感觉，更多的是讲话时的干脆简单、滴水不漏，这种感觉让我看出他在职场中的情商和智商，如此年轻这样的心智对我的影响是发自内心对他的敬重。临送他到电梯口，我告诉他，未来成就更大。同时我把对马总的感觉告诉了我的同事钱掌柜。

后来，我知道了马总做了营销总裁，再后来，我就知道了马总做了振东的运营总裁。

不是山西人，在振东医药从基层开始，一步一个脚印就是马总在振东集团的成长之路！

有多少人东家待不下跳西家，一圈下来发现真正能上位的还是脚踏实地、毫不抱怨、一点点进步的人。哪怕起点再低，哪怕水平再差，只要坚定，只要坚韧，目标就在前方。

这篇文章我的理解更是马总在振东实践的总结。站在企业的角度，他讲出了对人才的看法；站在人才的角度，他更是剖析了企业的做法和思路，更是用振东实践的方法论给了大家一个全新的理解。

人要成为人才，你得交付结果。

企业要有人才，你得打造平台。

这是二维的，这种二维马总给了振东医药更多的思考。

在这条探索的路上，我们获得了更深刻的认知。

钟梓鉴：风控官的成长路

作者简介：钟梓鉴

1992年起参加金融工作，金融从业26年；

长期从事信贷管理和风险合规工作，在制度体系建设、信贷行业投向、信贷风险控制、组织架构搭建、员工培训等方面具有丰富的经验；

曾在广州农商行支行（区县级）分别担任审批经理、计划信贷部、风险控制部、市场部负责人；

广州白云民泰村镇银行审计部总经理；

现任深圳前海金门互联网金融服务有限公司风险控制总监。

6.1 成长比成功更重要

在成长的道路上，不断充实自己，不断学习他人所长，吸收经验，专注做好专业的事情，日积月累，就会成功突破和超越自我。

我感恩 20 多年来在金融系统的历练，感恩成长路上给予自己知识和体验的同事朋友。

6.2 人生转折

2000 年的时候，已经在银行系统默默做了 10 多年的综合业务，身为骨干，迎来了人生的转折点，懵懵懂懂进入了信贷部门。从信贷综合员做起，处理信贷综合业务和楼宇按揭业务，一点一点地累积工作经验。曾经要好的同事说，我的性格不适合干信贷工作，信贷工作需要抽烟、喝酒、能说会道。说实在的，这些我都不在行，但我相信这不能成为信贷工作的固有模式。在两年多的时间内，自己所从事的楼宇按揭成为该行的业务标杆，各支行按揭工作人员纷纷前来取经学习。

2003 年，我所在的银行举办首次竞聘上岗，经过努力，认真准备，做好攻略，克服信贷从业年限短、信贷管理经验和历练不足等问题，毕竟"谋事在人，成事在天"，在众多高级信贷管理人员参选的情况下，最终以微弱优势获得具有科级信贷审批委员的资格。

其实，审批工作是需要艰辛和付出的，在审批工作的基础上自己主动承担了书记员的全部工作。我像海绵一样，放下面子，孜孜不倦地虚心吸收同事的经验、信贷知识和信贷管理理念，逐步得到了同事的认可和赞赏。

6.3　新台阶、新视野

在信贷审批工作上历练两年后，所在行举办了第二次岗位竞聘。这次竞聘的岗位是计划信贷部副经理，有行政职务科级干部，再干3年的审批工作后再考虑晋升机会的计划提前了。时代给予我们机遇，关键在于你是否愿意去把握，勇往直前。这次顺利竞聘取得了职位，迈上了全面信贷管理的道路，对我来说，这是新的征程、新的视野、新的挑战。

"世上本来没有路，只要人走多了，就成为路了。"不是科班出身、没有背景，在工作中的压力自然不少，在信贷管理的道路上走得异常艰辛。敢为天下先，迎难而上，我承担了信贷规划和管理、贷款审查、信贷队伍培训、产品开发等大量工作，首创客户经理管理制度、汽车经营权质押贷款、物流仓储业经营贷款、村镇组织贷款、村民贷款等一系列特色产品，为所在行创造了良好的经营业绩和管理效能，自己也获得了良好的成长体验。

6.4　转型

从事信贷工作，无疑获益良多，但是离商业银行内部风险控制方面还有一段距离。2008年，随着所在行完善职能改革，将计划信贷部分设为公司部和风险管理部。基于自己具有从事多年信贷内部管理工作基础和良好的文字功底，也擅长信贷组织和规划，我向领导主动提出担任风险管理部负责人。

在这段时期，所在银行还没有实施全面风险管理工作，一切都是从零开始，在没有总行相关性指引的情况下，走马上任。风险管理工作量大，事无巨细，自然忙得不可开交。凭着一股闯劲和拼劲，终于卓有成效地建立了风险管理体系,完成了全辖业务风险监测、风险分类、预警和处置、信贷档案的集中管理等全面风险管理。

6.5 一叶障目的思想升华

信贷风险无处不在,就是猫和老鼠的关系,一不小心就会中招,时有"如临深渊、如履薄冰"的感觉。记得有次为解决银行营销力不足的状况,我部成功营销了近5000万元的抵押贷款。该业务所有的材料、报表、银行流水等都"非常优质",符合我们日常设计的风险模型和管理要求,可视为优质抵押贷款。但在后续的贷后检查中发现,除工商登记资料、抵押登记和客户签字外,银行流水和加盖的银行印章、抵押物租赁合同等相关的资料都是伪造的,抵押物存在高估。

天呀!仔细分析业务操作过程,发现客户经理未按要求亲自到银行现场打印流水,与租户核对租赁合同。后经进一步核查,发现该借款客户的实际控制人曾供职于特殊的"机构",多重身份,该贷款所有材料都是为融资而进行"精心制作"的,特别是银行流水仿真度极高,以假乱真,这是融资高手给我们做了个"局",好在该借款有真实抵押,设定了防火墙,客户也有能力归还,而未形成不良贷款。

教训深刻,领导没有责备,只是轻轻说了句"一叶障目"!

我茅塞顿开,如醍醐灌顶:是呀,一片叶子均可以蒙蔽我们的眼睛,看不到真实的一面。对待问题,必须正反思量,往往美好事物的背后,都隐藏着巨大的风险。可以疯狂营销,但必须理性审贷。透过事物表象,去挖掘事物的真相,从真相中找到风险的控制措施和答案。

世事皆虚幻,须静心以视之。对于所有的风险业务,以清净心对待,不为外来因素、欲望、贪念和执着所干扰,在清净中寻找智慧,就能发现事物的本质。

"一切有为法,如梦幻泡影,如露亦如电,应作如是观",所有的风险控制措施都是法，都是虚幻的，如果执着于这种法门，均可以蒙蔽自己，而万劫不复。不执着于某一定式，就能在既有的法门中寻找破解的不二法门。

6.6 遇见骗局

"万事万物皆有象"，善于从事物的表象中挖掘事物的真相和隐藏的风险。

记得在某鞋材公司提供的贷款资料中发现：银行流水和报表反映企业经营业绩匹配，经营业绩理想。该客户为他行客户，初步看来是一个优质客户，能营销这样的客户实属不易。但是，从仅有的材料中，我发现了隐藏的骗局。

一是该公司是鞋材公司，其实全球性金融危机刚过，企业经营规模和资金需求大幅上升，不合常理。

二是企业经营多年，收益、利润和资本公积相当理想，但是多年积攒的现金不在账上；同时，尽管企业每年收益可观，但是不断增加贷款规模、仅投入少量资金建设厂房，厂房不足以匹配抵押贷款。

三是该企业的控制人是台湾人，显然有抽离现金的情况，通过增加银行负债，抽逃现金，将空壳公司留在大陆的目的。

在经过粉饰的报表中发现了骗贷的真相，经营者的思路跃然纸上。

我把我的判断结果告诉审查人员加以防范，但未引起足够关注，他们置换到他行贷款可谓"过五关、斩六将"，经总行审批通过，形成了巨大的资金损失。

透过财务报表，静心分析，我们可以看到企业经营者的行为表象。

6.7　又见骗局

2015 年,我供职于某村镇银行审计部负责人时,因业务需要接待一批客户:

某贷款申请人经营新建的皮具城,申请人带着律师团队前来洽谈皮具城商户贷款业务。面对该情景,我第一时间就做出这是骗局的判断,必须谨慎防范,原因是借款人已经找律师来规避贷款违约,"早有预谋"。

我强烈要求风险控制部按本行正常的流程进行调查、审查和审批。可惜该行不重视风险,没有采取积极措施防御,造成几千万元不良贷款,这又一通过看"表象"发现的问题。在后续审计中发现:查看企业经营地,借款人通过套取银行资金、投资到其他资本平台的意图和行为更是跃然而出。

同时,发现企业将××慈善公益会在场内作为宣传,故作"大爱";广设 POS 机批量为商户"做流水"、与我行举行一系列的联谊活动,来麻痹银行。我意识到,当时社会有多家培训机构专业培训客户套取银行资金。上述的表象,恰恰印证了这些诈骗套路出现。

6.8　天下难事,必作于易;天下大事,必作于细

《易经》告诉我们易变之理,《道德经》教会我们遇到困难,以变通的方式解决。"君子见善则迁",因应时代、因应场景的变化而做出相应的风险控制应对。

在村行担任审计工作对我来说是一项挑战,也是一次机遇。在信念的驱使下,我欣然接受。积极转变工作方式和措施,完成全行公司治理、制度治理、审计和监管评级工作。

我从事互联网金融行业工作期间,在仅有的监管政策下,完善、创新

了公司风险控制制度、规程和业务指引，卓有成效地通过了监管核查。

6.9　预则立

学习乃永无止境，当今社会是知识大爆炸的时代，不进则退。尤其是金融创新工具和技术不断涌现，传统的银行金融知识和经验面临着巨大挑战。只有在不断学习的基础上，才能缩短差距，提升风险控制能力。在进入互联网金融行业前，就提前研究供应链金融和保理等业务；进入互联网金融行业后，就提前学习融资租赁、私募基金等，金融模式和风险控制模式得到较好地创新。

6.10　无欲则刚，回归本源

做风险控制工作，不得有过度的贪念，一旦贪念产生，就容易产生判断的偏差，无欲则刚，则生智慧心。

一切风险控制手段都归功于遵守法律、行政规章、监管要求和公司制度，只有切实执行到位，风险自然控制到位。

一个风险控制官的成长，需要自律与坚持，学习和提升，发展和创新，永远在路上。

江平辩才：

都说银行好风光，我看金融风险高。

这是我从钟总的这篇文章中所感觉到的，同样是我和很多金融业的高管沟通时所感觉到的。这是他们的累，发自内心的累，但更是他们工作的环境和乐趣。

一个在金融业做过20多年高管的朋友告诉我，金融的本质就是风险控制。这句话给我带来的直接判定是，金融业的高管从业风险太高，换句话来说，金融业的从业者职业发展之路相对崎岖，不太平坦。

但我们研究钟总却发现他一步步向上、一天天成长。他的每一次换岗都对自己来说是一个挑战，但更多是一个体验，同时又是一个新的收获。

我对钟总的理解是：他在把他的职业，把他从事的工作内容回归事物的本质，从喧嚣和纷繁中透过事物的现象去理清事物的本质和逻辑。

这一点恰恰是很多职场中人所不具备的，从而让自己无休止地陷入困境和无穷烦恼之中。

通过钟总平淡而朴实的经历，我们可以感觉到这样的一些元素、一些因果：

成长比成功更重要。不断充实自己，不断学习他人所长，吸收经验，专注做好专业的事情，日积月累，就会成功突破和超越自我。我说人不怕笨，一个专业有一百个知识点，我一天解决一个，3个月就全懂了。以在路上的心态不断去吸取，哪怕像蜗牛虽然慢也终将走向成功！

机遇对每个人来说都是平等的，关键在于你是否真的愿意去把握。一个真的愿意把握机会的人会在平时不断积累，会时刻准备着，朝向他想要的目标，勇往直前。尤其在职场中没有背景的人，在工作中的压力自然更大，职业发展华山一条路，敢为天下先，迎难而上。

世事皆虚幻，须静心以视之。以清净心对待，不为外来因素、欲望、贪念和执着所干扰，在清净中寻找智慧，就能发现事物的本质。

职场中行走，不得有过度的贪念。一旦贪念产生，就是产生判断的偏差，无欲则刚，则生智慧心。

我想这应该是钟总，一个没有背景但一直脚踏实地永远在前行的最真实的职场葵花宝典。

我相信成长中的钟总，在职场上一直自律与坚持的钟总，路将更加宽广。

7

刘冠中：益盟人才 DNA

作者简介：刘冠中

复旦大学硕士研究生；

益盟科技联合创始人；

深圳市首批创业导师；

《小细菌大健康》编委理事。

益盟科技，从一诞生就有了清晰的定位：功能益生菌产业的开拓者。

基于这样的企业定位，在不到3年的时间做到了大健康品牌过亿元价值的阶段成绩，并获得多项功能益生菌专利授权，在高速成长的背后则是遇到了所有创业公司可能会遇到的所有问题：资金、人才、品牌、渠道、竞争等等。

当然，今天老问题都被一一化解，而新问题又在不断产生，企业的发展总是在发现问题、解决问题中此起彼伏地循环。

事实上，我们并不害怕问题的来临，因为，我们有能够解决问题的团队，而且益盟团队还在不断壮大，只要是合适的人才，我们就会吸取，安排在合适的工作岗位。

那么益盟的人才观是什么呢？这也是午马猎头江平总给出的一道有关人才的命题，这很有趣，也很严肃，我们总结了益盟3年走来的历程，益盟人拥有四大鲜明的DNA。

7.1 益盟人是"仁才"

上善利他，是益盟人的理念，是基业长青的基石。世间万事万物均将逝去，唯有仁爱永恒流传，益盟的产品是"仁品"，因为体验过的顾客都说好，益盟的人才都是"仁才"，因为不仁者无法让客户满意，无法让团队的队友满意，无法成为益盟人。让更多的客户健康，让更多的百姓健康，是益盟人的"仁"，为团队队友的工作和生活排忧解难，也是益盟人的"仁"。

7.2 益盟人是"刃才"

能够解决问题的人才是每个企业求贤若渴的对象，因为企业会遇到各种各样的问题和困难，庸才是解决不了问题的。在企业运营的前端和后端，益盟都有"刃才"出现，帮助企业不断成长。

7.3 益盟人是"韧才"

举个例子，益盟学术推广人员一年要演讲上千遍，一群客户不了解微生态学术知识，我们就给一群人答疑解惑；一个客户不了解，我们就给一个人耐心阐述。没有韧劲，肯定是无法交付工作结果的。益盟人随时可以专业地向客户解答各种微生态相关的问题，逢人必传播，这就是"韧才"的体现。

7.4 益盟人是"忍才"

当今的世界是充满诱惑的花花世界。我们每个人都会面临各种选择，尤其创业是一件高难度的事业，3年来当然有忍不住诱惑与寂寞的人离开益盟大家庭，但更多的"忍才"成为益盟的核心骨干，他们始终专注于益盟微生态大健康事业，今天益盟的成果以及未来更大的荣耀都是益盟"忍"才专注的结果。任何激动人心的成绩，都离不开一个忍字，同时，面临任何顾客的投诉，其圆满的化解也都离不开一个忍字。可以说，面对事业的发展，往往忍得越久，成果越大、越久、越稳。

事实上，加入益盟的每个人刚开始并非完全拥有这四大特点，然而，益盟人组合出来的团队，却具备了这四大DNA，益盟人这个集体，是仁才，是刃才，是韧才，是忍才，而且越来越多的益盟人在团队的熏陶中，在强大的益盟组织氛围中，都逐渐在有意识地培养和锤炼这4个特有的益盟基因。

我相信这四大组织基因和人才标准DNA，必将是推动益盟健康可持续发展的源动力。在益盟成长的每一天每一阶段，我们同样敞开胸怀，笑纳天下具有这些基因的伙伴。

未来，我们一起和益盟共同成长！未来，我们一起共同开拓微生态大健康事业。

江平辩才：

仁才，刃才，韧才，忍才。这4种才能构成了益盟科技的组织基因和团队 DNA。

什么是仁？心存善良，行利对方。这里面我的理解一定有3个层次，第一个层次就是说一个人心一定是善良的，心是正的；第二个层次是做事的角度、逻辑是站在对方的角度考虑问题，是利他的；第三个层次就是要做的事本身一定是对的，比如说我要为客户提供的产品一定是有功效的，一定是能帮他解决问题的。

有必要在这个问题上多说几句，2008年我在一家企业做高管时，读过一本书《当和尚遇到了钻石》。这本书是一个佛学院的研究生毕业后并没有去寺庙出家，而是去经营钻石，而在整个经营过程中，他是以善心利他的思维去经营的，3年时间把一家企业做成全世界的品牌。他把这段经历写了出来，作为传道的工具，以期去影响更多的人和他一样，善心利他。

当然，他成功影响了我。我在思考，我要做什么？我要怎么做？因此，在2009年做午马猎头时，我的定位就非常清晰，帮助发展中的企业在发展的每个阶段找到最适合他的专业人才，帮助成长中的职业经理人在他成长的每个阶段找到最适合他成长的专业平台。因为我们是要交付结果的，是要对企业和人才负责的，所以我们对猎头顾问的第一个要求一定是存善心，居善地。我们始终认为，一个人心不善，做事就不客观，行为就不正，出发点就不诚，结果就是空的、假的、虚的。

因此，刘总把益盟科技人才的基因第一点定位是仁才，我是深有感受

7. 刘冠中：益盟人才DNA

并且高度认同的。

紧接着，刘总提出了刃才。刃是什么？是锋利的刀，是要见血的刀，是要解决问题的，是要交付结果的，血就是结果。一个人才交付不了结果一定不是人才。因此，是人才必须对结果负责，结果是诠释你是人才的关键指标。不难理解，益盟科技的准确人才基因定位，因为益盟科技同样是一个负责任的平台。

韧才又是益盟科技的关键基因。韧在哪里？韧在坚韧，韧在韧性。我曾经这样解读过坚韧。坚是坚定坚强，是对目标的，对目标是坚定不移的，对目标的达成是必需的，是坚强的。但达成的过程有很多不确定因素，会出现这样那样的困难和问题，怎么办？这时候就需要你的韧性，不断去调整方案和思路，不断去创新方法和途径，目标在前，排除万难，使命必达！

益盟科技的人才第四个基因是忍。我对这个忍的理解是定得下位、静得下心！人要做事一定不能三心二意，这山望着那山高；人要守得住寂寞，所有的成功是需要专业沉淀和资源积累的，这是需要时间检测的，不是今天做了明天就有效，是需要一点点提升的；要经得住诱惑，外界很喧闹、很浮燥，不能被迷乱了心智，造成人生错位。真正能成就一番事业、真正能让自己一点点走到人生高度的是坚守到最后，是和平台一起成长的。只有这样的认知，才会缔造一个伟大的平台的同时，缔造一个伟大的自己！

不难看出，出来创业不到3年的刘总单品做了一个亿的规模，还造福了很多人对健康管理的新思维，恰恰得益于益盟科技的人才4个基因的打造和锤炼。

有了这4个特有的基因，必将形成益盟科技的组织氛围，也必将推动益盟科技的高速稳健成长。

因为人才，所以相信。

8

聂有诚：构建"人人是才"的理念到落地体系

作者简介：聂有诚

高级讲师；

人才服务的研究者、践行者；

亚太人才服务研究院执行院长；

深圳市人才交流服务协会副会长；

上海人才服务行业协会特聘顾问；

广东省人力资源研究会副会长；

广东省人才开发与管理研究会深圳分会副会长。

8. 聂有诚：构建"人人是才"的理念到落地体系

时下，很多单位都在抱怨缺人才：人难招、人难用、人难管、人难留……

其实这个问题是问题，也不是问题。因为在变革的时代、快速发展的时期，"人才"永远是"缺"的，所以抱怨没有任何作用，唯一的办法就是改变用人单位的想法和做法。

李白"天生我材必有用"的话告诉我们，人，生下来都有用，只是谁来用？怎么用？

古今中外很多成功的企业，都建立了"人人是人才"的企业价值观，通过这些企业的"选、用、育、留"等制度和措施，把"人"变成"才"。如毕业到企业，从"校园人"→"企业人"→"企业文化人"，这个顺序就是"会做事的人"→"会管事的人"→"会管人的人"→"会经营的人"→"会创业的人"。

最近网络热传一篇文章《任正非：钱给多了，不是人才也变成了人才》，建议大家都去看看，尤其是单位领导要去看。建议领导不仅要看，要思考，要修正自己的认识，而且更要在自己的工作、企业中去实践。

我也认同"人人是人才"的观点，但更喜欢用"人人是才"4个字来表达。这4个字我是这样理解的：一是人人都可以成为"人才"；二是人人在不同的单位成为不同的"人才"；三是"人人是人才"是"先天"具备的条件，成为什么样的"人才"需要"后天"的努力，包括人人自己的努力和用人单位的努力。

围绕"人人是才"的"后天"努力，我想从用人单位的角度来谈谈自己的想法或看法，仅供参考。

8.1 有格局

用人单位和单位主要领导的用人格局，决定用人政策、人才观、容才量、投入度（投资人才的时间、经费等），用人单位和主要领导要"眼光远、视野大、胸怀宽"。

老板或上级要敢于使用比你能力强、学历高的人，要能够培养出超过自己的人才。

30多年前分配到学校当老师，学校发的第一个讲义夹至今还保存着，内页抄录的教育家陶行知的名言，来激励自己，并坚持至今。

陶行知：教师的成功是创造出值得自己崇拜的人；先生之最大快乐是创造出值得自己崇拜的学生！

从当老师到政府从事就业服务、职业介绍工作，再到企业从事管理和创业，自己都坚持这一理念，把培养下属、同事、同行作为自己工作的一部分。当然自己也要通过学习、实践和研究，不断调整和提升自己的"格局"。

8.2 有标准

一个用人单位，至少要有以下3个用人标准：任职资格标准、胜任力模型、评价和考核体系。

8.3 有平台

用人单位给人才提供的平台，首先是工作平台，其次是职业平台，再次是事业平台，最后是创业平台。

8.4 有伯乐

今天，在全国火得一塌糊涂的创业团体——光启研究院，曾经遭遇无人识。

几年前,我带着30多位准备回国创业的留学人才到光启参观,副院长张洋洋接待我们,他告诉大家,他们曾经到长三角某市参加创业项目比赛,得分很低,没有被当地选上。

是否是人才,得有"伯乐"识得"千里马"。

用人单位在选人上是伯乐——识人才。人才进入单位后,还要有伯乐:发现优点、发挥长处、发掘潜力。

8.5 有园丁

花木因园丁的精心培育而生长、成型,显生机、现美丽。

人才是根据用人单位的培养、培育而成为不同的人才,用人单位要有育人的"园丁":有师傅、有职业导师、有心理顾问、有专业训练者、有教练……

企业是员工、人才的大学,因此,企业要培育人才,必须培养自己的"园丁"。

8.6 有机会

人才的成长、发展,要有机会,必须给他们"学习的机会、交流的机会、展示的机会、担重任机会"。

8.7 有制度

创业初期多是"人"制,单位应当尽早建立制度体系,过渡到"法

制",制度是人才成长和发展的重要保障。

用人单位应当有"培训制度""职业导师制度""绩效管理制度""岗位聘用和轮岗制度"等制度。

8.8 有竞争

人才的成长,离不开竞争,用人单位要用"赛马、调整、淘汰"等竞争机制,促进人才的快速发展,及时分流或淘汰落伍的人。

淘汰不等于这些人不是人才,是与用人单位现有的岗位不匹配,或暂时不能匹配。当然,应用"淘汰"机制时,一定要"讲法律",合法支付员工的解约费用。我们应用"淘汰"机制,主要是针对试用期和劳动合同到期的员工,执行时还应当注重"讲情义"。如劳动合同到期不再续签,我们会与员工深入沟通,说明理由,并动员员工自动辞职,并按照解除劳动合同的标准支付有关法律费用,为员工出具自动离职的证明,方便他/她在下一个单位就业。

8.9 有文化

"人才"理念和实践演变融入企业文化之中,形成"人才文化"是用人单位努力的方向,是非常重要的方向,很有价值的工作,是人才理念和实践的最高境界。

2003年服务于上海人才有限公司(后被任仕达Randstad收购,成为任仕达中国)时,总裁张伟俊提出了"人才先于战略"的理念,2004年离开他们回到深圳创办FESCO深圳方胜人力公司(创业11年后,又被德科Adecco参股,成为外企德科深圳公司)时,一直贯彻这一理念,把"人才"放在公司的最优先发展、最重要的位置,成为公司快速发展、稳健成

8. 聂有诚：构建"人人是才"的理念到落地体系

长的最大动能。

大概3年前，万科提出了一个真正"疯狂"的理念：人才是万科唯一的资本。

万科，对人才的定义经历了3个阶段：第一阶段是"人才是万科的资本"；第二阶段是"人才是万科的第一资本"，第三阶段是"人才是万科唯一的资本"。唯一之说，意义深远：从第一到唯一！彰显万科的勇气和前瞻。

万科认识到：互联网时代金融资源的获取变得更加容易，人才与资本的地位发生了根本性转变，从"从人才依附资本""人才与资本分庭抗礼"，逐渐演变到"资本依附于人才"。

《任正非：钱给多了，不是人才也变成了人才》一文中，介绍了华为的人才观：第一，打开组织边界：炸开人才金字塔尖；第二，跨越专业边界：人才循环流动；第三，突破发展边界：以责任结果为导向。

每个用人单位，都要根据行业、企业和岗位的人才需求、用人特点，深入研究、大胆探索和反复实践，组织和激励全体员工人人参与，制定有效的用人政策和制度，建立培育人才的体系，形成独特的人才发展环境，才能让"人人有才"的理念真正落地，实现"人人成才"的理想目标！

江平辩才：

有格局，有标准，有平台，有伯乐，有园丁，有机会，有制度，有竞争，有文化。聂总一口气站在企业的视角，从9个维度给大家阐述了"人人是才"的体系建设方法论。

支撑聂总的九维"人人是才"的体系建设方法的逻辑在于两点：第一点他做过职业经理人也做过老板的二维思考，这种正向和反向的思考从根本上丰富了他的思想基础。这就是他一开始就提出的"人人是才"的价值定位：一是人人都可以成为"人才"；二是人人在不同的单位成为不同的

"人才";三是"人人是人才"是"先天"具备的条件,成为什么样的"人才"需要"后天"的努力,包括人人自己的努力和用人单位的努力。

第二点是聂总在做亚太人力资源研究院更多和人力资源服务行业包括实体产业企业的研究丰富了他的案例,这种研究从大量案例中的思考和总结出的东西,更深层次印证了他的九维"人人是才"的体系。

这种逻辑是实践的结果,更是实证的结果。他很好地给到企业如何实现"人人是才"的一套非常有价值的方法论,因此,我的理解是靠谱的。

换句话说,聂总是靠谱的。还记得广东省人力资源研究会第一届年会在暨大开的那一天,我们见面了。话不多有张力,沉稳中穿透活力,朴素中感觉出思想力,后来有过接触在腾讯海刚总办公室,再后来有过微信的互动,见面我的印象不多,但靠谱的感觉却是越来越浓:因为他做的亚太研究院的工作有声有色,察觉到他对行业发展思考的前瞻,因为他参加一些行业活动的演讲对行业发展的推动。所以正是聂总的靠谱把他的想法和追求一点点变现,一点点呈现。

正如同这样的一个思考,我感觉是靠谱的聂总又一个靠谱的思考。

这个思考是能让企业实现"人人是才"的落地的方法思考。

既然靠谱,那就值得企业认真一读。

9

徐元虎：唯健康方人才！不健康非人才！

作者简介：徐元虎

健康使者和企业健康运营专家；

武汉科技大学教授；

《医药观察家报》特约观察家；

中国医药兄弟联联谊会副会长；

黄太医品牌创始人；

让健康成为一种能力品牌创始人。

前几日，伍江平老师问我：无论站在职业经理人的角度、企业的角度，还是站在猎头的角度，我会关注人才的什么点？

这两天我回顾了一下我的成长历程，识别人才，我总结为：1个标准、3个维度、9个重点！

评价人才的标准有很多，尤其是人力资源管理有比较系统、专业的阐述，我不是搞人力资源专业的，我是临床医学出身的，无论站在职业经理人的角度、企业的角度，还是站在猎头的角度，我评价人才只有1个标准，那就是"健康"二字，健康是评价人才的唯一标准，是人才就必须健康，不健康非人才。

那怎样评价一个人是否健康呢？我总结为：从3个维度、9个重点来分析、评估人才是否健康。

评价人的身材有3围标准，即胸围、腰围、臀围。评价人才是否健康也是有3维的！不过此3维非彼3围，此3维指的是这3个维度：平台维度、内在维度、执行维度。9点就是3维各有3个要点，分别是：平台维度的"三业"、内在维度的"三性"、执行维度的"三力"。

从平台的维度来讲，健康的人才需要做到的"三业"是：敬业、职业、专业。

何谓敬业？宋朝朱熹说，"敬业"就是"专心致志以事其业"，即用一种恭敬严肃的态度对待自己的工作，认真负责，一心一意，任劳任怨，精益求精。简单来讲，敬业是一种态度，是一个人对自己所从事的工作及学习负责的态度，往往我们所从事的工作又是我们生命中最重要的组成部分，因此，敬业也是一种人生态度，是珍惜生命、珍惜创造、珍视未来的实质表现。在医药行业中，我曾经服务过的老东家，比如以岭药业、步长集团、济民可信、长沙双鹤药业。在我服务期间，从老板到员工都非常完美地诠释了"敬业"二字，从上至下莫不对自己的工作认真思考，从上至下莫不敬畏自己的工作，从上至下莫不明确自己的工作目标并为之付出。

从敬业这个点来讲，在我分别服务的时段，老东家河北石家庄以岭药业、陕西步长集团、长沙双鹤药业、江西济民可信从上至下是健康的，所以从上至下都是敬业之才。我给长沙双鹤药业做顾问的时间其实并不长，仅一年时间，当初给我触动最大的是一位年轻美女，她叫尹文芳，负责长沙双鹤的主体业务即湖南省23个配送站的建设、发展与管理。可以这么说，她把这份工作当成了自己的事业，以企业为家，珍惜平台、敬畏平台、对平台负责，任劳任怨，心无旁骛，记得当年长沙双鹤的整体业务超过了40亿元，占整个北京双鹤的半壁江山（当时北京双鹤整体也只有80亿元的销售）。现在尹文芳美女与她老公杨践源先生已在广西创办企业多年，风风火火，蒸蒸日上。

何谓职业？或许我们会听到有人提及，这个人很职业，什么意思？也就是说，这个人做事很规范，尊重制度、靠原则做事，对事不对人，在合适的时间、合适的地点、用合适的方式、说合适的话、做合适的事。

职业，是职场行为的一般性原则和惯例，是职场中必备的润滑剂，工作的职业化程度越高，处理事务和解决问题的方式和方法就越得当，开展工作时遭遇的摩擦力就越小，在团队工作中就越游刃有余。判断一个人在工作上的心智是否成熟，要看其工作表现是否职业。因此，在工作上要追求卓越，就必须不断积累经验和技巧，不断提高自身的职业化水平。

简单来讲，职业就是敬畏制度、坚守原则、倡导价值或者结果交换，用数据说话，按流程办事。就职业这一点，老东家河北石家庄以岭药业、陕西步长集团、江西济民可信在我分别服务时段的中高管都做得非常到位，职业化程度非常高，效率高，是健康的，因此，培养打造了一批又一批职业之才。记得当时以岭广东省区的姚明经理不仅敬业而且相当职业，他从不感情用事、对事不对人，敬畏制度、严格按流程办事、用数据说话，管理也相当规范，现在姚明先生早已是多家医药生产企业的股东和老总了。

何谓专业？专业是指技能。人的技能有大小。然而，也是可以在学习中进步的，专业化是可见的，是体现在外在的，是可以考核的。因此，我们更多要在不断地学习中进步，让自己更加专业。专业，既不是资历，也不是经验，而是一整套系统化、规范化、能广泛应用的行业工作标准体系，这套体系能最大限度地保证工作不偏离正确的方向，最大限度地减少工作失误，降低失败的可能性，从而让工作在通往成功的道路上少走弯路、快步前进。既然专业这么重要，那我们应当如何提升专业呢？

专注：认真干一件事情；专一：坚持做一件事情；专攻：长期学一件事情。一个人一生的能力是有限的，能做的事情也是有限的，但如果能把全身心的力量投入做一件事情，那么成功的机会就太大了，一生只做一件事，专注坚持。

例如，午马猎头十余年来，一直专心做一件事：为发展中的中国企业专业提供人力资源动力系统和人力资源管理综合解决专家方案；为成长中的中国职业经理人专业提供极富个性竞争优势的职业规划和更加合适的发展平台。十余年沉淀了一整套系统化、规范化、能广泛应用的猎头行业的工作标准体系，始终引领中国猎头行业的专业规范发展。再比如老东家河北石家庄以岭药业专注于络病领域，组织编撰了络病学说，成立了络病学专业委员会，组建络病学专业化学术推广体系等。再比如医药观察家报，十年如一日，为一个清晰的医药世界努力，因为专业而成为医药传媒第一股。就专业这点来讲，午马猎头是健康的，河北石家庄以岭药业是健康的，医药观察家报是健康的，因此，成就了一批又一批的专业人才。

从内在的维度来讲，健康人才需要具备的"三性"是：德性、悟性、韧性。

何谓德性？德性，道德品性，是指人的自然至诚之性，语出《礼记·中庸》："故君子尊德性而道问学。"郑玄注："德性，谓性至诚者也。"孔颖达疏："'君子尊德性'者，谓君子贤人尊敬此圣人道德之性，自然至诚也。"清朝的李渔《风筝误·和鹞》："就当才貌都有了，那举止未必端庄，德性未必贞静。"德性就是真、善、美的统合。《菜根谭》里面有一句话，叫"修身建德，事业之基"。修身建德，古人非常重视，认为是事业的基础，那么这个事业并不是我们现在所说的事业，而是处事和为业。

司马光曾以此标准来评判人：德才兼备是圣人，德大于才是君子，德才皆无是庸人，才大于德是小人，还感慨：传位授业，若不圣人君子，宁

9. 徐元虎：唯健康方人才！不健康非人才！

与庸人不与小人。可见，无论做人做事，德字为先，这个是不需要我再赘述的。这是德性，人生首要。记得在西安步长集团的时候，时任常务副总裁曹凤君先生就开创了三性文化，识人、用人、留人，德性优先，打造培养了一批德字为先的事业部总经理和中高管，很多人现在活跃在大健康领域各企业的总经理或者总裁岗位。就德性这点来讲，我服务的那个时段西安步长集团中高管是健康的，因此，培养造就了一批有德之才。

何谓悟性？中国有句老话：师傅领进门，修行在个人，说的就是悟性。书法上有一句话讲：力透纸背，讲的是书者的功力。生活的阅历将告诉我们，我们除了要读懂字面的意义和规则外，字后的意义和规则可能更加意味深长。这些别人无法讲，必须靠自己去领悟的。悟性：指对事物理解、分析、感悟、觉悟的能力。悟性高的人通常都是将自己的体会和感受融合其中，获得属于自己的东西。语出宋赵师秀《送汤干》诗："能文兼悟性，前是惠休身。"明谢榛《四溟诗话》卷四："诗固有定体，人各有悟性。"在不同的场景中悟性可以理解为如下意思：理解能力、由表入里、由此及彼、举一反三、醍醐灌顶等。"悟性"，简而言之，就是对市场的感悟能力、对市场的敏感度。"悟性"在许多时候表现为一种跳跃性思维，一种发散性思维，一种逆向性思维，这种思维是可以培养的。

如何培养？通过三读培养之。一读，读书，读书如同吃饭一样必要。每个人的阅历和学识是不同的，至于读书的内容和范围则是因人而异的。正所谓书中自有黄金屋。二读，读人，读成功者成功的捷径，读失败者失败的教训，读竞争对手的手段，以此为鉴；读专家的智慧，他山之石。读人有时候比读书还重要。大千世界中，每个人都可能经历过成功的喜悦和失败的教训。怎样才能少走弯路，读人就显得至关重要了。三读，读事。做一件事情，悟一个道理。每做一件事我们都要总结、创新，只有悟出道理来，人才有可能进步。记得在江西济民可信的时候，从上至下基本上是草根出身，针对这一现实，好像是时任副总裁谭畅先生提出了打造学习型组织的活动，我清晰地记得那个时候全集团员工统一收看大秦帝国系列历史剧，全员上下读人、开展批评与自我批评，全员每天晚上都针对当天发生的事情进行一次头脑风暴、总结和创新；我清晰记得当时西部公司进行了营销创新，创造了兄弟连组织，西部十省一市三个单品年销售突破2.3亿元；清晰记得全员学历普遍偏低，但学习力超强、悟性超强。就悟性这个点来讲，至少我服务的那个时段是健康的，因此，当期打造了一批悟性之才。

何谓韧性？韧性是指顽强持久的精神、坚韧不拔的意志。在不同的场景中韧性的意义可理解为：坚韧、坚持、承负等。在风雨面前，在发展的轨迹和自身的理想、目标不相协调的时候，甚至发生冲突的时候，没有韧性，我们无法达到我们理想的彼岸。没有韧性，我们会在最后关头与成功擦肩而过。梦想、目标能不能最后实现，关键在韧性。记得在河北石家庄以岭药业那段时间，第三终端是一个新鲜、流行、热门词汇，那时国内医药企业专业化学术推广也刚刚从以岭兴起，为了开拓、抢占农村市场，以岭药业专门成立了城乡部，记得当时是许登科老总在操盘这一领域。

那时农村市场是蓝海，但是没有成熟的经验可以借鉴，这一领域的开拓属于开创性的工作。蓝海市场就一定好做吗？实践证明并非易事，半年过去了，城乡部团队全心全意付出了，但没有起色。质疑的声音出现了，连外企都不做的市场，城乡部是否该撤了？很多员工挣不到钱离职了，或转临床部了。更为恐怖的是，当时大家都不愿意去城乡部工作，更有甚者瞧不起城乡部，尤其做临床专业化推广的（当时操作二级及以上医院的临床团队）。面对如此困局，城乡部中高管团队并没有放弃，他们承负坚持着、坚守着，针对农村市场面广人稀不集中、消费习惯未形成、无学术氛围、人力成本高等特点，他们整合企业内部资源，比如获得市场部的学术支持、商务部的渠道支持等。

他们亲自战斗在一线，配备摩托车、面包车，通过"扫街""打桩""大篷车"和开展区域性学术会议等形式开拓市场，成功一个市场就交付一个市场给一线代表进行维护，深耕细作，通过又半年的承负坚守，他们成功了，当时有些省份城乡部的业绩超过了临床部的业绩。记得当时开发全国最难市场湖北城乡市场的是一个80后的小帅哥，他叫余诚，难能可贵的是，当时作为一个德性、悟性都不是问题的年轻小伙子他坚守下来了，成功了！就韧性这个点来讲，许登科许总是健康的，余诚余总是健康的，这一支中高管团队是健康的。目前余诚余总等人都发展得非常好。

从执行的维度来讲，健康人才需要拥有的"三力"是：心力、脑力、体力。

何谓心力？中医讲：心乃生命之本。古语讲：哀莫大于心死。可见心是生命之始、力量之源、信仰之基。心力是使命和希望的力量。心力其实就是有多大的抗击打能力。心力是历经无数酸甜苦辣、挫折和失败才能散发出来的。对于心力很强的人来讲，他们最大的特质是无论任何时候，在他们的脑海里永远都是机会，而不是困难，永远是机遇，而不是危机，他会将1%的可能变为100%，而那些心力不足的，会将99%的机会，就因为考虑了1%的不可能，将机遇丧失。心力是一种需要经历、阅历练就的内心的坚定。强大心力的人可以在万夫所指之下做自己的事，在风起云涌、事态变迁时谈笑风生，掌声雷动、好评如潮的一刻依然心静如水。

心力不好就是不健康。在当今这样一个高速发展、加剧变革、激烈竞争、重构一切的时代，我们更要扎实练好心力，才能行稳至远，心力是解决问题的心态。医药界有一个"麻老大"，不知大家听说过没有，就是在麻醉领域的老大——宜昌人福药业有限公司。这家企业是国营改制的，当初改制的时候是相当困难的，有外债、濒临倒闭，是董事长李杰先生带领经营班子成员，十年磨一剑，将1%的可能变为100%，这需要何等的心力！拥有心力很难，成功者一定要具备强大的心力。

何谓脑力？脑力即人的大脑所具有的思维、想象、记忆等能力。我在大学是教生理学的，大脑的神经元数量在出生时已经基本恒定，但是为什么大脑的质量出生后还会显著增加呢？这主要是因为后天的学习能刺激神经元胞体的成长，促进树突和突触数量的显著增加。其中，胞体对应着新学会的概念和知识，树突负责接受知识，突触则负责连接知识、融会贯通。因此，人的脑力是靠学习和思考起来的。脑力是技巧和知识，脑力产生创造性。我们可以通过专注聚焦、深度学习、锻炼思维练好"脑力"。

不学习、不思考，就没有脑力的提升，这样是不健康的。我们身边是否经常听到类似的声音：我就不该拒绝那次学习，我怎么就没有继续往下思考呢？我就是一个脑残等。脑力是解决问题的能力。老东家河北石家庄以岭药业是国内医药企业最早专门设有培训部门的企业之一，内训、外训非常频繁，记得那时段每周都有内训、每月都会请外训，天天头脑风暴、脑力激荡。市场上好像没有解决不了的问题，记得"办法总比困难多"这些话就是从那时开始流行起来的。就脑力这一点来讲，那时段以岭药业的员工是健康的，皆为脑健之才。

何谓体力？常言道：身体是革命的本钱，说的就是体力。体力是指人的身体的力量，就是身体素质。身体力行简称体力，体力是身体力行的状态，又是执行力。体力差就是不健康，人无论心力、脑力多强大，如果没有好的体力，就无法可持续发展，终将难成事。大家是否听到身边有这样的哀叹：天妒英才，英年早逝等，有心力、有脑力，无论是否年轻，没有体力只能空留遗憾，体力是解决问题的基础。记得老东家江西济民可信总部每天都是要坚持做早操的，风雨无阻，全员无例外，用以增强总部员工的体力，为了济民可信的光荣和梦想。就体力这一点来讲，济民可信的员工是健康的，皆为体健之才。

总而言之，识别人才应该从1个标准、3个维度、9个重点来评估。

从平台的维度，健康人才需要做到"三业"：敬业、职业、专业。

从内在的维度，健康人才需要具备"三性"：德性、悟性、韧性。

从执行的维度，健康人才需要拥有"三力"：心力、脑力、体力。

江平辩才：

不得不说，徐总的这篇文章的立论角度是刁的。

刁在哪？刁在文章一开篇就给人才定性了。"是人才就必须健康，不健康就一定不是人才。"

9. 徐元虎：唯健康方人才！不健康非人才！

这个观点有可能招致学界的非议，也有可能让很多职场中有头有脸的人心里不爽。

没有关系，百家争鸣。但我可以非常清晰非常认真地告诉你，读者真得好好去读读这篇文章，读读这篇文章的逻辑，读读这篇文章的含义，再去思考一下你读出了点什么？同时对照一下自己，他说的是不是真的有道理？道理在哪儿？

尽管在结构上、文理上、词意上，甚至在语法和词语的精准上，还是有很多瑕疵，但瑕不掩瑜。

这是我所读到的一篇人才论的立体雄文。

因为我非常认可他的观点，是人才必须健康！不健康一定是假人才！

不健康的人首先身体是不健康的。身体不好，你无法负累，你无法坚持正常的工作，你无法去挑战高强度的工作，你无法让你的精神高度聚焦，当你的身体支撑不了你的工作内容时，你就出不了结果，一个出不了结果的人绝对不是人才。

不健康的人第二种表现是思想上不健康。思想不健康就是思想不纯、思想不正，不纯的思想和不正的思想最终体现在心态和心智上。体现在心态上就是心态不健康、不阳光，负能量太多，总是牢骚满腹，缺乏主动性，消极怠工，生怕多做一点，未曾付出就想得到。体现在心智上就是心智不成熟，缺乏对事物认知的常识，缺乏工作过程中的合作意识，缺乏让别人认可、理解和支持的沟通，缺乏去尊重别人的职场伦理。一个在职场中别人不认可的人是会处处碰壁的，是没办法交付结果的，因此，这样的人绝对不是人才。

不健康的人第三种表现一定是灵魂上的不健康。灵魂的不健康，换句话说是灵魂的肮脏。肮脏的灵魂从心开始不是红的是黑的，这个黑了心的灵魂价值观是扭曲的，扭曲的价值观看问题、分析问题、解决问题的角度和思路是违背事物的本质规律的，是脱离客观存在的，是与正确的结果背道而驰的，是会带来现在和未来潜在的巨大风险的。一个心是黑的、不健康的灵魂的人不但没办法交付结果，关键是给你创造风险。这样的人和人才无缘。不但不是人才，他只能叫人渣。哪怕他专业度多高，哪怕他职场中位置多重要，同样不是人才。

徐总从三维九点：从平台的维度的三业，敬业、职业、专业；从内在的维度的三性，德性、悟性、韧性；从执行的维度的三力，心力、脑力、体力，系统地阐述了人才的内涵的指标点。

当然，贯通一线的自然是健康。

因此，徐总自然是健康的。健康的徐总因为有健康的意识、健康的概念和健康的逻辑和健康事业方式、生活方式的选择。我们都是湖北人，他所在的人福的老板艾总多年前有过接触，但我和徐总的缘分才从郑州开始。后来多次见面沟通再后来一起共事，他给我的感觉绅士，一脸的笑意是能笑出水的，喜欢说，很幽默，总能让听的人会心地捧腹一笑，让一起沟通的人从心里是愉悦的，当然女性是更能感觉到欢喜之心油然而生。最关键的是徐总对家庭的极度谨慎的呵护和对事业选择的反复判断后取舍的坚定，让我感觉这是个负责任的人。这种负责更是健康的张力，让我感觉到温度和态度。

当徐总进入午马猎头系统成为平台事业合伙人的时候，我就知道，武汉的企业有福了，武汉的职业经理人有福了，因为徐总会和他的团队帮助发展中的武汉企业在发展的每一个阶段找到最适合企业的专业人才！因为徐总会和他的团队帮助成长的职业经理人在他成长的每一个阶段找到最适合他成长的专业平台！

当然，健康的徐总将会更加有福了。因为你一天天在积德，一天天在行善。

这种善德是一个专业猎头顾问的福报，是我们的，更是我们大家的福报。

10

徐海元：中小学名师专业发展的向度和特质

作者简介：徐海元

现任广州市增城区教研室主任；

广东学校特色研究会副会长；

广东教育评价学会副会长；

被评为广州市首批名校长、首批教育专家；

曾任湖北黄冈中学党委书记兼副校长、广州市增城区教研室主任等；

出版专著百万余字、主编参编教材教辅图书30余种（本）。

1931年，梅贻琦在就任清华大学校长时，曾发表过一个著名的论断："所谓大学者，非谓有大楼之谓也，有大师之谓也。"其意是说，一所大学之所以称之为大学，不在于有多少富丽堂皇的高楼，而全在于有数量可观的优秀而著名的教师。纵横以观，大学如此，中小学亦然：治校办学的关键就是要有一支德业双馨的教师队伍！

然而，德业双馨的中小学名师，其专业发展的向度是什么，又需要具备怎样的特质呢？

向度是指事物发展的方向和构成的维度。中小学名师的发展方向应当是努力成为专家型教师，成为在教育教学领域的某一方面或多个方面，既有深入研究和独到见解，又有高强技能和突出业绩的优秀教师，这种优秀教师专业发展的3个构成维度则是专业情意、专业知识和专业技能。作为专家型人才，这种优秀教师通常需要具备"三专"特质：

第一，专心。能够将其专业价值和情感集于一端，不仅深爱自己所从事的工作，而且深怀责任感和使命感。著名教育改革家魏书生，当年在工厂上班而被作为厂长接班人培养时，却先后共70多次以多种方式向厂领导表达"要当老师"的强烈心愿。而一旦成为教师，便几乎把全部时间和精力都用在教育教学上。魏书生的这种专心，蕴含了他对教育事业的无限热爱和强烈的责任意识、使命精神；正是因为这种对教育事业的认同价值和情感，魏书生才成就了他在基础教育领域的传奇，创造了无人能及的教育奇迹！

第二，专注。能够将其人生时间和精力聚于一点，不仅勤奋到忘我的程度，而且具有恒久坚持的韧性。江苏省南通师范附属二小原小学语文教师、现江苏情境教育研究所所长李吉林，这一辈子可能几乎只做了一件事情，就是全身心地研究和实践其创立的"情境教育法"；在其长达数十年的研究和实践中，尽管她也遭遇了很多困难，但是她始终没有畏缩和放弃，最终使自己的研究和实践成果荣获了基础教育国家教学成果奖特等奖第一名，成为影响海内外的著名教育流派。

第三，专业。能够使自己的专业能力秀于一方，不仅在理论上，而且在实践中都优秀和卓越于普通教师。一方面，在理论上研究深入，具有较为厚实的教育教学理论功底，往往见解深刻独到；另一方面，在实践上技能高强，业绩突出，既是青年教师咨询问教的高手，又是青年教师效法学习的经师。上海市中学语文著名特级教师钱梦龙，起始学历并不高，却创造了惊异于教坛的"三主四式语文导读法"——学生为主体、教师为主导、训练为主线；自读式、教读式、练习式、复读式。其时，他倡导的"双主"教育思想已远早于全国课改理念，可见其研究思考的深度和前瞻。至于其"四式"，则不仅易懂好记，而且易学好用。

专心，强调的是名师的专业情意，对于教师职业的情感归属和价值认同，是名师得以专注其学科知识、专业其教学技能的必备前提；专注，强调的是名师对专业知识的投入程度，对于专业功底和专业技能倾注时间和精力的状态，是名师得以夯实教育教学功底和提升教育教学技能的必要条件；专业，强调的是名师的专业技能指向，对于自己所从事的工作应该达到的业务高度和深度，是名师得以优秀和著名的必然结果。

没有专心于教师职业的情感归属和价值认同，就不会有专注时间和精力于业务修炼的物我两忘的职业状态，而没有专心和专注做必备前提、必要条件，则优秀和著名的必然结果就一定缺少了必备的基础，事实上也将是无法企及的目标指向。

全国著名的湖北省特级教师余映潮先生在谈及自己的成长经历和成长经验时，曾体会尤深地说："发展自己是我们每个人真正的大事。从中小学教师工作的特点来看，没有业余时间的利用就没有优秀成果的产生。因为发展自己的基本要求是钻研教学，形成特长；因为走向成功的基本前提是勤奋积累，专题突破。而这一切，都需要时间。一蹴而就的成功只能是想象中的故事。"（文见《没有业务时间就没有优秀的成果》）。因此，他感叹自己是"一个几乎没有尽情享受过节假日的人"，即便是在人皆尽欢的国庆和春节等长假中，也是在潜心埋首于自己钟情的研究之中。

可见，专心和专注对于名师的专业发展指向何其重要。试想，专家型教师如果没有专心、专注和专业作为维度支撑，余映潮们的名师又何以能成果优秀、声名远播呢？

特质者，特有的内在素质也。当专心、专注和专业一旦成为名师附着于外、深藏于心的素质时，其专心就成为了一种习惯，其专注就成为了一种常态，其专业就成为了一种优秀；当专心、专注和专业逐渐成为普通教师的工作习惯、生命常态和卓越追求时，普通教师也定然会因为追求卓越而超越优秀！

江平辩才：

一千七百多个字，当然还包括标点符号在内，一起精致地构筑了名师是怎样炼成的逻辑方法论。

精致在哪里？精致在结构。汪洋恣肆却又百转千回，大开大合依然行云流水。我只能说得益于结构的妙，结构严谨就是精致，打得开收得拢就是精致。一开篇立论恢弘，但又单刀直入，直指名师人才的向度和特质，纹理在专业情意、专业知识和专业技能，落笔在专注、专心、专业。前后呼应，首尾相照，字不多，气不躁，娓娓道来，就是和你在拉家常，就是和你在面对面聊天，一点点渗透，一点点沁入，这何尝不是老师的风范？在结构的精致中，我恍惚感觉徐海元老师在黄冈中学课堂中的飞扬，用结构的严谨撬开求学者的心扉，同样用缜密的逻辑打开求学者的脑洞。

精致在哪里？精致在思想，思想是有香气的，闻香识才人。古人讲文以载道，道是什么？道就是提炼的观点，道是已验证的理论，道是有价值的道理，道是能传承的思想。道在香气里，香气就是提炼，就是验证，就是有用，就是能传承。能够将其专业价值和情感集于一端，不仅深爱从事的工作，而且深怀责任感和使命感，这就是专心。能够将其人生时间和精力聚于一点，不仅勤奋到忘我的程度，而且具有恒久坚持的韧性，这就是专注。一方面，在理论上研究深入，具有较为厚实的教育教学理论功底，往往见解深刻独到；另一方面，在实践上技能高强、业绩突出，这就是专业。徐海元老师对专心、专注和专业这样的定位是在实践中思考后的总结，是在总结后反复应用的提炼，因此，这种思考和实践后的结果，养成了徐海元老师对人才培养、对人才认知的思想。正是这个思想香气四溢才引来更多的名师效应，也让他成为广州的首批名师首批教育专家。

道可道。一个名师的最核心的价值是要让他的思想传播，像花香一样，沁人心脾。

精致在哪里？精致在案例。全文从案例入手，用事实说话，不教条，不本本。从清华大学原校长梅贻琦的论断到著名教育改革家魏书生的专心，从江苏情境教育研究所所长李吉林的这一辈子只做一件事，全身心地研究和实践其创立的"情境教育法"的专注，到上海市著名特级教师钱梦龙创造了惊异于教坛的"三主四式语文导读法"的专业，最后又用全国著名的湖北省特级教师余映潮先生的成长经历引导大家去思考一个名师是如何炼成的。案例导入，丝丝相扣，无牵强附会之感，恰醍醐灌顶之功效。

精致在哪里？精致在经历。经历是一个人的历史，未必是一个人的财富。但经好了历，并且在经历中不断思考、总结，经历绝对是你最丰厚的财富。对于徐海元老师而言，他的每一段经历都是他职业成长和可持续发展最重要的注脚。他在中国著名的"出了黄冈考卷"的黄冈中学做到了党委书记、副校长是因为教而优则仕，被引进了广州，从南沙学校校长一路到天河教研室主任，又一次被作为名校长被增城引进做了增城教研室主任，这一路的飞扬我更理解为一路的沉淀。这种沉淀也有了更好的解读：当专心、专注和专业一旦成为名师附着于外、深藏于心的素质时，其专心就成为一种习惯，其专注就成为一种常态，其专业就成为一种优秀；当专心、专注和专业逐渐成为普通教师的工作习惯、生命常态和卓越追求时，普通教师也定然会因为追求卓越而超越优秀！

无缘，我没能在黄冈中学做过徐海元老师的学生。

有幸，共武穴家乡我们一年有几次面对面聊天。

那份酣畅，那份忘我，回归了少年！

11

王军：从战士到五百强公司总裁

作者简介：王军

外科医师、转化医学专家；

当过兵，行过医，拿过手术刀，开办过公司；

现任大连金玛健康产业集团总裁/创始人。

深圳市逆生源精准医疗科技有限公司创始人、首席医疗官。

11. 王军：从战士到五百强公司总裁

从青春年少进入军营20载，到今天成为一位500强企业职业经理人已经30余年。30多年的历程让我深深领悟到人才成长的必备要素。而最初军旅生涯的20载是我一段最难忘的历程。农村来的新兵最大梦想就是考上军校、当上军官。选择从军那一天起我就坚定梦想，绝对不能再返回农村。

1984年4月是我入伍后的一年半，军校是我高考之后再一次面临决定人生前途的拼搏。半年的准备时间，每天凌晨5时起床，晚上12时休息是我雷打不动的铁规，一天中比常人多4个小时的文化学习，那一年我以士兵考生第一名的成绩录取到昆明军校。从此我深深地知道，勤奋和努力是可能获得你想要的结果的，再加上一个坚定的梦想一定会做到。

同期，中越自卫反击战正在进行中，我的一些保送生同学参加过中越自卫反击战，军校的附属医院很多是战场转下来年轻的伤兵。亲睹残酷战争的结果，也给我带来对生命价值的无比珍惜。于是，我也用一种近乎残酷的体验来测试人生的意志和生命的力量，我身背45斤砖头参加5公里急行军，并立即攀爬昆明西山陡坡，途中几次晕倒，仍然成为100人中唯一攀爬到山顶的斗士，这个经历一时成为军营的一段经典故事。

从此我深刻地认识到，"坚持"才能赢得最后的胜利，成功留给坚持到最后的勇士。

1989年军校毕业之后被选送到北京深造，那一年我开始有了第二个梦想，做一个知名成功的外科医生。1990年因梦想我成为穿着军装开办自己医院的第一人（每年上交军队三产10万元），我寻找机会师从国内两位顶级外科专家，我有机会遍寻各种专业学派，甚至在运营自己医院的同期，进入上海瑞金医院外科跟随微创外科导师两年，有幸成为国内第一批微创外科医师。

那一年28岁，我已掌握并独创了一项外科技术，军内外多个媒体报道了我的故事，新民晚报甚至将我的照片刊登在头版，无意中成为名医。

我明白勇于解决问题，挑战传统和"创新"，才有机会让你脱颖而出。这个世界没有不可改变的事物，只要你有变革的思想。

我的一些病人本身就是上海三级甲等医院院长及政府高官，长期每天平均 10 台手术的数量也让我面临巨大压力，即使吃饭也只有几分钟时间，没有人替代我，即使病倒也不能休息，每位患者都是等待 4 个月以上才有机会由我手术，就是那几年面临的工作压力和超负荷工作，让我更加快速成长。

那个时代的军人没有发财的梦想，20 世纪 90 年代初年收入就已达到 20 多万元，生活的富足并没让我满足，只是给我带来更大的迷惘。每天重复的工作让我认识到医生只是工匠，可以说人只是机器或者工具，我觉得人必须有更加深层的思想和更多的文化积累。

也是那几年我迷恋上西方现代哲学家的思想，几乎西方所有的现代哲学家的书籍我都会去研读。从宗教哲学、悲观主义、酒神精神到存在主义哲学、逻辑学等，读书时候我会一字排开 5~6 本。

对新知识巨大渴求表观层次是迫不及待的，其实内心就是在寻找思想层面的升华，寻求精神层面更高的境界。对我影响最大的两位诗人汪国真、郭沫若给我一份惊喜的同时，更多的是踌躇和迷惘。从此，我给自己人格定下道德层面的准则，思想上有自己深刻的认知和领悟，"思想的高度决定人生的高度"。

1994 年，军人不能从商的政策打破了我过去的梦想，只能放弃自己的医院，我决定保留医生职业，渴望成为一名经济学家。于是我自学经济管理本科，学习风靡一时的萨缪尔森的西方经济学。

1997 年，开始报考同济大学经济管理学院 MBA 学位班，连续两年每周 5 天课程补习（第一年没能通过），那时上海的交通非常糟糕，每天下班后 4 个小时在公交车上，3 个小时文化课。两年来没有看过电视，没有参加过应酬。从初等数学补起，直到完成高等数学课程，最后竟迷恋上高等数学。

1999 年，经过全国联考正式进入 MBA 学位班，经历两年半的经济管理课程学习。这期间我的学习成绩名列前茅。管理经济学、运筹学等最有难度的课程成绩也是同学中最好的，当然每天我花费的学习时间也比别人更多。直到今天也会有人问我，一位医生出身为什么会懂得产业战略？现在大家应当明白我也曾经是科班出身。

这一时期的经历让我明白：知识总有一天会有用，梦想永远不能放弃。

从军21载，我于2004年放弃国家公务人员的机会，选择自主择业。希望以自己过去的经历，重现以前的辉煌。借助他人资金创办上海浦东第一家民营医院、托管南昌一家公立医院、运营浙江台州一家社区医院，也支持过很多军队医院项目，让一些伙伴获得成功。风风雨雨的几年中让我饱受人生最困难的时刻，也是最辛苦的时刻。

这些经历让我明白：没有找准正确的伙伴和平台，你离成功还很远，而能够选择到合适伙伴的概率不到10%，因此，成功路上只能是永不放弃。

2008年，我选择生物科技临床转化应用领域发展，这回归到我擅长的创新领域。3年时间获得这个领域大的发展，我创办生物科技公司也以100万元注册资金获得5000万元风险投资，并在苏州建设国际最高标准的GMP生产车间——这是自主创业一段最成功的经历。尽管与投资方主营业务认知不同而选择退出，我们还是成为一次融资经典案例。

这次经历让我明白：资本的力量超越人的价值，只有不断地提升人的价值，才能与资本并论。

2012年，受聘同济大学东方医院，筹备干细胞转化医学中心，同期出任香港一家以生命科学为主业的上市公司CEO，实践资本与产业的结合。2014年，在深圳再次联手投资人创立高科技公司（中生健康产业集团），并3年内实现公司近10亿元市值（融资计算）。

这一期间我开始理解产业与资本结合的必要条件。

同时我也认识到：事业的成功需要有共同价值观的人。当事业发展到高潮的时候，也是价值观出现分歧之时。

2018年，我又将开始一段新的征程，出任一家500强产业总裁，用3年时间实现我梦想的最终部分：创造产业一体化共享平台，打造中国健康产业领军企业。

感谢广州午马的约稿,我谈不上人才理论,只能以自己浅薄的经历来陈述人生的历程,也许能够对年轻人才有一点儿帮助。因工作太忙碌,无法用更多的时间去撰写,文章疏漏之处请包涵。

江平辩才:

记录式的叙述尽管唠叨,看似流水记忆,其实活生生的一幅人生画卷,读来沉重难免悲怆。

我之所以没有改掉原文的很多句式甚至词语,尽可能原封不动地呈现出来,是因为我希望更多地保持王总在写作这篇文章时的情绪和呼吸。我希望我们才人说的每一个读者从王总的叙述中感受到他内心最真实的意图,触摸他心灵的思考和沧桑,洞悉他写作过程中一呼一吸的明媚和痛快。

这篇王总的成长历程,何尝仅仅是发生在王总一个人的身上?万千职场中的经理人都会有王总所经历的一点甚至全部。只是职业不同而已,只是时间不同而已。但经历的心态、对命运的抗争、向上的意志、得志时的迷惘、失意时的哀怨和对理想的孜孜以求有哪个人不曾有这样的感觉?只是王总把这个感觉真实记录了下来。

一声叹息,岁月没有饶过我,我又何曾饶过岁月?网络上的一句经典自嘲,道尽天下人心扉,包括你我,无关西东。

王总是一个普通的人。人唯普通,所以正常。正常的人就会有正常的想法。农村人想出来改变农村的身份,让自己生活得更好一点儿。没关系,只有靠勤奋争取机会,只有靠吃苦赢得结果。我读到王总每天比别人多学4个小时我一脸泪水但根本不惊讶,因为我自己就有这样的亲身经历。

我大学毕业后没有关系被分到粮食系统的一个大米加工厂。厂在乡下,我想到城里,我想到机关,每天晚上11点下班后我回我住的猪圈开始写文章到凌晨，早上7点依然上班。我从没感觉苦，也没感觉不应该，我认为我只有这样才会有我的未来。

这就是一个普通的人正常的想法。

王总是一个真实的人。人唯真实，方见质朴，真实两个字写出来有点好笑。但真正把真实作为一个人的特点去讲去总结，却是一件很难的事。因为真实在当今的社会已经是一个稀有的东西了。多少人不敢把自己的想法流露出来，藏匿在内，这是一件非常悲哀的色彩了。一个真实的人任何时候都是会本色出演的。不矫揉造作，不故现媚态，客观表达思想，本色展示过程，哪怕粗暴粗鲁，哪怕单刀直入，这份简单，就已让人不累，就已让自己不累，开心自在，香满乾坤。

今天早上立春。我突然想起了一句话发到微信的朋友圈，摘录在此：面对源于骨头里的虚伪和虚假，真诚已经苍白得可笑。我们唯有比他更虚伪，才让他感受你的真诚。

我不希望世界是这个样子，因此，我只有以我的真实和我的价值让更多的人懂得，真实是让他自在和别人舒服的本源。

王总是一个有理想的人。唯有理想，才会选择。什么是他要的？什么是他追求的？王总在职业成长的过程中，有过太多次选择，这些选择有太多的迷惘和不清晰，让他走了弯路；这些选择同样有太多既得利益的放弃和未知未来的困惑，让他阶段性失衡。但他从来没有放弃的是他的理想。他一定要在人生的不确定的状态下丰满他的理想。

这是他唯一活着的价值和意义。

这是他唯一坚持前行的方向感。

一个人的理想和使命感往往会化腐朽为神奇，变不可能为完全可能。

感恩一个普通、真实、有理想的王总，质朴地解构了前30多年的职业历练，给我们充盈了人生的理想画卷。

12

陈阳：论人才我想起了从前的几个老大

作者简介：陈阳

中生健康产业集团生物技术专家；

生命银行中心主任；

干细胞质量管理专家；

中国《细胞库质量管理规范》主要起草人。

12. 陈阳：论人才我想起了从前的几个老大

伍老师下了命令让我论人才，诚惶诚恐，慌忙中居然答应了，但我的内心是空虚的。我一向仰视身边的人才，但要对他们品评，廓清他们的方方面面，却不能说出个所以然来，搜肠刮肚之余，只能把自己的想法、观察体会写出来，写来写去就想到我的几个老大。他们不说是人中龙凤，也是一等一的顶级人才，都是草根出生，有的困难到不能再困难，有的窘迫到只剩下一个员工，有的是创业走到无路可走，但他们都基于自己的专业，靠着自己的才气，做出了一番事业，成就了自己，也帮助了社会和个人。他们的成功绝非偶然，他们都是人才，都有超常的特质。

人才都是在坚持中成长起来的。因为是从零做起，所以老大们的工作就非常复杂，非常具有挑战性，非常需要有耐心，非常需要有韧性。员工来了又走，团队聚了又散，市场失而复得，整个创业之路就像海上行舟，如果不相信有彼岸，不咬牙坚持，不在绝望中坚守，在希望中清醒前行，那就随时会沉没，随时会放弃，随时会泯灭。他们恨过哭过笑过，但所有的困难都一路踏过，直到坚持到最后的成功。老大们的经历让我想到花了整整28年，无数的苦难，无数的挑战，无数次走到跌倒的边缘，但最后还是让中国人站起来的团队——中国共产党和他们的领导人。他们也许没有那么伟大，但是在困难面前坚持并能战而胜之，是他们共通的，人才就是坚持出来的！

人才能够找到合适之所并能发挥所长，所谓皮之不存毛将焉附，一个人即便再有能力，如果始终找不到用武之地，除了慨叹生不逢时，千里马不遇伯乐之外，他们也要反躬自省，在机会多多的当下，如果不能找到合适的舞台来发挥自己，展示自己，成就自己，那这样的人才对于企业来说是不够全面的，甚至算不上人才。恰恰相反，我的老大们凭借他们出色的表现、灵敏的嗅觉和天不怕地不怕的勇气，能够获得雇主的器重、命运的垂青，得到他们立足壮大的地方，从而让他们能够如鱼得水、事业一日千里的大发展。

人才能够改变环境并使之向有利于自己的方向发展。我伴随老大们一块创业，见证了他们改变环境的一个又一个"丰功伟绩"，他们一个"屈丝"，除了手上的一点专业，心里的一点胆气，其他可供支撑的东西少之又少，但他们的故事从开头到结尾都非常精彩，他们或凭一己之力，或者借东风，或者抓住难得的机会，打破常规，不断拓展，开拓属于自己的领地，大力改造不利于他们生存发展的环境，他们看上去在任何时候都具有逢凶化吉、遇难呈祥的能力，实际上拼搏才是他们改变生存环境的源泉。

人才需要拥有与众不同的抱负和眼光。干细胞与再生医学是一个非常前沿的科学领域，在这个产业还不成熟和很多地方还只是理论上可行的时候，有的人随波逐流凑个热闹，有的人浑水摸鱼，能捞一把就捞一把，甚至做了很多坑蒙拐骗的事情。我的一个老大则坚持标准化和创新发展之路，说出其抱负真的是气势如虹，他们坚守"让一个国家一个民族，在一个大的科学领域领先世界"的理想，不断创新，不断拉高这个行业水准，同时他坚持要把自己的工作写到国家行业标准里去，为行业发展定标准、立规矩，帮助这个行业健康发展。虽然他们还差最后一公里没有走完这个行业的上市之路，但是我们相信他们的抱负和眼光，一定会帮助他们笑到最后，并成为领导行业的英雄。

我欣赏老大们的才气，敬佩他们如一粒种子形成一片绿洲的开创之举。无论环境多么不利，但都能爆发出能量，不断改变、征服、再改变，直到打开新的局面。除此而外，我对于老大们的敬佩还在于他们具有归零再造的能力和勇气。当下，技术在不断更新，生活数字化使"易"成为一切生活的主题，这个时代只有不断学习才能跟上时代节奏，而抱残守缺、亦步亦趋或者夜郎自大，或者不能以未来已来的眼光，改变自己摆脱旧有的自身束缚，那一定不是"人才"之举，一直以来老大们都能在时代的滚滚洪流中保持英雄本色，能够回到"零点"上看自己看问题看世界，不断归零再造，以空杯心态成就他们的今天和明天。

人才往往能够把控复杂局面并能一柱擎天。当企业或者一个产业的发展最后结果还难见端倪时，人才在这时就会以超出常人的智慧和眼光，能够以隆中对的超视距看出三分天下的大势，能够在长坂坡大喝一声吓退百万曹军。

在当今大数据时代，技术更新产业迭代频繁，形势一日千里，各种局面让人眼花缭乱，经不起考验、缺少定力，稍有不慎就会把企业引入歧途，甚至万劫不复的境地。幸运的是，我的老大们都很了不起，在这一点上都有过人之处。

人才往往对一时的得失显得很淡定。路很长，他们能够看淡眼前的成功失败，即便当下平淡如水，身居闹市无人相识，即便在别人眼里身无长物，但不为世俗所困，哪怕失败多次，也能够以大器晚成、时候未到来宽解自己。对于个人和企业的成功能有一颗平常心，不急功近利，顺利时飞龙在天，不顺利时潜龙在渊，这对于个人和企业的发展会是很大的帮助。很难想象，老大们是如何度过那些孤独寂寞的时光，并且守住那颗平常心的。

人才需要一些专业的傲气，我理解的这种傲气是对专业的自信和坚持。我是喜欢这样的人才，独立，彰显人格魅力，本身就是非常诱人的，我一直深深折服于老大们身上的傲气和才气。

我轮换着为老大们打工，真的是心甘情愿、甘之如饴的，非常幸运的是，我看到了他们凭借个人的才气和运气，获得成功，走向人生巅峰，人生的经历不同，但他们的"英雄本色"是共通的。

有时候我觉得自己被老大们的精神附体，从他们身上获得了神奇的力量，集他们的优点于一身，塑造一个全新的自己。

我欣赏人才，乃至于崇拜，不能和人才相遇，人生真的就是白走一遭。一路走来，老大们的意气风发、才气如日月之光，照亮他们自己前行的路，也行走成一路风景。

江平辩才：

这是一个读到博士的技术型男对人才的看法。他眼中的人才是他曾经和现在的老板。当然，被他看作为人才的老板为什么是人才，是有维度的，这恰恰是文章的精髓之所在。

　　第一个维度，人才一定要坚持，要有韧性。三心二意，今天南京买马、明天北京做官一定不是人才，因为没有坚持是没有结果的，尤其在看不到希望、看不到结果时的坚持。这份坚持本身就与结果无关，这份坚持更多的是理想与信念。其实陈总第一个表达的维度是信念和理想，是人才一定得坚持自己的理想，一定要为理想奋斗终生。

　　第二个维度，人才要适应平台。人才未必一开始就是老板。不是老板时的人才是一定得适应平台的。不是所有的人都有机会主动选择平台，但所有的人都会有个平台。不管平台如何，真正的人才一定会融入平台，在推动平台发展的过程中，让自己的能力成长、资源成长。适应不了平台，在陈总眼中是你的情商不够，是你的职商不够，你连你工作的老板都不能信任你，你还是人才？

　　第三个维度，人才是能改变环境的。环境固有好坏，对于人才来讲，敢叫日月换新天、化腐朽为神奇，在逆境中变顺境，让不可能成为绝对可能，这是需要创新精神和创造精神的。陈总眼中的人才是必须不等不靠，既能整合现有的一切资源，又能推陈出新创造出更多的优势，这就是人定胜天的再生气概。

　　第四个维度，人才一定要有眼界。看到别人看不到的，这就是前瞻性。一个行业，一个项目，一个机会，其实都是摆在大家面前的。问题在于别人看到了，你没有看到；别人感觉到了，你没有感觉到。眼界会带来行动，眼界同样会带来坚持，行动和坚持一定会给到结果的。

　　第五个维度，人才敢于承载失败和挫折。创业也好，事业也好，没有什么是一帆风顺的。如果一个人在失败中颓废，在挫折中低沉，不思进取，不敢从零开始，是不能成为人才的。是人才一定是打不死的李逵！是人才一定是倒下一百次还会第一百零一次站起来。这份坚强绝对是人才。

　　第六个维度，是人才一定要控场。我非常认可陈总的这个观点。我在讲领导力的时候总结了领导力的八维模型，其中一个就是能在复杂的环境中快速做出决策，这就是局势的掌控力。不慌乱于场，不迷惑于外，透过

12. 陈阳：论人才我想起了从前的几个老大

现象抓住本质，主要矛盾和矛盾的主要方面一把抓，这就是人才。

第七个维度，是人才胸怀远方。不计较眼前，不计较一时，目标在前，笑看花开花落，没有这种气定神闲，何来未来已来？

第八个维度，是人才要有傲骨。这种傲骨是对专业的自信，是对战略的信心，是对事业的执着，是对方向的坚定。不媚俗，不乱从，不随波逐流。这样在陈总眼中才是活脱脱的大人才。

通篇就是一个老板是如何炼成的教科书。

其实我看陈阳同样是人才。

13

张英智：我的追随智慧之旅

作者简介：张英智
华南师范大学研究生；
现任广州市人力资源和社会保障局
人力资源市场处处长。

13. 张英智：我的追随智慧之旅

2000年，当千年虫还没来得及完整演绎成一个问题就被注意力经济洪流裹挟着呼啸而过时，一个偶然的机会，读到了凌志军先生的《追随智慧》。这本书讲的就是一群优秀的年轻人创建微软中国研究院的故事，故事讲得激动人心，然而，在这注意力与记忆都快速迭代的年代，李开复离开微软转投谷歌再到自己创办创新工场，其中，还经历了人生的跌宕，参透生死；张亚勤从他进入科大少年班那一刻起直到2017年在广州"海交会"上被评为中国留学人员50人的最新亮相，依然是神一般的存在⋯⋯到了今天，我已经伴随着故事中那些优秀的年轻人进入"油腻中年"，但"追随智慧"一词依然炯炯如炬，照耀着我的职业生涯。从字面来看，"追随智慧"与"招聘人才"是一对很有意思的对照词组，态度与姿态、主动与被动两种不同的人才价值观体现得淋漓尽致。"追随智慧"的概念来源于时任微软首席技术官奈特·梅尔沃德，其原话是"人才是成功的先决条件，我们决议追随人才，到人才济济的地方开设研究院"。

从"人才招聘"到"追随智慧"，微软给我们上了生动的一课，18年的时间过去了，今天的中国GDP总量已过80万亿元，新常态下的转型升级让企业深切感受到了人才缺乏的切肤之痛，"追随智慧"应当成为企业人才战略的新常态。

自加入政府部门从事人才工作以来，因为工作的关系，接触了不少学问大家和行业翘楚，从他们身上汲取养分的过程，也成为自己不断成长的追随智慧的旅程，聆听他们的故事、见证他们的成长，也收获意想不到的成长。从心理和行为的角度来看，优秀人才至少应具备两个特征：

一是强大的内在驱动力。关于这个话题，我曾向伍江平先生请教过他的"冰山理论"，实质上内在驱动就是冰山的底层部分。移动互联网时代的人才总是千人千面，但我们往往可以从他们的表象中挖掘出共同的关键词：专注、激情、敬业，绝大多数属于正向驱动。驱动力来源于热爱和坚持，当兴趣热爱与从事的工作结合起来，工作才会成为事业而不是谋生的工具，拥有事业的人才才会有成就感和幸福感；驱动力来源于寻找和试错，只有在不断的试错过程中，才能培养和找到内心的驱动；驱动力来源于训练和成长，通过训练的过程不断巩固成就感，让自己成长。

二是高效的执行力。近年来，"黑天鹅事件"和"灰犀牛危机"代表的困境，无论是不可预测的小概率事件，或是可预测的大概率危机，几乎都让决策者陷入无法避免的绝望境地。实际上，米歇尔·渥克在《灰犀牛》一书中进行了深刻阐述，他指出，越早着手，就越容易解决问题，而且成本越小，未雨绸缪远胜于亡羊补牢，采取拖延战术而不是果断行动的话，时间、资源和机会将被浪费。提高执行力，打造执行力文化，建立以目标和关键结果导向的执行力体系，是培育一流人才和优秀团队的不二法门。

新常态下人才成为战略资源，适应高质量发展的新要求，人才特别是关键人才、行业领军人才的缺乏和人力资源供给的有效性不足始终是制约企业发展的痛点，我以为，追随智慧的"道"与"术"可以包括以下3个方面：

一是绘制高端人才地图。追随必有目标，一个城市要有符合城市发展和产业结构的产业人才地图，一个企业也要有符合自身实际的行业人才地图。在大数据、云计算、人工智能和区块链技术的驱动下，为我们移动互联网时代绘制高端人才地图提供了新路径和新渠道，企业要理清本行业高端人才的区域分布和供给情况，对一流人才实行靶向猎取、定向引进，形成开放度高、敏捷快速和多维度的人才引进网络，同时推广实施企业和人才的品牌战略。

二是创新人才发展机制。面向未来，政府的人才发展体制机制需要改革，政府的角色定位为人力资源开发的引导者，市场机制要真正发挥在资源配置中的决定性作用，企业要真正成为人才发展的主体，人才发展的平台、评价和激励机制的创新是关键。先锋企业在平台化方面的合伙人治理结构探索、评价方面的创新指标体系和市场化评价指标体系建设、激励方面的以知识价值为导向的分配制度和基于激发内在驱动的 OKR 管理改革等，都为我们提供了人才创新发展的样本。

三是厚植人才成长土壤。无论是谷歌的"无监管团队"，还是华为的

"以奋斗者为本"，我非常认同谷歌首席人才官拉兹洛·博克在《重新定义团队》中反复传达的一个理念：自由是创新最厚实的土壤。对于这个理念历史上有例证，著名的"钱学森之问"已经表达得非常清晰。其实，钱学森是知道答案的，属于那个时代的学人蔡元培、傅斯年、胡适也都是知道答案的；今天也有样本，长达十年的只有大量投入而没有产出和效益的基础性研究，才造就了今天的施一公。无数成功的案例证明，创新需要自由的土壤，这种自由对于创新者来讲，是要冲破思想的藩篱；对于企业来讲，是要突破急功近利的短视；对于社会来讲，是要拥有欣赏和容缺的心态，唯有如此，优秀的人才才会如雨后春笋拔节而长，成就我们的新时代。

江平辩才：

什么是智慧？思路前瞻且能够落地就是智慧，方法朴实关键有效就是智慧，逻辑严密入木三分就是智慧，既开脑洞又通人心就是智慧。

不到两千字的追随智慧活脱脱一个思想开阔、眼界辽阔、格局高阔的人才智慧说。文字简练而更凸思想透明，没一点儿累赘，不多一个符号，说完了戛然而止，让你余音绕梁，让你回味无穷，这样的文字本身就是智慧。

追随智慧就是追随人才。人才是创造之根，是智慧之源。没有人才，一个城市就缺乏创新活力；没有人才，一个企业就陷于发展僵局。追随智慧的过程就是构建人才生态的过程。从时任微软首席技术官奈特·梅尔沃德的"人才是成功的先决条件，我们决议追随人才，到人才济济的地方开设研究院"的案例和事实出发，作为一个国际大都市的主管人才引进服务的张英智处长极其前瞻而专业地意识到："追随智慧"应当成为企业人才战略的新常态，而作为一个城市一定要成为人才聚集、人才聚群的生态洼地，才真正能吸引更多的产业进驻和培育更多的伟大企业可持续发展。

壮哉！观点很朴素，但真正深谋个中真理的能有几何？我想起被邀请参加罗浮山惠州产业转移科技园招商时，我和他们讲的几句话，"一个企业来你这里发展，制约他的绝不是土地，也不是税收，有可能是产业的上下游供应链的方便和劳动力，但最核心的是人才。在你这里，他要的人才能否找得到？人才愿不愿意来你这里？这才是一个企业为什么来你这里发展的根本！！！"我给他们支了一招，招商引资不如招才引智，改进人才引进的条件，先吸引人才来，才有企业跟着来。

这个思路和张英智处长的想法一致，这绝对是一个城市一个地区产业升级的逻辑。这个逻辑的因果不能错，一错就工作被动，一错就没有结果。

什么样的人是人才？张英智处长给出了答案：强大的内在驱动力和高效的执行力。在绩效管理的实践中，我一直坚持产生高绩效的核心因素只有两个：一是能力，二是愿力。能力好解决，重复的训练会强化他的关键行为，关键是愿力，也就是张英智处长提到的内在驱动力，往往是管理者在管理实践中最感到头疼的问题。内在的驱动力张英智处长解读为专注、激情、敬业。

如何有效地培养强大的内在驱动力？张英智处长作了精辟的分析：驱动力来源于热爱与坚持，当兴趣热爱与从事的工作结合起来，工作才会成为事业而不是谋生的工具，拥有事业的人才才会有成就感和幸福感；驱动力来源于寻找和试错，只有在不断的试错过程中，才能培养和寻找到内心的驱动；驱动力来源于训练和成长，通过训练的过程不断巩固成就感，让自己成长。

无论是强大的内在驱动力，还是高效的执行力，人才是一定要交付结果的。这才是张英智处长基于二维对人才的理性定位，结果一定是一个人才之所以是人才的责任和担当。

追随智慧就是追随未来，梦想的实现就是未来。对于一个城市，有了人才就有了产业的升级，就有了科技的进步，这就是一个城市的未来。对于一个企业，有了人才就有了企业的发展，就有了企业的未来。因此，人才是给一个城市、给一个企业带来未来的关键所在。

问题来了，人才从哪里来？张英智处长给出了宏观的战略思路和微观的实现路径。

要有人才首先要绘制高端人才地图。一个城市也好，一个企业也好，一定要知道你需要什么样的人才？你需要的人才究竟在哪里？张英智处长给你支招，借助大数据、云计算、人工智能和区块链技术，企业要摸清本行业高端人才的区域分布和供给情况，对一流人才实行靶向猎取、定向引进，形成开放度高、敏捷快速和多维度的人才引进网络，同时推广实施企业和人才的品牌战略。

要有人才关键要创新人才发展机制。张英智处长从政府和企业的双重角色给出了关键性定位：面向未来，政府的人才发展体制机制需要改革，政府的角色定位为人力资源开发的引导者，市场机制要真正发挥在资源配置中的决定性作用，企业要真正成为人才发展的主体，人才发展的平台、评价和激励机制的创新是关键。政府做好人才环境和人才政策的创新，企业做好人才战略和人才合作机制的创新，人才何能不来？

要有人才落脚、厚植人才成长的土壤。适合人才生存和自我成长的土壤一定是人才落地的核心。多年的研究，我得出人才生态的构建和形成一定是一个地区为什么领先于其他地区的根本所在，一定是一个时代领先于其他时代发展的命脉所在。一个发达的地区，人才一定聚集，人才的成长环境一定形成生态。反之一个落后或欠发达地区，一定留不住人才，因为从根本上没有形成人才聚群的生态环境。

幸运，我们遇到了一个好时代。政府的开明已看到了本质，企业的进化也找到了根源。人才一定会成为政府、社会和企业共同建设的一个生态环境圈层。

未来，哪个城市的人才生态环境圈建设得完备、绿色、环保、自然，哪个城市一定更富有活力，更有魅力，更具有生命力。

14

胡龙英：如何成为企业的优选"人才"

作者简介：胡龙英

柳州桂中大药房连锁有限责任公司副总经理；

劳动关系协调师；

人力资源管理师；

从教3年，从事人力资源工作16年。

天生我材必有用，在不同的行业、不同岗位，我们每个人都可以是人才，俗话说 360 行，行行出状元。

在我们所在的企业，如何成为企业的优选"人才"，首先我们除了一些企业通用的用人标准之外，还得深深了解自己所在企业的量才标准，否则，所有努力都面临着一个巨大的挑战，一不小心就可能背道而驰。

大部分企业用人的通用标准无非就是人品 + 能力，以我所在的企业也不例外，除了这两个通用标准之外，在我们企业还有其他 3 个明确的量才标准。

第一，就是业绩指标的达成能力。有条件的利用好现有条件，没有条件的要自己去创造条件。总而言之，经过公司规划以及双方沟通确认的各项业绩指标，你要突破重围，完成目标。要确保业绩达成，你要具备业务经营管控能力、市场开拓能力、成本管控能力。

第二，就是团队建设能力。如果你个人的业绩指标达成能力很强，只能说明你的业绩技能强，是一个业务高手，如果你所带的团队工作作风懒散，目标不一致，团队成员拉帮结派，甚至团队成员对你的做人做事风格也不一定认可，那说明你还是一个瘸子，经不起风吹浪打，迟早是要摔倒的。要做好团队建设你本身要有一定的格局、胸怀，正能量要足，要把身边性格脾性差异不同的人融合在你的身边，并发挥出他们最大的价值。

第三，就是风险管理以及自我学习能力。也就是说，在满足以上两个条件的基础上，我们还要外加一个条件，就是在团队和谐的情况下很好达成业绩指标的同时，一定要通过合理合规的途径完成，在遇到模拟两可的问题时，一定要优先选择风险可控。同时随着市场变化、行业的竞争，企业的量才标准也随之变化，如果我们始终成为企业的优选人才，必须要有持续的自主学习能力，以提升自己在职场的竞争力，靠吃老本迟早会被淘汰出局。

有鉴于此，也给在职场打拼的你一个建议，除了努力工作的同时，还要多与上下级沟通，与上级沟通，了解公司的战略规划，随时调整自己的工作方向，同时也可以让上级了解你的工作状况以及工作进度，在工作遇到瓶颈时也很容易得到上级的支持和帮扶；与自己的同事以及下属沟通，主要是把自己的工作思路和工作方向分享给大家，让大家也清楚公司的规划和发展方向，在给下属传递正能量的同时，帮助下属做个人成长规划，这样可以更进一步地让下属支持和理解你的工作，我想一个本身就努力的你，再加上有上下级都愿意支持和帮助你，估计想不进步都难呀！

江平辩才：

在胡总的理解中，人才具有 3 个维度：第一个维度，胡总的理解是人品＋能力。人品指什么？包括哪些要素？能力有哪些？涵盖多少指标？胡总没有展开。但这第一个维度在胡总的理解中是基本的要素。胡总讲出了她理解的人才的第二维度，业绩指标的达成能力，团队建设能力，风险管理以及自我学习能力。这三力是胡总的量才标准。胡总最后提出了人才的第三维度，做好上下沟通，主动沟通，有结果的沟通。

质朴的胡总对人才的理解是质朴的。她是基于一家上市企业柳州医药桂中大药房的人才实践总结出来的。换句话说，在桂中大药房的选人用人看成人才去培养，标准是什么？标准就是胡总的 3 个维度。

实践中总结出来的东西往往更加接地气，靠谱的东西还要去指导桂中大药房在快速发展的实践中更好地去推动人才发展和组织发展，我想还得理清 3 个维度的内涵和关键指标。

什么是人品？没有一个内涵空洞地去理解人品是没有标准答案的。但作为一个约定的概念却是大家最关注的。我对人品的定义就是做人的素质，包括公德、私德、性格基因、心态心智 4 类指标。公德是一个人的核心价值观，私德是一个人的生活方式和行为方式。公德是一个人人品的道，私德是一个人人品的器。没有公德，没有一个正确的价值观是不可能有好的生活方式和行为方式。这就如同大家通常所说的"三观不正"的概念。因此，在人力资源管理实践中，我会更多地观察、考察和培养一个人正确的价值观和世界观。尤其在选择高管时，我最最强调的是"志同道合"，志同就是价值观要一致，不然想不到一块、说不到一块，就更做不到一块，这是企业选人用人的大忌。

我理解胡总讲的能力其实同时应该包含一个人做事的素质。比如说，他既往的经历中所获得的经验和技术，比如说他的思维方式和他的关键的工作方式，比如他的沟通方式。而从能力本身的角度，我认为既有技能和工具性的本领，同时应当具有通用能力和做好一个具体岗位的专业能力。

以上两点加起来是胡总，也是桂中大药房选人用人"把你当人才"的基础之基础。

核心呢？在于胡总提出的3个量化能力。第一个就是业绩指标的达成能力。是人才必得交付结果，一切交付不了结果没有产生业绩的统统都是耍流氓。因为你在混日子，因为你在逃避责任，因为你不能担当。我经常和职业经理人沟通，你为什么要离开这家企业？他回答任务完成不了，完成不了就当逃兵，真是荒了企业的时间，浪费了企业的工资，也没让自己得到真正的成长。

胡总提出的第二个就是团队建设能力。人才不但要管好自己，关键要管好团队。带不出兵的一定做不了将军。人上一百，形形色色。面对团队的各种性格、各种习惯、能力不同的人，如何让他们上下同欲、术道合一？如何让他们既能干又肯干？这就是领导力，这就是管理水平。真正的人才不只是自己能交付结果、干出成绩，关键是让他的团队干出成绩、干出成就！

第三个是风险管控和自我学习能力。我非常认可并理解胡总的这个实践后的总结。工作有目标、有计划，计划分解到每一月、每一天，都会有流程和节点，流程是否顺畅？节点是否可控？是否有突发性事件出现？应该如何做应急处理？这就考验一个人才的应变能力和风险来临时的危机处理能力。按部就班很多人都没问题，往往难的就是在危急时刻做出快速反应并能处理得当的就是真人才！

想起我讲管理时的 6 句话：管理是什么？制定目标，计划分解，资源整合，提供支持，节点控制，达成结果。

节点控制一定是工作管理非常重要的一项工作。

胡总在文章的最后提出了人才的第三个标准一定是会沟通的。她理解的会沟通是主动沟通，上下沟通和有结果的沟通。

我一直提出一个重要的理论，职业能力，其中有一个重要的能力就是沟通能力。会说话不等于会沟通，沟通一定是达成一致的。我提出了沟通的定义是用你的观点去影响对方的思想，让对方感觉舒服，与对方达成一致。任何沟通上出现的障碍一定是先入为主，一定是自说自话，一定是不考虑对方的需求，这样的沟通肯定无效。

在讲《道德经》时，我讲到谋定而后动。在一次管理论坛上就这句话我做了管理学的分享。谋定而后动不是把目标制定好了，把计划分解好了就好了，而是要做到上下同欲。怎么办？第一步一定要让你的领导知道你要做什么，你为什么要做这些？你做这些和他要的结果有没有关系？让你的领导明白你要做的事就是他要的结果，然后，他就会坚定地支持你、信任你，给你时间，给你空间，给你足够的资源，这叫上谋。同时，你要让你的团队明白你要做的事给他带来的好处是什么，你要清楚地告诉他应该怎么做才是你要的结果？这样让你的团队心往一处想、劲往一处使，你才有做成的可能，这叫下谋。还不够，做一件事还有很多其他的部门支持，财务、物料、人力、行政等，你不能让他们观望，不能让他们隔岸观火，不能让他们感觉和他们没有关系，因此，你要让他们明白你要做的事和他们有什么利益关联？你要让他们明白他们应该怎么做才是对你最好的支持，这叫中谋。

上中下谋全好，你的结果自然而来，这就是沟通的魅力。

我经常和一些职业经理人讲，一个高手不是高在专业上，而是高在能够让他的老板知道你在做什么，你为什么要这样做？你这样做给他带来的好处在哪里？这样，他的老板就会坚定地信任他。

信任一定是沟通最好的结果。

胡总是值得我信任的,她给我的感觉一直就是简单、纯朴、干练、真诚、亲和力强,属于情商极高的。

很多人问我她长得什么样?这个湘妹子就长得天生做人力资源管理的模样,绝对专业!

15 倪磊：新环境下的人才成长路径

作者简介：倪磊
南京大学工商管理硕士；
管理咨询师、经济师；
荷兰 MSM 管理学院医疗与健康硕士；
中国医药物质协会常务理事；
药店《联合营销》发起人；
《中国药店》非药研究中心研究员；
《职来职往》知名招聘专家；
《销售与市场》特约撰稿人；
现任浙江医药·维艾乐常务副总经理。

近日，接到伍总的电话，想让我聊聊对于人才发展观的一些个人想法，甚感诚惶诚恐。一是怕自己的一些拙见有冒失之嫌，同时也认为在伍总的平台上发表人才观点，有点儿班门弄斧。于是，只能从自己职业生涯的十多年中总结一下自己的发展轨迹和心得，能够让自己多面镜子，也期望能够给到职场中发展的人士一些思考。

最近，看了业内资深营销专家李从选老师的《职业经理人成功的八大关键词》，这篇文章，寥寥的几个核心观点，却道出了不仅是职业经理人应该有的基本特征，而且也是任何职场人士应该有的核心价值观。这些核心价值观为职业生涯划出了一个标准，而要达到这些标准，每个人都有不同的智慧或思维路径。这些智慧和路径，在现代社会环境中，是否拘泥于传统，还是在传统中创新，还是直接标新立异，大家仁者见仁，智者见智。如何能够浓缩出一些更精准的表达，我尝试用了以下 6 个字来概括人才成长的有效路径：

15.1 关于"补"

现代社会高速发展，知识日新月异。处处充满机遇，处处充满挑战。如何根据职业要求来弥补自己的知识结构，有两种完全不同的选择：一种是所谓"短板说"，就是通过发现自己职业化匹配不足来学习进行弥补，这样可以解决自己职业发展的部分瓶颈。另一种是"长板说"，就是发现自己的核心优势，对优势转化为兴趣，进而不断提升自己的长板，树立自己的个性化标签，赢取更多的职业优势，互联网的很多从业者就拥有这种明显的成长特征。

15.2 关于"快"

天下武功,唯快不破。现代社会的快,不仅包括速度快,而且还有反应快、执行快。成功的企业家往往能够快速捕捉商业机会,并迅速响应。互联网时代,信息的传递完全处于即时化的状态,往往最先做出判断的,都会成功取得先发优势。从社交媒体的广泛运用到共享经济,背后都是优秀的人才快速反应的结果。当然,目前人才还需要打造一个核心特征,就是"执行快"。由于社会分工和背景的不同,当一个商业机会来临的时候,除了战略管理者快速反应之外,用于强大执行力,其快速反应的团队往往更能够脱颖而出。

15.3 关于"勤"

勤奋历来为中华民族的主流价值观,中国人被誉为最勤奋的民族。但现在社会的勤奋往往需要更多的智慧表达,"勤"已经不能代表主观意义上的"吃苦",其表现出主动的现代含义。现在的"勤",更应具有"舍得"的智慧,是一种付出和主动,这也是一种高情商的表现。这种精神和意义,往往能够帮助自己赢取更多的职业加分,为谋求更大的发展创造机会。

15.4 关于"学"

终身学习似乎是这个时代带给我们唯一可以选择的成长路径。就职业生涯来讲,我更喜欢"急用先学",这与第一个"补"相辅相成。由于现代企业发展的多元化，对人才的综合能力的考验往往比在某个专业领域更为迫切。特别是管理型人才，更需要多维度学习，拓宽自己的知识面，在某个领域进行综合判断，寻找机会，对风险做出预判。

15.5 关于"新"

"新"包括创新、接受新事物的好奇心、敢于接受新挑战，等等。其中，"接受新事物的好奇心"已经成为目前智慧型人才的核心标志。既蕴含着包容，又是一种积极的人生哲学。对某种事物有着固有的思维判断，同时又能善于接受新生事物，这种人才往往能够在职场上游刃有余。

15.6 关于"律"

养成很好的行为自律和怀揣敬畏心，已经成为一个优秀人才的标志。懂得张弛有度，学会有温度的沟通和交流。有敬畏之心，可以使自己时刻警醒，不盲目，不忘本，保持良好的心态和职业状态。拥有自律，不但可以使自己保持时刻的工作动力，而且关键是"从心所欲不逾矩"，让自己处善而柔。

每个人的成长路径，受不同的教育背景、文化、地域、行业的影响，会存在一定的差异，但有一条一定是有共性的，就是对核心价值观的认同和坚持。这样才能通过后天的一些方法让自己成长，成为有价值和有自己独特标签的人才。

江平辩才：

补，快，勤，学，新，律。

这6个字是倪总职业成长的心路，更是倪总沉淀后总结出的职场成长定律。

一来说补。取长补短需要补，扬长避短同样需要补。一方面，是补短板，在你成长的路上，你缺的知识面是什么？这就是你在知识结构宽度的短板，你得补，不补你就迈不过这个坎；在一个知识面中，你缺的知识点是什么？这个知识点你不具有或者你不会，你往前时总会感觉吃力，像跛脚一样总希望别人是你的拐杖，这就是你在知识结构深度的短板，你也得补，不补你同样无法前行。

另一方面，是补长板。可能很多人不太理解为什么要补长板？补长板是让你的长处更长，成为专家，让你优势更优，成为典范。当你是行业的专家，当你是职业的典范时，你就具有专业的穿透力和影响力，别人就会因为你专业的优势而忽略了你的短板，这样同样会让你的职业发展风光无二。

究竟是要补短板，还是要补长板？究竟在职业发展的什么阶段补，怎么补？要因人而异、因职位而异、因发展的阶段而异，还要因要补的内容而异。因为补的过程是有时间成本的。因此，要计算补的内容所带来的结果和你付出的是否成正向比例。

二来说快。快在哪儿？快在行动，快在执行，快在落地。执行靠什么？靠专业思路、专业方法和专业资源。如果你平时没有专业的思考，你没有做过类似的事情，你就不会有专业方法的沉淀，你就不会举一反三，你就会无所适从；如果你没有专业的资源，你就两眼一黑，你就无从下手。因此，快的根本在于更多的工作过程中的总结和积累，在于工作实践中资源的不断沉淀和丰富。

三来说勤。一勤能补百拙。但如何勤？在哪方面勤？恰恰是倪总引导大家思考的关键所在。勤在多做，做多了自然懂得多了，自然会得多了。读书百遍，其义自见，又说拳不离手、曲不离口，这些都是讲做一件事多做、做熟练、熟能生巧。因此，要勤在每一个关键的环节上，勤在每一个难点上，勤在关键问题和问题的关键点上。

勤还要懂得取舍，这就是倪总的智慧。我们经常做事的过程看不到结果，就认为这件事做得无益没有意义，这是不对的。因此，在这个时候千万不要放弃，一旦放弃就是前功尽弃。勤的核心在学会执着、学会坚持，学会在别人花前月下的时间你去独守孤灯，学会在别人自认为聪明地转身离开的时候你依然前行。

四说学习。一个学字涵盖人生多少精华，人生有涯但其学无涯，穷其一生你也无法学透天下东西。那好，究竟要学什么？怎么学？倪总给大家带来了很好的指引。综合多年的实践中对太多成长性强的职业经理人的总结，我们发现：第一，他们把学习不仅作为解决问题的工具，而且更关键是作为一种兴趣和习惯，这样一来，学习就无处不在。第二，学了再去习，习就是应用于实践中去解决问题。第三，在解决问题的过程中不断去总结、去提炼。第四，把总结和提炼的东西再思考升华，形成自己的理论体系。

这才是真正的学习。

五来说新。新是相对旧的。新是什么？新思维、新思路、新方法、新观点、新工具。时代在变，世界在变，竞争的环境在发生根本性的改变，我们的思路要变。新就是创新求变的能力，新就是掌握新知识的能力，新就是在复杂的、没有见过的环境中快速做出反应、快速做出决策的能力。

最后说律。倪总一个非常重要的解读就是敬畏之心，我非常认可这一观点。没有敬畏之心，你不会慎独，你会去挑战规则，你会去践踏伦理。律就是自律，自律就是懂得敬畏能慎独。律就是律己，律己就是明白什么可以做，什么是绝对不可以做的，是一定要有做事和做人的红线。律就是律他。只有律己才能律他，这样才会有公信力，才有说服力，才有榜样

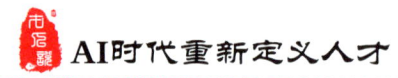

力，真正的人才是需要榜样力量的。

　　与倪总接触、沟通和了解的过程中，我从他的身上更多更深地感受到了他总结出来的这6字真言。其实一个职业经理人把自己是怎么做的，加以总结和梳理告诉别人，这就是最好的原创，更是最本质的人才观。

　　原汤原汁不加水不加料，以本色行走职场，既是倪总的初心，同时又是才人说的初心。

　　道可道，非常道。名可名，非常名。道在内心，天下归宗。

16

刘学兰：人才的心理素质漫谈

作者简介：刘学兰

心理学博士；

华南师范大学心理学院教授、副院长；

广东省人力资源研究会副会长；

广东省企业培训研究会副会长。

伍江平先生嘱我写一篇关于人才的文章，甚为惶恐，对于什么是人才，我并没有系统深入研究。"德才兼备"是人才最朴实的表达，但过于宽泛，还需要更具体的描述。身处高校，环顾四周皆是人才，但我却很难给人才下一个理性而清晰的定义。那就结合我的专业，对人才漫谈一下。

在我的观念中，人才是相对的，不同组织和不同岗位对人才的要求是很不一样的。同时，人才也是与组织共生的。人才的成长需要优秀的平台和好的制度。从人才本人来讲，不要忽视或低估平台的作用，陷入"我是人才，舍我其谁"的幻象之中，有时候没有平台的依托，人才一不留神也就成了路人甲。而对组织来讲，不要奢望找到完美的人才，然后就以为万事大吉、高枕无忧，不为人才提供好的平台，设计好的人才制度，也许会把一个本来是人才的人变成庸才甚至是坏才。任正非的那句话"钱给多了，不是人才也变成了人才"或许过于绝对，但对组织来讲，不无道理。当然，这句话是说给组织听的，个人对这句话倒不必较真。假如某个人因为任正非的这句话，就开始天天带着怀才不遇的心态抱怨单位，那只能说明他还并不具备人才所需要的心理素质。

尽管人才是相对的，很难有放之众岗位而皆可用的人才，但是从心理素质的角度来讲，我倒觉得人才应该是有些共性的。在人才的心理素质中，我非常看重3个Q，即IQ、EQ、AQ。

IQ（intelligence quotient）即智商，反映的是人的一般性综合认知能力，包括抽象推理能力、学习能力、适应能力等。在对人才的理解上，美国心理学家加德纳的多元智力理论或许更具解释力。加德纳认为，人类至少有8种智力，分别是语言智力、逻辑数学智力、视觉空间智力、身体运动智力、音乐智力、人际交往智力、自我认识智力及认识自然的智力。每个人都拥有相对独立的8种智力，它们在每个人身上以不同方式、不同程度进行组合，从而使每个人的智力各具特色。人的智力结构是多元的，因此，人才也是形态各异的，人才就是能够充分认识和发挥自己优势能力的人。

大家熟知的"木桶效应"是短板理论，即木桶的盛水量被短板所限制，要想使盛水量增加，需要将短板加长。目前的人才观更应该是"长板理论"，即"核心竞争力理论"，当你把木桶倾斜，木桶的盛水量是由长板决定，而不是短板。因此，人才要扬长发展，而用人单位要扬长使用。

EQ（emotion quotient）即情商，反映的是一个人调节和控制情绪的能力，它包括：（1）情绪的知觉、评估和表达能力；（2）思维过程中的情绪促进能力；（3）理解与分析情绪，习得情绪知识的能力；（4）调节情绪，以促进情绪与智力发展的能力。高 EQ 的人善于表达自己的情绪和情感，善于控制自己的情绪，而且善于调控他人的情绪。因此，他们往往拥有良好的人际关系和充分的自信，对环境能够很好地适应，能够充分发挥自己的能力。情商高的人是有激情的人，但这种激情不是盲目的、不加控制的，而是有理性的激情。

AQ（adversity quotient）即逆境商，反映的是一个人能否战胜失败和挫折，能否在逆境中发挥自己的能力。在 IQ、EQ 相差不多时，AQ 便对一个人的发展产生决定性的影响。AQ 高的人，能迎难而上，充分发挥潜能；而 AQ 低的人，在困难中能力下降，沉沦于困境。2018 年 1 月 25 日，知名 80 后创业者茅侃侃自杀身亡，引发了集体哀悼。这些创业者，都是出类拔萃的人才，都有很高的 IQ，但仅有高 IQ 还不足以应对令人绝望的困境。褚时健说："衡量一个人成功的标准，不是看这个人站在顶峰的时候，而是看这个人从顶峰跌落谷底之后的反弹力。"从打造红塔集团到入狱 17 年，出狱后以 74 岁高龄再度创业，褚时健用他的触底反弹力书写了一个传奇，也是对逆境商最好的诠释。

IQ、EQ、AQ 代表了心理过程的认知、情绪情感、意志。三 Q 都高的人，也是知、情、意和谐统一的人。三足鼎立，奠定了人才发展的稳固的心理基石，构成了人才最重要的心理素质。

江平辩才：

结构严谨，行文如水，水流自然，水滴石穿。观点所至之处，润物留香，落地有声。

很难读到一篇以学术思想构筑但绝没有学究风格的学术文章，清新自然悦目，简练必定沁心，共鸣所以酣畅。

这是一篇美文，如同刘教授的美。不张扬学术的博深，但又让学术的逻辑沁润你的思想，不引经据典考究学术的源头，但在娓娓道来的过程中让你豁然开朗，不喧哗，不故弄玄虚，不故作高深，始终安静如一湖春水不断把涟漪荡漾进你的心扉。

这就是真正的学术的美，更是学术的魅力。

一开篇刘教授就客观勾画出人才和平台的逻辑关系。不同的平台对人才的定义和理解是不一样的，同一个平台在不同的发展阶段对人才的定义和理解也是不一样的。人才必须在平台上用他的专业和资源去推动平台的发展，平台是人才之所以成才的土壤，因此，人才离开平台就什么都不是了。平台的发展离不开各个专业的人才的结果交付，平台一定需要有效的激励人才的能力提升和愿力欲望，没有人才进步的平台是没有未来的。

这个逻辑的核心是人才和平台的相对和绝对的关系，是客观的。但这个客观的逻辑只是刘教授从理论到实践又提炼出来的一个切口。

这个切口带出了刘教授的精髓观点，成为人才有他共性的心理素质：IQ、EQ、AQ 代表了心理过程的认知、情绪情感、意志。三Q都高的人，也是知、情、意和谐统一的人。三足鼎立，奠定了人才发展的稳固的心理基石，构成了人才最重要的心理素质。

是人才必定智商高。智商不等于聪明，智商是一个综合认知能力，再通俗地理解一下，智商就是能充分认识和发挥自己优势的能力。因此，刘教授高度总结了一个观点，人才就是能充分认识和发挥自己优势能力的人。

自我认知和优势认知是智商的核心，可能很多人到现在都没明白。从小时候到现在，我发现很多人形容记忆力好、会背书就是智商高，接受能力强、点子多的就是智商高。现在看来绝对是一个误区。自我认知恰恰是很多人做不到的，我是谁？我在哪里？我要什么？我的优势区在哪里？我的兴趣点是什么？我的劣势区在哪里？在我做人才沟通和人才职业发展规划的时候，我发现很多职业经理人从来没有真正地从内心去思考。

一个人不知道自己是谁，不知道自己的优势、劣势、兴趣在哪儿！盲目地去想自己的未来，想自己的发展本身是不客观的，是没有智商的，或者说是智商偏低的，这样的人可能在某个阶段会有所成就，但不会一路成长，从心理素质来看，不懂得我是谁的人绝对不是人才。

是人才必定情商高。情商是什么？刘教授给了很好的解读，那就是3个善于：善于表达自己情绪和情感，善于控制自己情绪，而且也善于调控他人的情绪。这3个善于是步步递进的。善于表达自己情绪和情感是最简单的。需要你的主动，但难在表达的度，一旦控制不了度，就给人感觉假了，一假就不舒服，不舒服肯定是情商不够。

能做到善于控制自己的情绪就是高情商，多年与职业经理人的沟通我总结出，职业经理人成长性越好越和他管理自己的情绪有关。他们不会轻易表达自己的喜恶，他们不会突然发脾气，他们会让别人感觉不露声色、城府很深，不张扬、不发飙、不会给别人难堪，不逞口舌之快，让自己情绪风轻云淡，宰相肚里好撑船，这样的是真人才。

但善于调控别人的情绪这方面，我看人才凤毛麟角。管理管什么？管心。让自己愉悦，更要让身边的人愉悦，其实是走进了别人的内心，充分尊重和满足别人的需求，让别人获得满足感和成就感，让别人赢得认同和快乐，这样的人才心胸广博、眼界辽阔，这样的人才从来都是以善心看世界，度人即度己。

是人才必定逆境商高，身处逆境从不自暴自弃，人生谷底积蕴力量上升，绝地反击更是王者归来。从内心来讲，我更是敬重这样的人才，逆境商高真人才。

这个世界很公平，每个人都不可能一帆风顺，如意之时看惯春花秋月，失意之时就颓废、抱怨、哭天喊地。你过得好时你说是自己努力的结果，你过得不好就抱怨命运的不公。在颓废中沉沦只会让人生的希望慢慢泯灭。而真正的强者在失败中总结，在挫折中反思，在底谷中磨砺意志，坚强前行。

这样的强者是大人才，因为他永远都知道自己要什么，因为他永远知道自己活着的意义。

刘教授基于人才的三商心理素质是人成为人才的普适定律。在大量的人才开发实践中，我认为还有一个最重要的心理素质就是职商。我对职商的理解很简单，就是职业常识和职业伦理。我的总结告诉我，真正在职场可持续成长、在职业的上升和发展过程中稳健且有成就的，更大程度上是他们懂得职业常识，更大程度上在于他们遵循职业伦理。

相对于专业来讲，自我认知、情绪管理、意志坚强、常识伦理应该是更能让一个人成为人才，并且可持续成长的关键。

17

郑桂梅：我在海印的人才幸福感实践

作者简介：郑桂梅

华邦幸福家园集团人力资源中心总经理；

曾任海印集团人力资源总监；

海印商学院执行院长；

2015年、2016年、2017年连续3年被

评为中国首席杰出人力资源官；

广东省人力资源研究会副会长；

广州市人力资源管理师联合会会长；

广东省企业培训研究会理事长。

从大学选择人力资源相关专业，研究生主修心理学，到从业后的培训认证讲师、十几年中外大中型企业的人力资源管理实践，做了半辈子与人打交道的工作，我越发感受到：幸福感对职场人的重要性，有时远远大过单纯薪酬带来的满足感，"幸福"二字很简单，却又很值得深入研究。

17.1 幸福感对搭建雇主品牌的重要性

雇主品牌，简单来讲就是以雇主为主体，以核心雇员为载体，以为雇员提供优质和特色服务为基础，旨在建立良好的雇主形象，提高雇主在人才市场的知名度和美誉度，从而汇聚优秀人才，提高企业核心竞争力的一种战略性品牌建设，使得雇主和雇员之间被广泛传播到其他的利益相关人、更大范围的社会群体以及潜在雇员的一种情感关系，通过各种方式表明企业是最值得期望和尊重的雇主。

优秀的雇主品牌是企业整体品牌的组成部分，也是规模化公司重视建设的部分，不仅可提升企业品牌的无形资产价值，提高社会价值，增加企业的竞争优势；而且雇主品牌建设是企业管理制度完善和企业文化形成的有效途径，可以提升企业人才管理水平，协助企业改进管理水平，提高自身人力资源价值。最终，优秀雇主品牌可以凭借卓越的企业文化、良好的待遇满足员工的精神物质需求，以企业知名度和美誉度赢得员工的忠诚，打造雇主与员工的双赢局面。

如何打造海印集团的雇主品牌，是我空降到海印的第一道难题。8年前，作为空降兵入职海印总部，是传统粤商——海印集团的第一位外聘职业经理人，面对当时只有3人编制的人力资源部，董事长制定的工作目标是两年内完善人力资源六大模块，搭建海印人才梯队，顺应集团大发展的需求，打造海印雇主品牌。既往的职业实践告诉我，对雇主品牌形象的塑造是由内而外的过程，不是一蹴而就的，而公司任务又摆在面前，结合公司一直秉承的"务实求真、脚踏实地"的工作作风，充分领悟"忠诚、敬业、创新、勤奋"的处事 8 字方针，加上前期针对各阶层员工的调研，打造"海印人的幸福"这一理念跃上了我的脑海。

17.2 如何打造海印人的幸福

我始终认为，员工的第一身份首先是人，人是生产力中最活跃的因素，人是企业的立足之本，管理人就要从人性着手，不同阶段人的精神境界对幸福有着不同的感知，人在发展，幸福观也在提升。除了相应的薪酬，更重要的是给予员工一定的尊重，营造和谐轻松的工作氛围，创造工作发展空间和机会，打造工作成就感，发展员工持续的职业能力，这些除薪酬以外的东西，可以作为员工幸福感打造的关键环节。有鉴于此，我提出了特色的海印人本理念：以人为本就是以人性为本；己所不欲勿施于人；真我无存；管理层以身作则、率先垂范；要求员工做到的制度规范，管理层一定要做到。

有了理念的指引，下一步便是明确人力资源部的准确定位，首先，人力资源是一把手工程：重视人、关心人、培养人、使用人的四大环节均需要一把手亲身参与；其次，人力资源部直接对董事长负责，与各用人部门平等互动。最后，人力资源部对客户（即用人部门）提供精准高效率的服务，由客户进行考核评分。有了定位，有了服务，有了工作目标，下一步便是搭建"海印人才管理之道"，即选人之道、育人之道、用人之道、激励之道。

选人之道：不是一家人不进一家门；除非必需，绝不打破体系；务实、实用，绝不高消费；各个岗位实现精兵制。

育人之道：内部晋升机制——子弟兵队伍建设；人才是实践中锻炼出来；中高层身体力行带教人才。

用人之道：不拘一格用人才；给虎一座山，给猴一片林；搭平台、给机会、扶上马再送一程；信任、放权。

激励之道：职业安全——忠孝仁爱；不欣赏末位淘汰；回报机制——有付出、有成绩、有回报；分享机制——关注长期发展。

从关键词可以看出，海印人才管理之道的理念用词朴素准确、简单易懂，这也从侧面反映了海印的文化特点：务实、开放、快乐、创新、团队、学习。在海印，员工的幸福感在很大程度上取决于公司的人际关系简单纯粹，目前公司由职业经理人当家，团队专业高效；员工工作中没有心理负担，不用关注上级的心情；员工可以民主参与管理，氛围融洽，员工工作自然而然地投入，同事间、上下级间配合也变得紧密，这是相辅相成的产物。

17.3 如何创造尊重和双赢的局面

人性化管理不代表没有底线。我开始思考并着手指导人力资源部团队协助集团落实各项工作制度化、流程化、规范化、系统化，打造公司的规矩和底线。截至2017年，集团制度汇编90套，涵盖行政、人事、财务、法律、安保、营销等各个职能部门；标准化工作流程上百条，覆盖各业务板块。员工管理秉承公开、公平、公正的原则，纪律严明，奖罚分明。同时，在制度范围内给予自由和尊重，法理情相结合的处理原则。尊重员工，注重发挥员工的特长和兴趣；员工薪酬与工作结果和工作量挂钩。

同时，创造公平、任人唯贤的工作环境，所有员工一视同仁；发挥员工优势、发现员工不足，帮助改善，而不是消灭；鼓励下属畅所欲言、合理采纳意见；鼓励团队合作，相互学习，共同促进。2014年海印集团设立"海印商学院"，明确"海纳百川、印你风采"培训主旨，通过建立三大领导力课程体系，全面打造海印各层级核心关键人才培养通道，致力于提高员工的专业技能和科学管理水平，强调实效性，聚焦业务，通过实干助力业务。

作为有着5000余名员工的上市公司，基层员工占比很重，因此，在营造尊重的氛围中，人力资源部尤其注重对基层员工的关心和引导。通过制度的制定来保障基层员工的利益；时刻关注最基层员工的幸福感；集团上下员工福利制度的制定秉承平等原则，小到工衣、餐厅，大到体检、旅游均统一标准，不搞特殊化。作为企业负责人领导力课程的主要讲师，我经常在培训中引导大家思考：每个员工都是你的COMPANY FACE，尤其是最基层的员工。重视他们，就是重视自身企业的发展。

通过多年的打造，幸福的力量已经逐步显露出成果，海印连续10年以上无劳动纠纷，经统计，员工离职率属行业最低水平。"人人争上进、人人皆成才"的海印人才梯队保障了公司跨越式发展的人才储备。未来，结合"海印人的幸福"理念，人力资源将继续以识才的慧眼、爱才的诚意、用才的雅量、聚才的良方，广开进贤之路，把各方面的优秀人才吸引过来，凝聚起来，形成"人人渴望成才，人人努力成才，人人皆可成才，人人尽展其才"的良好局面，营造幸福海印人的工作氛围。

我一直相信并坚持：构建员工幸福感，我们一直幸福在路上，探索员工幸福之路，我们幸福得永不停止！

江平辩才：

一篇"我在海印的人才幸福感实践"翻开了人才幸福构建的思维导图，如一幅山水画一样，引导你去追寻幸福的感觉，探源幸福的真谛，破译幸福的密码。

在我长达22年的企业人力资源管理实践中，我们一直单向的注重人才的奉献、人才的付出、人才的创造。从没有考虑到人才为什么奉献？人才为什么付出？人才为什么创造？更没有去思考人才愿不愿意奉献？人才愿不愿意付出？人才愿不愿意创造？更不会从深层次进一步去思考人才奉献对他自己有没有价值？人才付出对他自己有没有价值？人才创造对他自己有没有价值？

因此，长期以来所有的绩效管理只基于为企业规避风险，所有的绩效考核的工具和方法包括指标的设计全都是为了保障企业经营管理的有序，控制人在工作过程中的风险。

从本质上忽略了人才参与一项工作的主观意图，忽略了人才从事工作的主观感受。只考量人才被动的需要，不去关注人才主动的需求，这是不是我们企业管理长期以来的一个最大的缺位？

我突然想起了一件事情，当所有的人都认为一直合理和应该的事突然发现根本不合理和完全不应该，我无法想象，这样的原动力觉醒会不会像海啸一样吞噬我们的正常和我们的习惯。

我依然去想象一件事情，当所有人开始围绕自己的需求而去选择工作的时候，我们依然沉浸在单向的管理思维中，我们的企业是不是灾难已然来临？

未来已来，来的是我们已经被可能发生的惊醒。

突然，我发现这个时候出来的郑总提出来的这个观点是一个非常重要的、极有指导意义的理论，更是一个开启人力资源管理满足人才需求时代的里程碑。

究竟什么是幸福？多年前我在企业大学讲的一个概念，我想应该是长期思考的结论，幸福是内心的祥和和满足。基于这样的理解，不同的人对幸福的感觉是不同的，同一个人在不同的阶段对幸福的感觉也会不同。

为什么不同？因为需求。人的需求不同，所以其感觉就会不同。

因此，构建人才的幸福感首先一定要去分析和关注人才的真实需求是什么？然后，去思考如何围绕其需求满足引导他的创造，引导他的付出。

我们可以设想一下，假如让一个人才主观地认为这件事做好会让他产生幸福的感觉，我们用脚都能想得出来，事情的结果一定无比美好，做事的过程一定非常酣畅，不需要人管，更不用人盯。

用幸福的体验推动一个人才去创造完美，把工作的被动转化为他内心的欲望。

我的理解这样的激励方式和激励工具是不是我们做企业管理和人力资

源管理未来一定要去思考、去探索、去开发的关键呢？

2017年华师心理学院刘学兰院长牵头发起，成立一个幸福组织联盟，我去主持了该论坛的专家对话。通过幸福组织联盟的筹办和论坛的专家对话，我更清晰地发现并懂得了一个趋势：人才的自我意识已然复苏，人才的幸福体验越来越强。

这是好事。带给企业的人才发展实践更是好事，让你重新定位，如何给进入企业的人才以幸福的感觉。

18

张德生：人才"五行"说

作者简介：张德生

福建郭氏集团副总裁；

高级经济师，硕士研究生学历；

福建省房地产人力资源协会发起人兼副会长；

福建省企业人力资源发展促进会发起人兼秘书长；

中企联合（北京）人力资源管理中心副秘书长；

福州市青联联合委员会常委、副秘书长；

历任百强上市房地产集团公司人力资源总经理、副总裁；

中国雇主品牌论坛 2012 年、2015 年"中国杰出经理人"；

2012 年全国 MBA 联合会"中国 MBA100 人"。

18. 张德生：人才"五行"说

从象牙塔出来到现在，从事人力资源管理工作已有16载，从当年初出茅庐的人力资源管理的小学生成长为上市公司分管人力资源的副总裁，这条路我走了13年，已然选择了这一职业，我会无怨无悔地走下去，今天也借伍总的"才人说"平台，结合我多年的人力资源工作经验，谈谈我的人才观。

在我的眼里，什么样的人才可以称为人才？

第一，是品德行。在当今日趋激烈的市场竞争中，人才的品德极为重要，企业应该把人才的道德素质放在考察的首要位置，把人才的"德"作为第一位的素质加以强调。在我过往考察人才的过程中，我向来奉行的一个原则是：宁愿用一个品德过硬、对企业忠诚、有职业操守而能力略低的人才，而不愿意冒风险用一个专业才能很高但品德有问题的人。我相信能力可以通过后期的培养、培训获得，而一个人的德行是不容易改变的。俗话说："江山易改，本性难移。"品德不好的人，就是一个潜在的危险，越有才干，对社会的危害就越大。有这样的人在，企业时刻都存在风险。因此，我认为一个优秀的人才，首先是一个具有良好职业道德的人。

第二，是能力行。这儿所说的能力当然包括学习能力、管理能力、创新能力、协作能力、人际交往能力、专业技能等。不同类型、不同层级的岗位，对能力的要求也是不一样的。因此，我们在考察人才时，应当对岗位、对核心能力的需求进行重点考察。在这方面，我相信各位同行、先知有各自使用的先进的方法和工具。在这里我重点要谈的是，在面试过程中，我更多的是通过与人才就过往的业绩进行深入探讨，尤其是实现该业绩的细节部分。很多时候人才为了在面试中获得好感，往往会过分包装过往的业绩，粉饰自己的能力，但往往我们通过抽丝剥茧式的沟通，就会发现其事实真相。这就要求面试官在面试前做好充分的准备或者本身就是深谙业务的人力资源工作者。

第三，是担当行。担当，通俗来说就是责任心。一个优秀员工一定是一个有担当的、愿操心的员工。业界普遍认为，责任心是指忠于公司、忠于岗位、忠于职责，团队利益大于个人利益、公司利益高于一切。遇到困难，敢于迎难而上；决策失误，敢于承担责任；重大攻坚，敢于承担重任。那么如何在面谈中判断一个人是否具备很强的责任心呢？我通常采用的是情景模拟提问法。我会结合人才简历中提到的他认为最值得或最难忘的一个业绩亮点，这也是人才最熟悉的案例，因此，在交流的时候，他会不知不觉走进我们预设的时空条件，比如面谈中我们可以逐步上升案例中可能遇到的困难以及可能面对的人际压力，采用挑错、支持、同理心等方式，评判其责任心的潜力。这时候，你面前的人才的责任心是很容易被我们"看见"的，画面感很强。

第四，是"三效"行。这里的"三效"是指效率、效益和效果。效率指的是人才在工作中完成特定任务的时间长短。效益指的是人才能否在完成特定任务时兼顾成本因素，即是否能做到用最小的人力、物力、财力的投入达成目标。效果指的是完成任务的品质以及所带来的最大化正面影响。通俗来讲，就是多、快、好、省。这"三效"是我多年来奉行的工作准则，也是我在管理岗位对下属的基本工作要求。因此，在人才选拔时，我尤其看重这点。我记得我的职场启蒙老师告诉我："一个人走路的速度往往与其办事的效率成正比"，这一点在我多年的人力资源管理实践中确实得到了印证。效益和效果我们可以通过面谈来做出判断，但最后我总喜欢找个合适的理由或机会与我的重要候选人到公司楼下走走。

第五，是魅力行。我们知道，在企业中，要想成为一个领导，必须具备的是能力和魅力，光有能力不行，你的能力再强，如果无法征服团队为你工作，为你卖力，到头来你最多只是一个猛士。郭士纳在其自传《谁说大象不能跳舞》中，谈到个人领导魅力时写道："伟大的CEO会卷起他们的衣袖，亲自参与解决问题的活动；他们会身先士卒，而绝不是躲在员工的身后，指挥别人做事。"那么怎样才算是一位有魅力的领导人呢？我认为，一个有魅力的领导，一定是具备和蔼、可亲、平易近人的品格魅力；他善于激励，是天生的教练，能传道、授业、解惑；他目标合理、明确，能以身作则、承担风险，带领大家一起攻克难关，替员工遮风挡雨；他心胸宽广，对不同文化、不同事物包容性强，能团结不同性格、不同背景的人一起共事，甚至包容自己的对手；他有远见，决策迅速，采取行动，能把不确定性转变成机会和成功的策略，减少员工的担忧，并收获成功。

以上，就是我的人才"五行说"，个人浅见，还望业内行家里手多多指点。

江平辩才：

金，木，水，火，土，这是天地自然五行的基本元素。

品德行，能力行，担当行，三效行，魅力行。这是张总人才五行的基本元素。

先来说说张总。

认识张总是在一个秋浓的夜里，张总请我吃饭。从广州开车到福州，在张总的电话引导下，找到他说的地方已是晚上7点半了。从选的吃饭地点，到点的菜，装菜的器具，饭后的茶，茶中的话，我看得出张总和我们的见面是用心的。这一次，我读到的张总热诚、阳光、极有演讲能力而且非常非常喜欢去说，不经意抛出个问题观察你的思考和答案，看看你和他的观点是否共鸣，而且敏锐而细致，特别感觉得到他的主控性强，极高的掌控欲。

后来我们微信一直互动，再后来他发起成立福建省企业人力资源发展促进会时，遵嘱我协调广东省人力资源研究会和广东省人才交流协会给他们促进会的成立发了贺信。再后来陈国海教授去福州讲学时，我推荐张总和陈国海教授见面沟通，是因为在我的理解中，张总是乐意社交、乐意多方面与行业里的专家接触和互动。

正是这个感觉的加深和延续，催生了上个月月初我们在福州的第二次见面和沟通，这次主题聚焦，这次话题更深，我对他的理解相对第一次有了立体而全面的认知：从财务管理的角度去结合人力资源管理的工具，为企业的经营实现组织发展和人才裂变，他运用自如、得心应手；从专业的职业经理人的影响力和号召力，站在家国情怀的角度，极力推动两岸统一所付出的时间和精力让我赞叹不已；以公益的大善之心发起成立专业性协会，培育后学推动人才的专业进步和可持续成长已立地成佛、普度众生。

只有读透了这个人，我们才能从他的文章中解读他的人才思想，因为他的每一个行都是其实践中案例的总结。

我今天只说品德行。我们讲一个普适的共通的定位，对于企业来讲，企业最关注的人才的品德是什么？答案一定是忠诚。人力资源管理实践中非常重要的一个理论，我的理解是，忠诚本身又是一个伪命题。既然是一个伪命题，而企业又需要或者首先看重的是人才的忠诚，那究竟看重的是一个什么东西？

企业对品德也就是忠诚的第一个看重的是你不能背叛我。也就是说，你不要在我的企业工作去干些偷鸡摸狗的事，你不要去干些身在曹营、心在汉的事，你不要去干些在这个企业工作、暗地去帮别的企业干活的事，你不要干些把公司的信息、机密和资源去卖给同行业的事，这是对品德的最基本要求。我在想啊，如果一个人连这个都做不到，你不是人才，因为你连人都不配做，那就不是耍流氓的问题，一定是畜生。

企业对品德、对忠诚第二点会看重你会不会站在企业的角度去思考问题，去分析问题，去解决问题，这是很多职场中的人的弱点。我这样去讲，可能很多人看了不会接受，他们会在想，我在我的职位上干好我的工作就好。话没错，错的就是忠诚。做一天和尚撞一天钟是忠诚吗？急功近利只顾眼前是忠诚吗？只考虑当下不着眼未来是忠诚吗？得过且过不求更好是忠诚吗？没有自己的观点甚至不坚持自己的观点是忠诚吗？会上从来不讲会下意见领袖是忠诚吗？更可怕的是，当企业的利益和自己的利益暂时性冲突的时候，更是把企业贬得一无是处，这样的人何来忠诚？典型的两面三刀无道德而言。

企业对品德、对忠诚的理解，在我看来还有核心的一点，企业会关注求职者进了企业，心是否进来了？在企业看来，人到了企业不算忠诚，心到了企业才是忠诚。企业怎么看你心到了企业？他有他的理解，他的理解很简单，你不但要做出结果，而且还要让他看到你是怎么做的。举个例子，一个朋友非常优秀，到一家企业后 3 年时间从 1 亿元做到 6 亿元，但这个企业的老板一直对他爱理不理。他很苦闷，他在想我全身心投入到企业怎么还得不到你的认同？我告诉他，你有没有给你的老板微信点赞？有没有转发你老板发的文章？他说我还真没有。我回答他那还真是你的不对，你老板也是人也需要关心和关怀。你不关注他不点赞不转发，他认为你是无视他，没把他当作自家人，他马上去点赞、去转发，他老板看到他转发的微信，给他秒赞。

做对了事是应该的不叫忠诚，让老板感觉你和他一条心才是忠诚。

这是很多职业经理人要从内心深处、从思想的黑洞去回味、去品读、去反思、去实践的。

一个人只需忠诚于内心和你的职业。当你真正忠诚于你的内心，你会去思考如何让你更有满足感，更有成就感，更富被尊重感。这些都是一个常人所具有的人性。这就是忠诚内心的最终需求。但这个需求如何获得？一则取决于你交付的专业结果给别人带来的满足感，二则取决于你交付结果的过程中让别人感受到的愉悦。这两种感觉加强对方对你的认同，也会让别人对你产生需要和尊重。

这就是成就感的来源。

福来福往，忠诚于内心已然忠诚于企业，忠诚于企业会得到被需要和尊重。

这就是最大的品德。

19

夏军：职场才人的勤、悟、罩

作者简介：夏军

中国中药协会脑病药物研究专业委员会副主任委员；

中国医药市场百人研究会 CPU100 首届轮值主席；

成都中医药大学附属医院医生出道。

历任：

石家庄以岭药业股份有限公司销售部副经理；

步长制药集团高级副总裁；

成都康弘药业集团副总裁；

华立医药集团有限公司执行总裁兼首席营销官；

昆药集团股份有限公司董事、常务副总裁兼首席营销官；

健民集团股份有限公司董事。

现任：

成都新医势科技有限公司董事长；

成都泉源堂大药房连锁股份有限公司董事。

19. 夏军：职场才人的勤、悟、罩

有一种职场说法："没有人对企业来说是不可或缺的"，这就意味着员工在企业的工作实际中是没有保障的，而企业也需要找到更适合、更有价值的员工。还有一种说法就是所谓"谷歌范儿"，包括上进心和抱负、团队精神、服务精神、倾听和沟通能力、行动力、效率、创造力等等。

而我要讲的就是 20 多年来在 6 家上市企业运营管理体会的 3 个字。

一曰"勤"，"勤"有多解，我更看重"心勤"，善于思考、做有思想的领导人，就必须有关于自己职业生涯——基础期、青壮期、成熟期的思考，特别是 35～45 岁，勤于思考，善于设计，勇于承担，坚强的毅力，乐观，积极行动检视自己的不足，向对标看齐。我一直强调"乐活乐作，健康发财"，把生活品质与职场工作相融合。因为我喜欢跑步，是马拉松比赛世界六大满贯医药界第一人，所以在对一个上市公司的指导中，依据企业的发展情况和产品情况，灵机一动，设计了"健民健身健步、做有骨气的中国人"活动，仅仅一年多的时间，在国内各地各连锁药店开展活动，已有十多万人踊跃参与，社会影响和企业效益巨大，员工开展活动共同参加也是身心健康愉悦。在 2018 年 1 月"健康中国 2030 品牌计划"第十届健康中国总评榜上，荣获"年度企业公民奖"。

二曰"悟"，道可道，非常道；道不远人，从工作中遇见的表象发展中悟到本质递进，从先进的学习中悟到复制升华。"悟"让自己不犯错误，"悟"让自己少走弯路，"悟"让自己思想进步。当我从医院退职出来从事销售工作时，我的上司讲销售就是"卖公司、卖产品、卖自己"的"三卖"；当我升为事业部总经理时，我总结销售是"文化营销、学术营销和服务营销"的"文化学术营销"，当我负责上市公司的整个销售时，深刻认识到做好营销就必须做好"传播品牌、传播知识、传播关爱"的"三个传播"。因此，"道"的认识、行为的改变也是丰富经验的积累。

三曰"罩"，职场复杂，经历就是财富。不需要任何事情和岗位都要去经历，但一定要有好的上司和"高人"兄长引导指点。一定要寻找到正直、善良、聪慧、有丰富经历的"大树"作为依靠，指点自己职场的发展。我的职业生涯目前历经了三甲医院医生、海王集团、以岭药业、步长

集团、康弘药业，还有华立集团旗下的昆药集团、健民集团6家上市公司，曾从基层员工做到了执行总裁兼首席营销官以及两家上市企业的董事，经历企业发展的艰辛、腾飞，这些企业家分别有全国人大代表、全国政协委员、院士、福布斯中国富豪榜富豪，还有行业的领导郭云沛老师和曾经的上司，他们的言传身教、率先垂范、重大事件的把控、关键时刻教授的智慧思想、对自己的包容和提携，才使我能从基层员工每三五年都有职位职责的变化，才使我的能力得以体现，才能被行业中的朋友认识认可。

用心工作，做事有自审，有回顾检视，有良师指点一二。在职场中修炼，对岗位负责，为企业尽职，真正成为职位晋升中不可或缺的"才人"。

江平辩才：

文章很短，总共一千多个字，宛如在一个座谈会上的发言，在你的身边，轻言细语，轻风拂面，娓娓道来，一个字一个字吐气如兰，钻进你的耳朵，却落到你的心坎，这种掉到土渣的味道就是朴实。一如夏总给你的感觉一样，朴实厚重，沉稳有力。

夏总总结他职业成长的第一个关键在勤。勤不是一天忙到晚，勤不是不能停下来。勤不是苦做傻做不思考，夏总给到大家一个非常重要的解读就是"心勤"。

什么是心勤？这是一个新的概念，或是夏总对勤的一个合适的定位。但夏总并没有更多更深延伸心勤的注释，我们不妨依照夏总职业成长的历程来一个心勤的还原。

我理解夏总的心勤首先是定心。大学之道，在明明德，在止于至善，知止而后有定。这里讲的定什么？就是心定。这里的心是什么？是内心的需求，是人生的目标，是发展和成长的方向。一个人不知道你要什么，不知道你的未来在哪里，不知道你的目标在哪儿，你就不会有方向！一个失去方向的人一定是无头的苍蝇，四处乱飞而无着落，左右奔波依然困住，只看看忙忙碌碌却从来无所建树。定心才能让心静，才能让你心无旁骛，扎实踏实地对准目标做好眼前，才会让你一天天向着你的未来进发。

因此，心勤是要在人生的每个关口，在职业发展的每个转折点，停下脚步，从内心思考，向内心寻找你的答案，一旦目标有了，剩下的就是去坚定做了。

这个往往是太多职场中的人最大的不足。

一个悟勾画了夏总的学习方法和学习态度，学习的过程自始至终都是在悟。悟别人的经验，反思自己的不足，悟别人的失败，提醒自己应当注意的地方。一个人不管你是在与别人交流沟通，还是听讲座参加培训，还是在工作过程中去实践，本质上都是在学习，只是学习的方式和场景不一样，但学习的结果和本质就在一个字"悟"。你悟得出来，就能融会贯通、举一反三。你悟不出来，就一知半解、不懂应用。

怎样去悟呢？我给大家这样理解一下，当你学了一个东西后，先去总结，这个东西的本质是什么？这个东西的逻辑对不对？我从中间有哪些可以借鉴？在总结的过程中，你会潜移默化地去吸收。在这个基础上，你再去思考，思考这个东西对我的作用在哪里？我该如何做才能掌握这个东西的核心？我掌握了这个东西后，应该怎么变化让它成为我的东西？

到这里大家应该明白了，学习最终的目的就是把别人的东西变成自己的东西，是自己的东西别人就拿不走了。我就可以自如地去创新、去应用、去变通、去开发新的成果。

这就是悟的真谛。

夏总提出了他职场健康发展最重要的一个因素在于有人"罩"他。这个观点带给我的第一感觉是夏总是感恩的，他感恩在职场的每一个阶段都遇到了好领导、好老师。他遇到的每一个好领导和好老师在他成长的每一个阶段和每一个点都会给他提供包容、鼓励、支持和新的挑战机会。可以说，感恩的夏总是幸运的。

回过头来，我们再来分析一下这个"罩"字。好多人会去想，我为什么没有夏总那么好的运气，遇到的全是好领导呢？

好的运气一定是建立在好的修行基础上的。你的领导为什么会罩你？我的理解是你值得他去罩你。你为什么值得他去罩着你？是因为你做人到位。职场真正的修行在于你的领导是否愿意接纳你，是否愿意帮你，说到底是他从你身上是否看到了两个东西？第一个东西是你是否让他感觉和你在一起共事感觉舒服、能交付结果、对你信任。我们可以闭着眼睛想一想，你能让你的领导交付你的工作全部有结果，你能让你的领导对你是信任的、是放心的，你能让你的领导和一起感觉不累好舒服，你的领导可能不罩着你吗？

第二个东西是你的领导是否从你的身上看到你的未来。这是领导最大的私心。他希望他用心培养出来的未来有出息、是个人物，当你是人物，你领导的成就感更大了，路更宽了。想一想，任何一个人从你身上能看到你的未来，他肯定会用心罩着你，因为培养你本质上就是培养他自己的未来。

道理一旦说破，其实就很简单。

这种简单得益于夏总的质朴和厚重。

这就是张力，感恩的张力。

20

熊荣军：重庆鸿雁让天下英才入渝得水

作者简介：熊荣军

重庆市人才交流服务中心副主任；

中共重庆市社会流动人才委员会副书记；

重庆市大学生就业创业公共服务中心主任；

重庆市人才研究和人力资源服务协会常务理事。

人才是经济社会发展的第一资源。21世纪以来，党和国家对人才战略的重视程度不断提升，党的十九大报告更是把人才强国战略作为重要的发展战略列入全面建成小康社会的七大战略。

纵观国内国际形势，人才竞争跨越国家和地域的限制，人才争夺已呈现白热化的状态。从国家层面来看，美国颁布了《美国竞争力法案》，日本连续制订了3个"科学技术基本计划"，韩国2001年就出台了《国家战略领域人才培养计划》等，我国也相应推出了"千人计划""万人计划"等引才工程。从国内城市竞争来看，各省市积极推出优惠政策，实施引才工程，例如，北京"海聚工程"、上海"千人计划"、重庆"鸿雁计划"、姑苏人才计划等。各大中城市亦明确提出人才工作目标，例如，武汉提出"让百万大学生留在武汉"、长沙提出5年吸引100万人才、西安提出"5年投入38亿元，引才育才100万"。

我是人才工作战线的一名老兵，真切地感受了人才对于一个区域、一座城市、一个行业的重要意义。近年来，我们人才中心承担了引智引才的工作职能，更是对吸引人才、期盼人才有着更深的体会，对培育城市人才竞争力进行了一些思考。接下来，我就结合重庆"鸿雁计划"引才，谈谈自己对一个区域、一座城市如何做好引智引才工作的一点认识和思考。

20.1 要有独特的城市气质

为什么那么多人选择做"北漂""上漂""广漂""渝漂""杭漂"……各种"漂"，并极力在这座心仪的城市里站住脚，留下来，而不在自己熟悉的城市或家乡打拼。其中最重要的原因是：在他们的认知中，北京、上海、广州、重庆、杭州等，拥有更多的发展机会、厚重的文化底蕴、优良的创新创业环境，进而形成了独特的城市气质。

以重庆为例，作为中国西部唯一的直辖市，国家中心城市之一，战略地位特殊，处在西部大开发的重要战略支点，"一带一路"和长江经济带的联结点上,承启东西、沟通南北、通江达海的独特优势。同时,重庆又是长江上游重要的生态屏障,正加快建设山清水秀美丽之地,努力实现山水重庆的"颜值"担当。在生态自觉普及的今天,这样一个拥有良好生态、开放环境、发展优势的城市不正是各方人才所向往的吗?

20.2 要有优惠的人才政策

人才政策直观明了地彰显着一个地方、一座城市的吸引力,自2017年以来,全国各大城市引才政策相继加码,推出了一系列优惠政策,可以说,各出奇招,从落实住房补贴、科研启动经费等方面发力,力度空前。南京,40岁以下本科生可以直接落户;杭州推出"全球聚才十条""开放育才六条"……吸引人才的目光。虽然这不是决定性因素,但是不可否认它的作用。

我所在的重庆市,人才政策主要以市政府出台的《重庆市引进高层次人才若干优惠政策规定》(渝府发〔2009〕58号)、《重庆市引进海内外英才"鸿雁计划"实施办法》(渝府发〔2017〕14号)两个文件为依据,并在2017年年底,对上述两个文件部分条款做了修订,给予引进人才事业发展积极支持鼓励。例如,引进的具有一定学术头衔、科研成果、荣誉的高层次人才,最高可享受200万元的安家资助和每月8000元的岗位津贴,认定的"鸿雁计划"人才最高可享受个人所得税额2倍的奖励,金额最高可达200万元,并推出了《人才服务证制度》。

20.3 要有适宜的创业平台

人才看重的不仅是物质的激励,他们更需要成就事业的平台,实现自我价值的舞台。在这方面,重庆有着思考并正付诸行动。

市政府明确提出把重庆建成"创新之城""创业之都"的目标定位，而对应的底气和基础是重庆有 8 个国家级开发区、500 余个省部级以上重点实验室、工程中心等研发基地，1 个国家级和 15 个市级海外人才创新创业基地、70 余所高校和 300 余所各具特色的职业院校。

同时，重庆作为第三批自由贸易试验区，必将在对接"一带一路"建设及长江经济带发展、协同的新示范项目中，加快构建全面开放新格局，为人才提供尽展才华的宏大舞台。

20.4　要有高效的引才载体

人才了解并走进一座城市，需要媒介，需要宣传推广，需要一个契机。在各种国际国内大型人才交流活动中亮相，实施靶向精准、私人定制式的小型洽谈会，设立的引才联络站常态定向宣传等，形成有效、持续的引才载体，有助于在"人才争夺战"中获取先机。

2018 年，重庆"鸿雁计划"海内外引才活动规划了"20 + 60" + "1"，即国（境）外引才 20 条线路；国内引才 60 场活动，其中，市外引才 20 场，组团赴"双一流"高校 15 场，积极参加华创会、留交会等一系列国内大型引才活动。

特别值得一提的是，我们正抓紧实施的"博士渝行周"，邀请国内"双一流"高校的博士到感兴趣、对专业的企事业单位感知、体验，人才和用人单位都表现出了极大的兴趣，并积极参与进来。目前，已征集博士 X 人，用人单位 X 家。

20.5　有真诚的人才服务

我们深知，留住人才，不仅需要政策激励，而且更需要通过人才服务，优化人居环境，让人才舒心、放心、安心就业创业。

为此，重庆市秉承"全面、高效、精细、温馨"的服务理念，打造引进人才"一站式"公共服务平台，全面落实人才服务证制度，按照"平台专员＋联络员"的服务方式，为来渝高层次人才提供科技服务、职称评审、岗位聘用、户籍、居留签证、配偶子女就业、子女入托、医疗、人才项目申报等服务，并及时兑现各项优惠政策和支持举措，以优质、系统、便捷、温馨的服务让人才向往重庆，集聚重庆，扎根重庆。

目前，覆盖市级高层次人才"一站式"服务平台、相关市级职能部门、区县人社系统、用人单位的"专员＋联络员"队伍已达288人，初步形成了无缝对接的全方位服务体系。

未来的重庆，必将是人才荟萃之地、创新创业之城，同时，拥有"3D魔幻城市"之称的重庆，还是宜居的山清水秀美丽之地，欢迎各方人才来重庆安居、兴业，愿天下英才、入渝得水！

江平辩才：

上个月中旬去重庆听到最多的词汇就是"鸿雁计划"。与企业家聊天的时候，企业家做兴奋状告诉我这个词；与人才机构沟通时，他们争先恐后告诉我，来重庆吧，伍老师，重庆有个"鸿雁计划"呢！重庆市人才中心熊荣军主任一见我又兴高采烈地告诉我，重庆出台了一个招才引智的"鸿雁计划"，然后一点一点和我讲解"鸿雁计划"的核心。

可见"鸿雁计划"已经宣传或推广到深入人心了，因为重庆的兴奋点，换句话叫G点，已经拨动成功了。就连一向沉稳内敛但情商极高的熊荣军主任都是那样情趣盎然，都是那样的情绪饱满，都是那样的神采飞扬。因此，"鸿雁计划"的深入人心确是重庆发展之幸，更是重庆人民之福。

要有独特的城市气质，要有优惠的人才政策，要有适宜的创业平台，要有高效的引才载体，要有真诚的人才服务。这"五要"是熊荣军主任诠释重庆"鸿雁计划"的核心真谛。

什么是独特的城市气质？为什么独特的城市气质能够吸引人才？这两个因素是相互关联的。所谓城市气质就是一个城市的品质和味道，也就是一个城市之所以是一个城市而不是别的城市的内在因素，同样地处西部，重庆为什么是重庆？不是成都，也不是贵阳？作为长江边城，重庆为什么是重庆，而不是武汉，同样不是上海。

这就是它的内涵，也可以说这就是一个城市的基因，我们通常理解为一个城市的文化。

而对人才最大的吸引力就在于一个城市的文化。这个根植于骨子里面的东西，与一个城市的血液一起温润滋生一个城市的灵魂，也在不断吸引更多同道的人来到这个城市，共生同长。

因此，一个城市的品质和味道必将吸引同样品质和味道的人才投入城市的怀抱。

哪怕这个人才身在海外星外，只要这个城市有它的味道，人才的自然追随就是永远的。

优惠的人才政策一定是吸纳人才的利器，利器最好不要成为工具。如果所有制定的政策只是沦落为招揽人才的工具，那就有可能成了领导政绩的短期效应。

最近到处抢人，大学本科直接入户，高层次人才房补一千万，提供创业资金200万元，这是在引进人才还是变相动用公权力做权力寻租？一个城市在制订人才引进政策之前是否做过城市的人才规划？当一个城市的产业不足以提供人才专业成长的需要时，人才引进只会造成人才过剩。这时候是城市之痛，还是人才之殇？

我们从来没有真正思考过，人才究竟需要什么？一切只为了房补创业资金而来的人才绝不是真人才！

人才真正需要啥？熊荣军主任解读得很到位：人才需要有适宜的创业平台；人才需要有真诚的配套服务。

是人才第一位他是有专业能力的。是人才都想利用他的专业能力在一个平台上去帮助平台做大、做强、做出效益，或者他利用他的专业能力借助一个城市的大平台去开创新的创业平台，无论前者还是后者，人才依赖的是他自身的专业，人才需要的是成功和成就，人才对城市的要求是公平自由的市场环境和竞争环境。

说到这里，我们大家都应该明白，从招商引资到招才引智，好多城市已经走在前面，并且已出现了抢人的现象。观念好，思路好，但如果不真正从人才的需求出发，招人才就是乱哄哄，人才来了后一定是闹哄哄。

但人才来了又走了，我们再去思考问题在哪儿？可能真的就是亡羊补牢了。

我觉得每一个城市去前置性思考我如何满足人才的最本质需求，我如何让人才来了后在这个城市快乐生活，幸福的成就，想办法提高人才在一个城市的幸福指数，这是不是我们应该着力的地方？

当人才在一个城市安居乐业的时候，这个城市的品质和味道就更加有年代感了。

历久弥新，经久不衰。

21

刘常凌：百年科勒人才观

作者简介：刘常凌

广东省人力资源研究会副会长及学术委员；

广东省人力资源研究会暨广东省人力资源管理师联合会佛山会长；

科勒中国人力资源运营总监。

21. 刘常凌：百年科勒人才观

在与午马猎头合作的过程中，午马猎头董事长伍江平先生、CEO 钱晓芳女士及其团队成员多次问我：科勒为什么能活 140 多年，成功的秘诀到底在哪里？科勒公司究竟需要什么能力和素质的人才？

如果大家要问，科勒公司为什么如此成功，其中原因有很多，首先让我介绍一下科勒公司。

科勒公司成立于 1873 年，至今 145 周年，总部位于美国威斯康星州。时至今日，科勒公司在厨卫、电力系统及引擎、室内装饰、高尔夫与酒店业四大领域处于全球领先地位。科勒不仅成为全球厨卫的风向标，而且更是将敢创、优雅、艺术等精神融于一身，成为厨卫设计界公认的行业领军者和最著名的品牌。

此外，结合我在科勒公司 8 年多的工作经历，我认为，科勒公司 145 年的成功，与公司一贯卓越的管理哲学、管理体系和企业文化密切相关，更重要的原因是科勒公司对人才及人才发展的高度重视。

什么是科勒人才？科勒人才要具备什么样的关键能力和素质？作为一名区域性的人力资源总监，结合我在科勒 8 年多对人才选用育留的实际经历，我认为要想成为一名优秀的科勒员工，无论你是在什么领域或什么部门工作或从事什么岗位，首先必须具备四大核心任职能力：建立信任、对工作绩效设立高标准、不断进取、以最终客户为中心。

第一，建立信任。作为一名科勒员工，首先需要真诚地与他人分享完整、准确、真实的信息；乐意接受他人的观点，并给予重视。主要表现为员工应真诚、坚守承诺、言行一致；能够坦诚自己的想法、感受和处事原则，并使他人明确自己的立场；愿意认真听取并客观考虑他人的意见和想法，即使当别人与自己的意见和想法有所冲突，也需要以尊敬、公正的态度对待他人、信任他人、支持他人的观点，在面临抵触或挑战时，也坚持尊敬、公正的态度。

第二，对工作绩效设立高标准。作为一名科勒员工，需要承担责任和义务去成功实现目标，完成任务；设定卓越工作标准，而非被动地由他人为你设立。主要表现为员工应为自己或他人建立能够达成优质、高效、高水准服务的评判标准和工作程序；在执行任务时，花足够的时间和精力以确保没有被忽视的方面，在实现工作目标或执行计划或任务时，要尽量克服障碍；对自己的工作结果要承担责任（无论结果是正面的还是负面的），勇于承认错误，并适当调整工作重心；鼓励并支持他人勇于承担责任；对于他人拒绝承担责任的情况应提出质疑。

第三，不断进取。作为一名科勒员工，还需要不断采取行动改善目前的状况和流程，用适当的方式去发掘机会，实施解决方案并权衡所造成的影响。主要表现为员工要找出需求与目前供给之间存在的差距，确定适当的范围并决定采取怎样的改善活动；收集相关资料和足够多的数据，分析出存在的绩效差距以便制定解决方案；针对主要绩效指标设定改善目标，包括具体行为的改善，例如，安全、质量、成本、交货情况和员工士气等；找出可能造成的差距或分歧的潜在因素；研究起因和结果之间的联系，收集事实和数据，从表面现象中找原因并确定根本原因，找寻解决根本原因的方法；测试解决方案，收集相关资料测定各个方案的效力，选择最好的解决方案并确定行动计划，实施最佳解决方案；确保取得预期结果并继续保持。

第四，以最终客户为中心。作为一名科勒员工，始终需要满足消费者或客户的需要为工作中心（而不是作为中间人），主要侧重于消费者或客户反馈、分析和行动。主要表现为员工应积极获取有关信息以理解客户的处境和问题，了解客户的期望和需求；与最终客户分享信息并引导客户了解我们的立场和能力；考虑我们的行动或计划对客户造成的影响，尽快满足客户的需求并解决问题，以免承担额外责任；实施有效的方法来探寻、估计客户所关注的问题以及客户的满意程度来预见他们的需求；确保从解决方案的实施中可以获得并保持理想的结果。

如果要想成为科勒新兴的领导者（从明星员工正在走向领导岗位的年青员工），科勒公司还要求他们额外具备两大基本领导力：体现自我认知和有效地达成结果的能力。

第一，体现自我认知。乐于找出个人优势和发展差距，表现出学无止境的态度。这要求新兴领导者了解个人的优势和劣势，机会和局限性；善于取长补短；寻求反馈，做出回应并善用反馈；谦虚、不固执己见，尤其在自己陌生的领域，能够根据情况调整战略；体现出能正确地对待挫折、保持冷静，在压力下保持坚定信心和反弹力的能力；帮助并鼓励他人获得自我认知；充分认识自身的世界观和个人风格。

第二，有效地达成结果。乐于承担责任，做出承诺并成功兑现，及时达成结果，并符合高绩效标准。这要求新兴领导者平衡日常业务成果和关键新项目成果的完成情况，调整节奏以保持运作的效率；就执行计划进行沟通，提供完成目标所需的关注和支持，并根据目标区分轻重缓急；利用关键指标、流程和管理系统（事实和数据）来监测并有效地跟进短期目标和长期目标达成的进程；沟通愿景并敢于承担风险；体现出能够清楚表述从过程到结果的能力；运用文化维度来执行、管理部门及（或）组织的变革。

如果要成为科勒员工的正式领导者，还需要具备另外3个领导力：建立强大且多元化的团队、了解业务、促使员工敬业和激励员工。

第三，建立强大且多元化的团队。作为一名科勒员工的领导者，能体现出评估、吸引、定位和发展高素质人才的协调能力，从而在实现业务目标时达到绩效和生产力的最大化。主要表现在科勒员工的领导者应该准确、系统地分析优势和发展需求；培养人才，使其具备多元化能力，并为关键岗位培养继任者；以既定的绩效高标准激励和指导员工；提供及时、经常性的反馈和辅导；授权让团队和各成员都对结果负责；筛选/淘汰表现不佳的员工；为全体团队成员营造一个合作的、包容的环境；发展自我及团队的跨文化技能。

第四，了解业务。作为一名科勒员工的领导者，需要体现出对业务强大的领悟力和判断力，做出基于事实的决策并能用详细的分析支持做出的决策。主动分享知识并体现跨业务合作的精神。主要表现在员工的领导者应该清晰决策带来的业务影响，有推动改善组织绩效的能力；有了解业务、流程以及结果的意识，因为这些将会影响到客户和组织的业务需求；

体现出卓越的谈判技巧，能有效地寻找替代方案并能转换立场以达到赢得相关各方支持和认可的结果；理解组织中各职能部门的不同观点；能有力掌控对组织有影响的外部条件；能阐明决策背后的架构及分析；能敏锐地觉察全球经济的局势及其对决策的影响。

第五，促使员工敬业和有效激励员工。作为一名科勒员工的领导者，能够通过保持激发员工学习、成长和贡献的能动性的工作环境来树立威信。主要表现在员工的领导者应该逐步灌输并维持整个组织的活力、热情和乐观精神；以让受众投入并易于理解的方式，通过各种媒介向个人或团队传达明确的信息和想法；积极倾听，确保沟通和期望得到正确理解；营造优异表现会得到认可的环境氛围；鼓励他人开发潜能、自我超越；体现出有效的书面及口头沟通技巧；在组织各层级间保持透明、积极的互动；时常庆祝团队/个人的成就。

作为科勒公司的高层管理者（即员工领导者的领导），还应该具备额外的两大领导力：发展改革和创新的文化、体现战略焦点这两个高阶领导能力。

第六，发展改革和创新的文化。作为一名科勒的高层领导者，能培养一种敢于挑战他人并提出新的有价值的想法及倡议的组织文化。主要表现在高层管理者应该营造支持基于充分理性分析的冒险精神的组织文化；理解并能清楚地表达品牌标准及做出表率；规划将潜在的想法如何在市场中运作，并据此管理资源；在抉择哪些创造性的想法和建议行之有效时，体现出准确的判断力；寻找并实施会对组织的市场占有产生影响的、新的、居于领先地位的项目、流程及产品；体现出不懈的动力去理解那些未被满足的客户需求并以独特的新方法去加以解决；当构思创新的解决方案时，培养利用各部门职能差异和各国文化差异的能力。

第七，体现战略焦点。作为一名科勒的高层领导者，能够找出重要的战略，将其作为首要目标，并根据组织需要做出调整；提供完成目标所需要的关注和支持。主要表现在高层管理者应该将团队整体努力聚焦在能够产生巨大价值的方面，并清楚了解预期目标；基于合理的假设、事实、可用资源、限制因素和组织价值观，尝试不同的可能性，付诸一系列的行动以实现长期的目标或愿景；获取信息，明确涉及达成长期目标或愿景的关键问题及其之间的关系；驱动人力及创新项目与战略计划保持一致；创建或实施组织变革时，有效利用跨文化信息；运用系统的思考方式应对错综复杂的业务问题及契机。

总之，科勒公司在管理人才和发展人才的实践中，除了关注上述四大核心任职能力和七大领导力之外，我们还关注科勒人才的其他3个基本素质：第一是想做事，第二是愿做事，第三是能做事。我们坚信一个有能力的人（团队）是否发挥出他（他们）的才能，最终表现在执行力上（即个人或组织的执行力 = 员工想做事 + 员工愿做事 + 员工能做事）。想做事就是要求科勒员工有自己的人生理想、职业抱负和工作目标，有自己清晰的职业生涯规划。愿做事就是要求科勒员工一旦有清晰的工作目标时，能够投入时间和精力去达成目标，不仅仅是尽力而为，而是全力以赴做到最好。能做事要求员工能够武装自己，不断增值自己，具备现在岗位应有的知识、技能和素养来完成所在岗位的目标和关键指标，也同时培养下一个目标岗位应具备的关键能力和素质，实现员工职业生涯的一个又一个抱负。我想但凡成功企业里的员工，也都离不开这3个基本素质吧！

江平辩才：

这种渐进式且基于不同层级人才的任职胜任力分级标准管理，读来难免酣畅。

酣畅的不但是对职位的层级分类有了依据，更关键的是给每个层级的胜任力提出了具体标准，而且这些标准可量化、可评鉴、可落地、可执行。

活脱脱的一个企业组织胜任力标准化模型的案例教科书。

这就是百年科勒的专业幸运，这更是科勒一百四十五年发展历史的人才基因。

作为科勒,有一个最基础的普适人才标准:建立信任、对工作绩效设立高标准、不断进取、以最终客户为中心。这4种能力是科勒任何一个员工之所以成为科勒员工的必备基本能力。

建立信任是第一位的,而且我的理解是双向的。科勒的员工不但要主动争取同事和其他关联人对他的信任,而且还得主动去信任别人。这两个主动就是能力的结果,如何真正去判定员工有没有去展开信任的主动?如何展现信任的主动?刘总在此提出了实现的方法,尽管未对实现方法的过程进一步地定量阐述。但非常开心的是,把主动地建立信任不仅仅作为员工的第一基本能力,解决了企业价值最核心的问题,更从企业的责任上承担了社会的公益。

这就是一个百年企业的大德,做好企业的本身就是为社会去分担。

一个真正的企业推动企业发展的过程就是一个修行的过程,这个过程更是净化社会、分担责任的过程。

对工作绩效设立高标准、不断进取、以最终客户为中心这3个最基本的能力也是很多企业在倡导的。

我的理解是对能力的倡导仅仅只是停留在价值层面,而对能力的培养和对能力在展开时的过程考核和控制是真正地对价值的践行。

我们很多人都讲,这个岗位应该具备什么能力才能做好,这只是停留在认知层面,这些能力究竟是什么?内涵在哪里?如何判断在这个岗位上的人是否具备这个能力?怎么去培养一个人的这个能力?这一系列的问题想必很多企业也给不了答案。

因为有一个关键的核心,能力本身难以测量,而构成能力的一个又一个关键行为或者叫动作是可以测量也是可以评估的,当然是可以复制和培养的。

当您希望在科勒晋升,准备成为科勒一名基层的领导者(从明星员工正在走向领导岗位的年轻人才)的时候,科勒公司还要求他们额外具备两大基本的领导力:体现自我认知和有效地达成结果的能力。

认知最难的是自我认知。这一最难的能力就已经成为科勒对他的一个基层管理者的第一位要求。在刘总看来，科勒的管理者要很清楚知道我是谁？我在什么地方？我的目标是什么？我如何去实现我的目标？在实现目标的过程中我可以借助的支持是什么？我能整合的资源是什么？

自我认知需要客观，客观是唯一的逻辑。

有效地达成结果关键在于有效，什么是有效？你要用够资源，用够资源还不够的情况下，你要不违背原则地变通，你要有创新思维去做新的方法调整和路径改变。这一点也是很多企业的人很难达到的高度。创新和变通一定是建立在勇挑重担并利用现有资源的基础上，再去打破思维。

科勒的这个能力要求如果真的用指标界定下来，我认为对很多企业的人才培养有着现实借鉴意义。

如果要成为科勒员工的中层领导者（员工直接管理者的领导），还需要具备另外3个领导力：建立强大且多元化的团队、了解业务、促使员工敬业和激励员工。

为什么叫中层管理？上有领导，下有团队。管理者的核心就是带领团队有效完成目标并在团队中持续建立威望。因此，对于一个企业的中层管理者最核心的就是基于他自己的业务性质和业务逻辑建设他的团队，在这个团队里，分工明确，责任明确，专业互补；在这个团队里，管理者知人善用，合理调配；在这个团队里，管理者有效激励，整合资源，推动工作有序、高效达成结果。

这就是中层管理者最核心的担当。

如果成长为科勒公司的高层管理者，在上述能力的基础上，还应该具备额外的两大领导力：发展改革和创新的文化、体现战略焦点这两个高阶领导能力。

这个好理解，一个企业的高层领导一是做文化，二是聚集战略。换句话来讲，科勒在全球那么多工厂、那么多业务公司的高管，有人聚焦业务战略，即做一件正确的事情；有人聚焦营运战略或职能战略，即把一件事情做正确，两者协作合作又互补。科勒文化在历经一百多年的洗礼过程中不断发展和变革，但核心和原则基本不变。目前高层领导者的核心就是随着区域的不同、时代的发展，如何让科勒文化创新式地发扬光大、传承未来、继往开来，这才是一个集团公司一个大公司的高层领导者一定要关注的核心。

回过头来看看百年科勒在中国人力资源和组织发展的重要推动者之一刘总，你遇到他的每一时刻，朝气、敏锐，满面笑容的亲和力，极具张力的感染力，看问题的专业角度，关键是严谨，最最核心的是每到一个地方必讲科勒，每讲科勒必是两眼放光。这种充满对企业的热爱是从心底的情感，这才是一个企业之所以历经百年依然稳健繁华的根本。

王自后：企业人才战略之"三善之道"

作者简介：王自后

富力地产集团党委书记；

广州人力资源服务协会会长；

广东工业大学、广东财经大学客座教授；

扬州中瑞酒店职业学院院长。

"大学之大在大师，企业之强在强人。"自古以来，人才兴邦的道理被事实反复证明。在如今的知识经济下，人才资源不仅是一个企业成功的重要因素，而且更是能够直接带动城市经济的快速崛起。

如何更有效地识别人才、培养人才、留住人才、发挥人才的作用，毫无疑问，在当今日益激烈的市场竞争下，成为了企业生存发展的根本。那我们在企业内部应该怎样激活人才呢？在我看来，要推行企业人才战略的"三善"之道。

22.1　善用人才：求士莫求全，用人如用木

人们对于人才的认识有时较为狭隘，往往把人才定义在技术领域里面，但是一个企业的人才，绝对不局限于技术领域，而是涉及一个人的方方面面。"金无足赤，人无完人。"如何扬长避短，既利用人的长处，又避免人的短处，这是一个十分微妙的用人艺术问题。

人岗结合，统筹发展

如果把企业比作一个高速运转的发动机，那么每个部门就是无缝配合的齿轮。每一个项目的策略、执行都离不开各部门人员之间的相互合作，每一位员工都是重要而独立的存在。这同时也对激发员工主人翁意识和内在成长的驱动力起到了很大程度的帮助，从而获得成就，实现企业的可持续发展。

用人的第一诀窍就是将人才成长曲线与发展阶段有效地结合起来，把握住人才的快速成长期、迅速提升期和成熟巅峰期。只有在企业人才战略之"三善之道"人才把自己的成长与组织紧密地联系起来的时候，才能使人才的创造性得到最大限度地发挥。在这样的时候，就应该大胆、及时地把人才提拔到重要岗位上去。

人尽其才，才尽其用

"量体裁衣"典出《墨子·鲁问》，意为按照身材裁剪衣服，比喻按照实际情况办事。裁衣是如此，用人也一样。在上岗前，人员的性格特点、技能所长和教育背景等应充分匹配岗位需求。让每个人都能充分发挥自己的才能，让所有的事都由合适的人去做、去管；所有的人都做相应的事、合适的事。

22.2　善育人才：致治之要，以育才为先

"千军易得，一将难求。"当公司成长到一定规模后，经营者就会意识到，一个企业的长远发展，是不可能单单依靠一个人或者一个团队来支撑的，而是需要依靠公司上下，齐心协力共同创造效益。企业发展越大，人才就越显得重要，人才的培育和发展也更重要。

完善人才供应链，重视培育持续优化

人才培养不是一朝一夕的事情，而是一项宏大的系统工程。在人才建设上落实科学发展观，必须创建科学的人才培养机制。而人才在哪里？就在自己的企业里，因此，有效推进企业培训也正是提升企业综合竞争力的过程。

在综合实力十强的富力地产，也高度重视员工培训，搭建立体式的人才培养体系。将人才发展贯穿于人才管理的各环节之中，紧贴公司战略推进分级培训，全面开展各业务线条的专项培训，打造完备且富有生命力的人才供应链。

另外，对于人才培养来讲，供应链的模式非常值得借鉴。人才供应链管理更形象地体现出人才管理与业务之间的紧密联系，它通过系统考虑企业的人才供应与需求，整合人才管理各节点的相关机构，进行协同人才预

测、规划及补给管理与柔性管理，实现人才供应链一体化运作过程，从而实现人才队伍建设的动态优化。

匹配企业战略，加快员工发展

一直以来，富力集团在与全国各大高校进行学识交流、校企合作方面投入了大量精力。一是为完善职业教育和培训体系，深化产教融合为经济社会发展出一份力；二是直接对口企业需求，吸收大量有实力、有竞争力的人才，为企业发展蓄力。

除了有效嫁接外部优秀资源之外，企业内训都应遵循一套良好的运转机制，才能保障培训的高效性、科学性、循序渐进性。在富力地产内部，会针对不同岗位，由基层员工至公司高级管理人员，根据战略发展、业务需求及其个人特点定制各项重点培训，沉淀、积累了多个传统经典培训项目，例如，优才计划、清华工程班、芬兰训练营等。不断创新开设重点人才培养项目，例如，储备总经理实战大讲堂、富力星提升营等，立足职业发展阶段，打造完备的人才培养与发展体系。只有通过这样全面细致的培训管理，才能为企业培养人才、管理人才、提高人才、储备人才，使员工发展与企业发展结合起来，真正实现企业目标。

22.3　善留人才：得人才不易，且留且珍惜

随着企业竞争的加剧和用人制度市场化的进一步推进，人才流动早已不是一个陌生的词汇。合理的人才流动可以使企业随时保持开放的状态，吸收新的思想，增强企业的活力和竞争力。但人才流动过于频繁对企业来说也并非福音，那么作为企业方，应该怎样良好地把握人才流失呢？

持续提升业绩，公司成就共享

"利益共享，风险共担"，把员工利益与集体利益相挂钩，对员工来

说，无疑是一种最激励人心的管理方式。例如，碧桂园"成就共享计划"激励制度，就是为长期忠诚服务碧桂园集团、同时创造较好效益、做出巨大贡献的经营管理人员而制定的。通过高额奖励和权力下放，让公司与员工实现利益共享，风险共担，良好地发挥了人才的能动性，为公司战略实现和业绩达成助力。

重视招聘源头，匹配合适人才

要知道如何留住人才，就应该先看看这个"人才"是怎样来的。据调查显示，若招聘方法不正确，就将导致近乎50%的新员工在进入企业后的半年内选择跳槽，其主要原因就在于人岗不匹。因此，"好马配好鞍"，企业在招聘工作中一定要坚持人岗匹配，人事相宜。只有这样才能保证所招募的人员是合乎企业需要的"合适人才"，是日后岗位需要的"长远人才"。

提升企业幸福感，增强员工凝聚力

随着社会经济水平的不断发展和物质生活的不断提升，幸福感理论越来越受到大家的高度关注。把这个道理用于留住人才中，也是非常受用的。

幸福感的表现形式有很多：当你做出了突出成绩得到领导肯定时；当你进退无路却得到了他人帮助时；当你为团队目标奋勇前进时、为团队荣耀引以为豪时……

这些幸福感同样也增加了员工在企业中的归属感，让员工融合到一个"大家庭"当中去，共建"家文化"，真正尊重员工，让员工以共事者的身份参与工作，而不是一个打工者的身份。那么大家自然就会为了"家"的发展而努力，为了"家"的目标而奋斗！

打造"竞争"薪酬，创建"激情"环境

薪酬制度作为公司员工最为关注的人力资源管理活动，对调动员工的

积极性起着关键作用,若是缺失了这一基本条件,那么其他的策略就成了一纸空文,无法兑现。包括薪酬奖金和各项福利,也是决定员工基本需要的满足情况的首要条件。因此,对于一些人才给予有"竞争性"的薪酬,不仅是一种工作回报,而是更是有长远的激励作用。

人才是企业发展的根本,对于公司而言,人才是公司最重要的资产,运用好人才的"三善"原则,助推人才发展,这个就是公司的核心竞争力。而对于整个团队,如果你想走得快,可以一个人走;但你想走得久、走得远,须一群人一起走。只有在团队中,才能将大家的才能发挥得淋漓尽致,在工作的舞台上发光发亮,团队强则企业强!

江平辩才：

不直接去谈人才的定位,而是一开篇就切入人才管理的正题,讲起了"我"是如何用好人才的?一下子亮了我的眼睛。

从理论上说,是人都可能是人才,前提是你要把他放对位置。位置对了,做的事对了,结果就对了,这样的人一定是人才。

因此,王总一开始就提出了一个非常重要的观点,即善用人才:求士莫求全,用人如用木。这句话什么意思?找人才不要找完人,不要希望他什么都懂,这样的人是不存在的。你去找一个根本不存在的人客观上让你自己为难和痛苦。用人一定要像用木一样,木有多种,木可以做梁,木可以造船,木可以做家具,木可以做门,木同样可以做工艺品,做手串,当然木一定是可以做柴烧火的。一个好的木匠他会因为木的材质、木的特点、木的部位合理使用,用到极致。

这既是一个匠人的匠心,更是一个人对木的极致尊重。

昨天我在深圳和一个企业老板谈。她问我如何成为一个好的老板?是不是要会找客户?是不是要会营销?是不是要懂管理?是不是要懂产品?是不是要懂生产?是不是要懂财务?

我回答她，你要做的是老板，你只需要懂得怎么做好老板就好。你刚讲的这些都是别人该懂的，与你没有关系。因为你如果懂了别人该懂的，你就会插手太多，影响别人专业的正常发挥，你就会牵挂太多，给不了别人足够和正常的信任，这样是一个老板的大忌。

老板只要懂一点，你要的结果靠别人来实现，因此，你需要做的只有一点，让你企业所有的人在你企业的各个位置上喜欢干、会干、干得开心、干出结果。

这样的老板心不累，这样的企业员工心也就不累了，这样的企业才是真正正常的企业。

可见王总一语中的。人岗结合，统筹发展。人尽其才，才尽其用。这就是用人成才的大智慧。

善用还得善育。王总紧接着提出了人才"三善"的第二个观点——善育人才：致治之要，以育才为先。

王总从他在富力地产集团的人才管理实践中提出了一个柔性培育的概念，我是非常认同的。

真正的育人重在育心。我们通常讲，一个人产生绩效只跟3个东西有关：一是他的专业能力，二是他做这件事的愿力，三是他的潜力。只要有心，能力不够，他会去自学，他会去提升，只要有心，才会用心；愿力本是他做一件事的兴趣度和意愿度，如果他渴望做这样的一件事，其本身的欲望和内在的驱动力就全部调动起来了，可想而知，会有一个什么样的结果呈现出来。

一个企业真正能把一个人育进企业，融入企业，育到"上下同欲"，这个人就会为企业创造高绩效，走一样是企业的文化传播者。

善留人才是王总提出来的第三个观点——如何留？王总提出了"幸福企业员工幸福感的建设"。

无独绝对有偶。在前几期海印的郑总直接以海印的幸福建设破题，谈到了员工的幸福感的实践，在这之前，华南师范大学心理学院刘学兰教授在华南师范大学发起了一个幸福组织联盟的倡议。大家都提幸福，第一就是感觉和感受了员工的不幸福，第二就是已经前瞻性意识到幸福对企业的发展、对社会的和谐、对员工的家庭、对员工的事业和健康意义重大。

我在想一个问题，一个家庭如果幸福，夫妻会离婚吗？同样一个员工在企业有了幸福的感觉，他会离开吗？

回归到一个问题，钱永远不是幸福产生的源头，但一定是能否幸福的一个重要因素。

我们需要一个幸福的组织，我们更需要一个幸福的社会，我们同样需要一个幸福的年代。

23 王高俊：新时期的"四有新人"

作者简介：王高俊

清华大学 EMBA；

上海交大继续教育学院高级顾问；

河北云之滇董事长；

滇之红品牌创始人。

AI时代重新定义人才

在15年的职业生涯中，我做了10年的高管，到目前的自主创业两年，可以说每天都在"阅人"，自认为对人才有自己独特的见解。但随着互联网技术的快速发展，智能科技、大数据、云计算等新的关键词走进我们的生活之后，我发现对人才的理解也需要与时俱进，特别是90后甚至00后逐渐走上工作岗位并担当主流角色，我对人才的理解还是发生了不少变化。

企业的运营，关键在人。未来企业的发展，一定要走"知识产权+资本"的路子，而一个被资本方看好的公司，首先要做好4点：一是要有一个好的创始人，二是要有一个很好的团队，三是要有一个独特的商业模式，四是要有几个好产品。这4个因素，50%的因素在人，因此，我在日常工作中，一直把研究"人才"当作我的重点工作之一。

我认为，一个企业对人才的选拔要非常慎重，我从业16年来，一直秉承着一个原则，那就是选人才一定要选新时期的"四有新人"，即有激情、有想法、有道德、有执行！

有激情，就是要选择精神面貌相对较好的，让人一看就非常舒服，不卑不亢，激情四射，对工作有信心，有激情，有冲劲，有干劲，这样的员工才有希望。我曾经多次给多家企业做内训，主讲课程就是《员工的职业生涯规划和个人素养提升》，在开场的时候，我一般选择比较"激情"的开场白，目的就是唤醒一些"即将沉睡"的员工，给人一种非常冲动的感觉，这是做营销工作的一个基本素质。我相信，谁也不愿意看到一个萎靡不振、满脸愁容的业务人员。另外，有激情的人一般都有一个清晰的职业生涯规划，他知道他将来需要的是什么，他知道他的未来在哪里，一旦你给他分配指标，他就会按部就班、有节奏地把事情稳步向前推进，这是一种比较让人"省心"的人。

有想法，就是一定要有创新思想。我认为，我们的职业环境每天都在"持续恶化"，只要你是一个负责任的人，你就会感到每天都有工作压力，如果你是一个混日子的人，你的工作始终都是风平浪静，没有任何起色，一个能够不断自我施压的人，一定是一个极具创新思想的人。我2002～

2007年在正大天晴工作期间，始终按照创新的思想开展工作，第一个在公司尝试"社区营销"，当所有人都在围绕着"医院"开展工作的时候，我已经开始在社区上下功夫，曾经一度被同事称为"左倾冒险主义"。但事实证明，多年以后，社区营销成为多家药企争相研究的课题，在正大天晴就职期间，我第一个尝试"院外销售"，当苦参素胶囊和苦参素注射液上市的时候，别的同事都在盯着医院，我早就把这个产品放到了石家庄的很多社区医院和街边诊所附近的药房，也第一个把唑来膦酸注射液开发进所谓的"非主流医院"——石家庄华光中医肿瘤医院门口的药房。多年之后的今天，"院外销售"才开始被各大药企争相研究。如果我不创新，就没有未来。自主创业之后，我自己研发了"滇之红茶业连锁零成本创业创新项目"，一年多的时间，以零成本运作思路，开办了16家门店（点）——云之滇健康生活馆，被文化部下属的中国文化信息杂志选入《榜样中国40人》，被河北省最大的纸媒《燕赵都市报》《燕赵晚报》专版采访，并被资本方多次看好，近期将获得第一批股权融资，这都是源于创新。

有道德，就是要有职业精神，要有职业操守，要有较高的职业道德。我从业16年以来，跳槽3次，虽然每次离职都是被迫无奈，但是每次都给自己定下了一个"三不原则"，即不从原单位带走一兵一卒，不从原单位抢走一个客户，不中断和原单位的合作。按照这一原则，不论是从正大天晴离职到东盛英华集团，还是从东盛英华集团到华北制药集团，再到亿利资源集团，我都按照这一原则处理我的职业生涯，得到了原单位领导和同事的很多赞许。从另外一个角度来看，遵从职业道德还体现在"业绩"上，职业经理人一定要对得起自己的"报价"，给你100万元年薪，你就要做出最少10倍的业绩来，不然对于老板来讲，超过10%的成本就有点儿高了，职业经理人要帮老板算清账。作为职业经理人，职业道德就是你要对得起自己的身价，把工作做好，不留问题，帮助企业快速提升核心竞争力，这是最基本的职业道德。

有执行，就是要有较强的执行力。职业经理人经常拿"创新"来掩盖执行力，对企业的营销战略和销售指标，一旦完不成，总能找出一些"原因"来。企业的营销战略是没有问题的，关键在执行和创造性地执行。职业经理人之所以能够备受推崇，其核心在执行力。其实一个企业的营销战略执行起来是允许"试错"的，要在公司范围内，营造一种军事化的管理氛围，在企业战略和利益面前，没有任何借口，只要执行力够强，一切困难都不是问题。当然，这种执行力也要与时俱进，你要用新时代、新零售的思维来包装自己，如果你不具备引领行业潮流的能力，那就靠"学习"来补充，学习后马上付诸实施，这就是执行力。假如你没有超前的思维，没有创新的想法，没有干货，你的团队凭什么信你服你，因此，你要不断打造自己的核心竞争力，这个核心竞争力不是产品，不是渠道，不是人脉，而是你运筹帷幄的能力和资源整合的能力。

做企业，要做一个有思想的企业；做人，要做一个有故事的人。每个人都应该具备这4个特点，才能在未来的人生之路上走得更好，走得更远。

江平辩才：

做企业，要做一个有思想的企业；做人，要做一个有故事的人，一语中的。王总本身就是一个有故事的男人。这种有故事是有经历，有沉淀，有嚼劲，有品味，当然一定是有思想的。只有思想才会厚重而隽永，才会有内涵而传承。

给王总约稿，他说我来一个新时期的四有新人。纳闷中问他，四有人才就四有人才呗，何来四有新人？新在哪儿？王总回答我，新之于旧是新，新之于时代的发展是新，新还是创新。

这就是王总。与他的长相一样，总是让人深刻而充满激情。

激情是王总的第一特征，也是他对人才的第一定位。我一直在想，什么是激情？是浑身充满能量的感觉，是打了鸡血一样的兴奋，是见了人总是热情，是讲起来滔滔不绝，是谈起事起来两眼放光，是累了就睡但从来不知疲倦、不懂得"辛苦"二字。

激情体现在面貌，会让别人看到你很舒服，会让别人感觉你身强力壮，会让别人感觉你很阳光。激情体现在状态，会给到别人感染力，会带动他人充满活力。激情体现在目标，一定会奔着目标找方法，一定会遇到困难解决，绝不会抱怨和纠结，一定会跌倒了爬起来继续往前，这就是激情给一个人带来的自我驱动力。

对一个企业来讲，最难做的就是对员工的有效激励。因此，一个人的自我驱动力一定是最最珍贵的。

有想法就是有办法。做事没有思路就不能往前走，做事没有思路就会乱打仗。思路从哪里来？第一，要多去经历，经历多了，方法就多了；第二，要多学习，书中自有黄金屋自然是有道理的，从学习中去获得知识和道理；第三，要多总结，见过的、做过的、学到的一定需要消化和吸收，要去总结为什么是这样的？为什么要这样做？有没有更好的方式去做？找出事物的内在逻辑和客观规律，这就是总结，总结出了道理这就是在悟道。这样一来，悟出的东西就是你自己的了，关键是你能通过事物的规律举一反三了，你就一通百通了。

这样的人才一定是最能解决问题的，一定是企业特别渴望的人才。

王总讲的人才要有道德，在夏军先生的文章中我也解读了道德的内涵。这里我们再来聊一聊这个话题。我发现不管是老板，还是职业经理人，都要求别人道德，不管是有道德的，还是没道德的，都一样要求别人道德。为什么？因为道德是最能约束别人的法器。道是价值观，是行为准则，德是德性，是操守，是行为方式。真正的道德一个是思想层面，一个是行为层面，放到一起就是知行合一了。什么意思？想到了就做出来了。因此，道德的最高境界和最低底线都是一样的，从内心善良。从内心善良的外在表现就是诚实。诚是心，心地善良，实是实在，是行，你得去做，不去做就是假的就是不实在的。

企业对道德的要求就是从心地善良、诚实。这样的道德会衍生出很多概念，比如忠诚，比如正直，比如感恩，比如厚道，比如身正……

我想到了曾经对高贵的解读。真正的高贵其实很简单，不管何时，不管何地，从心地善良，你就会诚实，你就会拥有更多更高贵的品质。

恰恰最简单的东西，我们做起来已经很难很难了。

做到了就是真人才，而且是高贵的大人才。

24

叶笑平：走好人才"选育用留"四步棋

作者简介：叶笑平

广东罗浮山国药股份有限公司副总经理、营销中心总经理；

广东易康科技有限公司总经理；

广东易康医药有限公司副总经理、营销中心总经理；

《中国药商讲堂》副会长；

《中国药店管理学院》副院长；

《广东医药企业管理协会》副会长。

在企业发展过程中，优秀人才永远是缺乏的。当午马猎头董事长伍江平先生邀我"论人才"时，我陷入了沉思。怎样给人才下一个定义呢？传统意义上，我们把饱读诗书、博学多识之人称为人才，而现代竞争社会对人才有了新的认识和界定，职业素质成为衡量人才的标准之一。在罗浮山国药营销大会上，我经常告诫我们的营销团队：人才，不一定是拥有高学历、高职称的人，但一定是勤奋好学，拥有拼搏激情和敬业精神的人。罗浮山国药风雨前行40余载，从一个地方制药厂，发展成如今广东省内产能最大、剂型最齐全的中成药制药企业之一，所取得的辉煌成就与罗浮山国药一直以来对人才的选择、培育、任用及留任密切相关。

我自2002年进入罗浮山国药以来，至今已有17个年头，现有幸得到伍江平先生"论人才"的邀请，结合我在罗浮山国药多年来的所见、所闻、所得，在这里与大家分享罗浮山国药的人才观，我们也称之为"人才四步棋"。

24.1　第一步：选人才

随着医药行业改革的不断深化，药企专业的人才需求也随之变化。作为一家决心要做"百年企业"的中药制药企业，罗浮山国药在人才选用方面，具有较高的专业要求。目前，罗浮山国药启动高端专业人才选用方式，与广州中医药大学、广东药科大学、上海中医药大学、北京中医药大学等国内众多知名中医药院校达成战略合作，设立多个科研项目，并与国内近十所医药院校联合成立中医药专业人才培养基地，为企业的发展储备了一大批优秀专业人才。

24.2 第二步：育人才

　　罗浮山国药以继承和发扬具有1600多年历史的岭南中医药文化为己任，拥有深厚的传统中医药文化基础。因此，为增强公司员工对传统中医药文化的理解和信心，罗浮山国药员工入职的第一课就是学习传统中医药文化。此外，公司还拥有较为完善的内部、外部培训系统。

　　（1）营造阅读气氛："书中自有黄金屋"。"阅读"是培育人才最有效的方法之一。罗浮山国药早在2013年就建立了企业内部图书馆，并制定了阅读计划，培养企业内员工的阅读习惯，提升阅读能力，《六力营销》《营销高参》《定位》《内容营销》《疯传》等都已成为罗浮山国药全体营销人员耳熟能详的书籍。

　　（2）学习新媒体营销：在移动互联网、自媒体风靡全国的同时，罗浮山国药也与时俱进，动员全体员工积极学习和使用新媒体，并将新媒体作为企业品牌宣传的新窗口，做到人人都是"自媒体"，全面提升了企业员工互联网推广方面的能力，也成功打造了一批新时代的营销人才。

　　（3）培育复合型人才：为了给企业的长远发展储备足够的中高层管理人才，企业于2014年启动了"复合型人才"培育计划。企业在内部定期组织不同部门进行交叉学习，对部分目标人才实行轮岗制、导师制、阶梯式、开放式培训，不断拓展企业员工的知识面，以培养更多"一岗精、多岗能"的复合型人才。

　　（4）成立企业内训项目：罗浮山国药在2015年成立了"罗浮山国药商学院"，除了企业高层定期为目标人才提供培训之外，学院也经常外聘一些专业导师，进一步加强对企业目标人才的培训力度，并制订了年度户外拓展计划，让企业人才内外兼修，全面提升。

　　（5）构建外训体系：目前，罗浮山国药与国内众多知名培训机构达成战略合作，例如，午马猎头、北京信诺必拓、种子咨询、三诺咨询等。通过专业管理咨询培训机构，定期为企业员工定制相应的管理知识、专业技能、业务能力等多方面培训，全面提升企业员工的整体素质水平。

24.3 第三步：用人才

懂人才是大学问，聚人才是大本事，用人才是大智慧。要防止引才成为"剃头挑子"，就必须在用才上多花心思。罗浮山国药深谙其中的重要性，故在任用人才上始终遵循"用才之长，用当其时，用当其位"的首要原则。

罗浮山国药把品德、知识、能力和业绩作为衡量人才的主要标准，不唯学历、不唯职称、不唯经历、不唯身份，唯才是用。敢用年轻人才，是罗浮山国药在企业发展方面的特色之一，这也给予了企业众多年轻人更多的发展机会。就目前而言，罗浮山国药中高层管理人员平均年龄为35岁，是一批充满梦想和奋斗激情的青年才俊。这是罗浮山国药重视人才、敢用人才的成果。

24.4 第四步：留人才

人才流动是企业发展过程中的普遍现象。选人、育人是为了更好地用人，如果无法留住企业一手培育出来的人才，那将是一件很令人遗憾的事情。首先，留才，实质是留心，具体来讲，就是要用事业留人、待遇留人、感情留人。罗浮山国药正处于快速发展阶段，需要大量的管理型人才，而且晋升的机会也非常多，只要你有才华，就能在企业中干出一番事业。其次，罗浮山国药不仅在人才培育方面不计成本，而且根据不同等级的人才制定相应的待遇机制，并通过设立"储备干部基金"的形式，吸引更多人才的加入。最后，罗浮山国药拥有完善的企业人文关怀文化，经常开展各种类型的企业文化活动，例如，企业设有"人才座谈会"，由企业高管与企业目标人才直面交流，定期与他们交心，让他们切身感受到企业对他们的关心和尊重。

"人才四步棋"的实施见证了罗浮山国药的崛起，也陪伴着一批又一批高素质专业人才成长。在经济全球化、职业多样化的新世纪，我认为，只要我们走好人才"选育用留"四步棋，就能为企业沉淀更多的复合型人才，这也是企业实现长远发展的基石。罗浮山国药正在耕种一片草原，愿更多拥有远大抱负的人才能在这片肥沃的草原上驰骋，实现人生的价值。

江平辩才：

"人才，不一定是拥有高学历、高职称的人，但一定是勤奋好学，拥有拼搏激情与敬业精神的人。"这是叶总给他的营销将士们的激励，我的理解更是叶总对人才的定义，也是叶总在罗浮山国药打造他的营销团队的关键定位和有力实践。

按照这个定义，叶总就是人才。

这个人才，我认为值得很好地去解构他之所以是人才的纹理和脉络。

我会引导大家先去关注一个数字，2002～2018年共17年的时间，17年的时间，是一个能做事、能成事的人最宝贵的时间段。这个时间是叶总从部队退伍后进入一个行业叫医药行业，做一个职业叫医药营销，服务一家企业叫做罗浮山国药的时间段。

我不知道大家有没有明白？我要表达的第一个意思是什么？一个人沉淀在一个行业，融入一家企业，用17年的时间来丰富和完善他的职业历练，用17年的时间来积累和提升他的专业资源和专业能力。这是一种何等的精神？这就是把职业当事业的精神！！！这是一种怎样的态度？这就是把打工当老板的态度！！！这是一种什么样的意志？这就是把锤炼自己当成就自己的坚定意志！！！

每一个看到这里的人，可不可以问问自己一个问题？我为什么没有在一个行业沉淀下来？我为什么没有在一家企业坚持下去？我为什么没有在一个专业领域积累下去？

我突然想起每次在做职业辅导时讲过的一个观点，人不怕你笨，不管你做什么工作，哪怕你从零开始，一个月学一个东西掌握一种能力，一年就掌握了12种能力，十年你就掌握120种能力了，任何一个职业都不可能需要120种能力。也就是说，只要你用心在你的专业职业上沉淀十年，你就是这个职业的顶级专家。

叶总客观而真实地印证了我的这个观点，放之四海而皆准。

忘了第一次是在哪儿、什么样的一个场合遇见叶总的。最早对他的记忆是在珠海的张林先生和李从选先生搞的一个医药群英沙龙的活动上，去了很多医药行业的大咖，请我给大咖们分享一个话题，如何让你在职场更有核心竞争力？那天叶总去了，当然带去了他的标志性产品百草油作为礼品赠送。因为以前见过，所以这次简单地聊过，聊过的感觉发现他是如此低调和谦逊，叫谁都是老师大哥的。因为他的低调和谦逊，还有他的百草油，我就开始了对他的关注。

再后来，在广州米内网的活动，广东省医药企业管理协会的活动，重庆的活动，我都有见过他的身影，当然也少不了百草油的身影。每一次他都很低调和谦逊，刷存在感，不多言，见人都会主动叫声老师或大哥，每次都把那个小小的药葫芦包装的百草油摆在活动现场，作为礼品送给大家。

次数一多，我发现这个低调谦逊的叶总把植入式营销、消费者现场教育、产品情感式渗透传播做的是如此低调、务实而完美，他把低成本营销、社区传播和体验式教育全玩转了。

这个营销的高手不花广告费把产品送出去了效果，赚回了产品的上市销量，更关键的是他赚回了行业大咖们真实的情谊。

把药商大讲堂引进罗浮山，经常发邀请去罗浮山泡温泉，结果来了很多医药界的名流，来了得讲一讲吧，于是他的营销部队蹭课听了，知识也有了，技能也有了，当然业绩也有了。

好一个营销高手叶总，赚来的何止于低成本的员工培训和技能教育，更关键的是同时赚来了江湖对他的友谊的认可和他的团队对他满满的崇拜。看，我们的叶总在药圈那么多老大都是他的朋友兄弟，看，我们的叶总又给我们请来谁做讲座。

这就是叶总走出去"拜师"、请进来"学习"的最成功的实践。

我也解读出了叶总17年如一日、一天天在沉淀在积累的背后是他要给自己一个成长的交代，是他要给企业对他信任的一个交代，是他要对一直稳稳跟着他的兄弟们信赖的一个交代。

所有的交代归根结底就两个字：责任。

因为责任，他在成长；因为责任，他在沉淀；因为责任，他在坚持。

一切的坚持绝对是有意义的，这是这个世界上能看到结果的最美丽的风景。

25

何姣辉：选人才的"一专业三素质"

作者简介：何姣辉

山西财经大学工商管理硕士；
深圳市泛谷药业股份有限公司人力资源兼运营总监。

对于任何一名管理者，选人是其必修的课程。我经常开玩笑说，选人时，你脑子进了多少水，用人时，就有多少泪。那如何选到优秀的候选人，在多年的人力资源职业生涯中，我个人一般考核"一专业与三素质"，并在面试中总结出一套简单的面试标准。

25.1 专业

这是用多年实践的事实总结出来的。当年曾过于强调素质项，觉得只要你的潜力好，这些都是冰山上的部分，可以学会的。但是如果你选的是普通员工，没有问题；如果是选择独当一面的专业或部门负责人，就要出大问题。专业不过关，你就要允许他在犯错中成长，可是对于一个企业来讲，市场不会给你犯错的时间。企业对标的永远是竞争对手，在残酷的市场竞争下，机会稍纵即逝，时间成本很关键。因此，对待关键部门负责人，我个人的观点是决不妥协用人，要完全胜任。专业能力，是冰山上的部分，面试不难，就是考察清楚其过往所取得的专业成就即可。

25.2 成就动机

这是一个老生常谈的素质项，成就动机好，自我激励与内驱力足，对于管理者来讲，招到这样的人省心省力，不用多管，业绩还好。但关键是如何找到成就动机好的员工呢？我个人最简单的经验就是看职业兴趣，热爱自己的职业，能在工作中找到乐趣，并愿意持久地为这个职业坚持学习。

热爱职业，我个人的定义是：已经客观地自我认知，觉得目前从事的职业是最适合自己的，不会再受其他职业的诱惑。一个人一旦坚定下来做一件事，一般都会有不错的业绩。面试时可以直接问：为什么选择这个职业,请描述你在过往的工作经历中最有成就感的一件事。

当然坚定了做一个职业,有一种人仅是认命了,为了糊口,那不能算是职业兴趣。真正热爱自己职业的人都会孜孜不倦地追求本专业的最高成就,不断地学习,与优秀的人对标。一般我只问候选人一个问题:毕业后,你为本专业做了哪些学习,请详细讲一讲。追问下去,你就会知道,大部分的人毕业后基本就没有主动学习了。因此,我考核成就动机,坚定职业与持久学习,两个条件缺一不可。

25.3 学习悟性

有了学习意愿,还要有学习悟性。我个人总结的悟性考核很简单。问问题时,一问他就明白,领悟力良好;问了一半就知道我要问什么的,领悟力优秀。问了后,答非所问,经过提示明白的,悟性不大,影响绩效。反复出现答非所问,或经提示还不明白,悟性不好。不需要刻意设计问题,一般在面试问题中注意体悟以上标准,一般就可以得出答案。

25.4 逻辑思维

优秀的人员,素质项我主要看成就动机和学习悟性。如果还要再加一项就是逻辑思维能力。逻辑思维能力分为分析与归纳两个能力。我个人面试也很简单,问了问题后,对方一二三四,答得很有条理,分析能力没有问题。但是现实中我发现了大量的分析能力强,但是归纳能力弱的人员。归纳能力就是能透过现象看本质,能将一堆纷繁复杂的东西,归纳为关键的一两条。归纳能力比分析能力还要重要,工作中的二八法则,一般归纳能力好的人员,就能很好地抓住关键的20%的事情去工作,事半功倍。面试中,我经常问:请将你刚才的描述,用一句话概括出来。就这一个问题，可定乾坤，不信你试一试。

最后说一说诚信，我没有放到我选人的素质项里，因为这是选人的门槛条件，一票否决。一般我都是通过背调完成，特别关键的人员必须通过第三方猎头公司背调。

企业选人各有各道，在我多年的职业生涯中，有帮企业选对人的喜悦，也有选错人的惨痛教训。作为一名人力资源从业者，唯有看重责任，不断学习总结，才能提升招聘技能，帮助企业成功选人。

江平辩才：

"选人时，你脑子进了多少水，用人时，就有多少泪。"何总一开篇以玩笑的方式点透了企业用人最本质的困境。

我近20年的人力资源管理实践和人力资源管理咨询的经历更是印证了何总这个玩笑式的定断。

如果我告诉你，我总结和发现这个世界上最少有90%的企业不知道他究竟需要什么样的人，或者说他不知道什么样的人真正适合他的企业，你相信吗？但事实确实如此。

为什么这样说呢？我来提一些问题，先来看看：你设置这个职位的目的是什么？你需要这个职位的人马上立刻为你解决什么问题？当这个人融入企业后，你需要他持续地为企业带来什么？企业给到他达成想要的结果所提供的资源和支持是什么？你企业目前所处的发展阶段和企业产品的商业模式是什么？你企业最在意这个职位人选的好的东西是什么？不好的东西又是什么？企业希望和这个职位人选合作的方式是什么？企业和这个职位人选合作的风险最担忧出现在哪些方面？企业吸引这个职位人选的优势是什么？

我列出了企业找对合适人才的最根本的9个需求。你如果不相信我说的90%的数据，我请你一条条去看，看完了请你问自己两个问题：第一个问题，你想到这些问题了吗？第二个问题，如果你没想到但你现在看到了，你能清晰回答出来这9个问题吗？

一个企业如果既没有系统地去思考你招聘的需求，更没有思考出你的需求标准，我就不知道一个企业怎么能够真正找到适合的人才？

这是企业最大的悲和痛！

因此，我经常和很多企业老板讲，你知道你需要什么样的人吗？你知道你需要的人用什么来衡量和评价吗？在真实的管理实践中，很多企业老板真的不知道他究竟需要什么样的人？他更没有把他的需求形成具体而清晰的标准来考评和测量人选，完全是凭感觉，这样的招聘只会给企业在团队组建的实践中越走越偏，最后进入死胡同，形成一个死局。

何总今天给大家带来了一个最核心的价值在于她给她的企业要找什么样的人才建了一个模型，这个模型就是所有人才的参照物标准。她提出的"一专业三素质"就是她对适合她的企业的人才的标准参照物，有了这个参照物，她就有了比对的标准。

这是企业招聘合适人才的第一步，也是最重要的一环，关系到招聘人才的需求真实挖掘和梳理。

何总今天给大家的第二个价值点就是她的企业对人才定义的标准，一专业三素质。

首先我们来看看何总所提到的专业。专业就是你在岗位上交付结果的能力，就是你在职场中赚钱吃饭的工具，就是你能去成就别人、让别人需要你、尊重你的法器。我把专业分为两个东西：一是专业思路和专业方法，通称为专业能力，二是专业资源。专业是为结果负责的，结果不仅需要做事的思路和方法，而且更关键的是需要你在这个专业点上的横向资源和纵向资源。例如，一个以做药店营销为主的销售总监，我不但要考察你和药店合作在药店卖产品的销售和推广思路及方法，而且我要得了解你在全国大连锁和区域龙头药店有没有资源？有多少资源？资源的拥有程度怎样？

一个能在岗位上交付结果的人一定是专业能力和专业资源同时存在

25. 何姣辉：选人才的"一专业三素质"

的，缺一不可。

何总提到的 3 个素质中的第一个素质是成就动机。什么是成就动机？我的理解就是你对这个职业的热爱程度，这里面有 3 个层次，第一个是你做这个职业的兴趣度有多高？是不是你非常感兴趣的工作？兴趣会让你自觉自愿。第二个是你做这个职业的专注度有多高？是不是从本质上把这个职业的各个专业点吃透搞通了？专注会让你自学自强。第三个是你做这个职业的满足度有多高？是不是每解决一个问题、每前进一点、每达成一个目标，就会从内心产生一种满足感？一种源于心底深处的酣畅？满足会让你自动自发。

我们一直在探寻管理的真谛，一直在寻求挖掘人才工作愿力的点，而我们从根本上忽略了要从源头上去解决一个人他为什么要做这份职业的理由。

其实很简单，一个人为什么要做这个职业的理由和背后的逻辑。有了理由，有了理由成立的逻辑，一个人自动自发的工作热忱就不是激情而是活力了。

何总提到的第二个素质是学习悟性。我在很多篇才人说中都谈到过学习的方法，这里就不再重复一些讲过的观点。学习和悟性连在一起，就是绝妙的组合。悟性一定是从学习中得来，学习一定是因，悟性是学习的果。没有学习的因，绝不会产生悟性的果。

学习不仅仅是读书，还包括经历过的事、接触过的人和走过的路，在做事和教人走路的过程中，去思考，去总结，去判断，去提炼，一点点变为自己的东西，形成自己的观点、思想和方法论，这就是悟性的源头。

因此，何总提出来如何去看一个人是否有悟性？她说我和你一沟通就知道，悟性在于你能听到别人的音，就能懂别人的意，你能听到一个信息点，你就能生成一个信息链。

说起来简单，做起来更简单。简单在于你要学习，你要在学习的同时去总结和思考，没有总结和思考就没有后面的悟性。

何总提出的第三个素质是逻辑思维能力。看了 19 年的人，我得出一个规律，发展得好、成长得稳健的人才一定具有两个素质：一是正位，二是逻辑。我对职业经理人可持续发展总结出最重要的 4 个能力中的第一个就是思维能力。

我为什么非常看重思维能力？我为什么一定要强调逻辑？这个问题一定要和大家讲清楚。

先来问大家几个问题，你听一个人讲话，他讲了半天你不知道他要表达什么，你是不是很不耐心？你与一个人沟通，他反反复复纠结他的东西，其实他纠结的和他要的毫不相干，你是不是很郁闷？

那么好了，什么是逻辑？

逻辑不是自说自话，逻辑是一个人分析问题、归纳问题和解决问题的出发点、立足点和思路及方法论。因此，逻辑是一个人才思维方式的根本，思维方式是直接带来和影响一个人的行为方式，什么样的行为方式会产生什么样的结果。

从根源来看，逻辑和思维方式是一个人产生结果的源头。

我曾经在一个高层职业经理人高峰论坛上解读什么是高度？其中，第一条就是思维的系统性、条理性和层次性。

正因为有了这样的人才标准，才有了何总所在的泛谷药业这些年高速成长和稳健发展的结果。

有了标准，就有了组织的基因，就有了组织发展需要什么样的人才，就有了组织的发展。

听起来是不是很简单？

2012 年，在广州的一个活动上，我给现在的医药企业管理协会会长、当时的副会长郭云沛先生介绍何总时，是这样说的：何总是把医药行业人力资源管理做得非常扎实、非常接地气、非常支持业务发展的女总监中最好的一个。

泛谷这些年高速稳健的发展更好地印证了我 6 年前对这位山西女人才官的定义。

从内心善良出发，你会本真、质朴、简单，用你热爱的兴趣来充盈工作的空间，你一定会得到很多，比如信任，比如未来，这应该是何总给到大家最好的财富。

26

叶玖荣：维尚的人才价值与创造

作者简介：叶玖荣

尚品宅配维尚家具集团副总经理；

工商管理硕士；

中国高级职业经理人；

2015年、2016年广东省卓越人力资源职业经理人；

广东省人力资源研究会副会长；

广东省人才开发与管理研究会理事。

做 HR 经营工作的 17 年里,我深深感知一个企业的人力资源管理水平基本决定了组织的基业长青,人力资源管理的价值创造一定取决于"员工的价值+业务的价值+组织的价值",任何不能为这三方价值创造的人力资源工作都是"没有尊重可言的"。2009 年,从东莞台资企业来到佛山维尚集团,一直到如今,有幸陪伴中国最具互联网基因的全屋定制家居民营企业从小到大,从大到强,见证了中国家具定制品类狂飙猛进的大时代,也经历着人力资源管理从业经历中最大的挑战与机遇、成长与蜕变。2009年组建维尚人力资源管理团队时,我用毛笔郑重地写下"理想"二字,今天 100 多人的团队依然是一个理想驱动的团队,做"最具价值的 HR",将经营思维贯穿日常 HR 工作的始终,以"让组织更高价值,让 HR 活得有尊严"为奋斗的方向,致力于"成就组织与个体的共生共赢"。

得益于时代的眷顾,有赖于集团及公司领导人的正确引导,更得益于平台的快速发展,在过去的 8 年多时间,从集团 70 多个团队中脱颖而出,维尚 HR 团队多次与销售团队一起站在集团最高荣誉舞台,连续 8 年获得集团优秀团队,维尚 HR 到今天奋斗出了一些微薄的成绩。

在这里留下些许经验之谈,以供行业伙伴相互交流。

26.1 人才管理的场景思维

互联网及人工智能时代,除了新零售、新技术、新的商业模式之外,组织与组织的竞争一定是"人"的竞争,维尚人力资源体系从 2013 年以后便着重于研究和探索在中国人才结构变化、社会价值观与精神诉求下的人才管理新模式,以匹配维尚在"智能制造+互联网"的颠覆。

将权利还给用人部门——维尚人才官体系

在传统的引才环节中,用人部门一纸增补单,HR 就负责招人,拉上用人部门一起面试,录用合格后交给业务部门就算完成了。上述引才流程，如果从人才经营的角度来看，是存在很多薄弱环节的，也很难实质性地为组织创造价值。因此，从 2016 年开始，维尚 HR 除加强招聘流程体系建设外，还搭建部门人才融合创新平台，开展人才官培训与认证项目，建设各级人才官队伍网，将人才引进产业链上招聘面试的权利还给业务部门。人力资源部则负责搭建平台、充当裁判导演，专注于人才引进场景体验感的打造，关注人才发展轨迹，关注业务部门对人才的管理等。

根据人才官技能水平和相关资历经验情况，通过对资历、学历、笔试、面试实操 4 个方面进行综合评估，将人才官划分为 4 个等级，并颁发相应的资格证书，人才官负责所在层级候选人面试、录用的确认及所引进人才的质量、后续人才管理、人才结构优化升级、部门储备人才官或下一级人才官的指导与培养等，每年人力资源部组织开展一次等级审核及鉴定，审核不通过者取消现有等级资格。

招聘开展实施前，人力资源部召集各业务部门人才官召开人才配置分析会，帮助业务部门对组织架构、岗位角色、人才结构等进行科学合理地分析设计，助推组织、人才价值的最大化创造。在这个过程中，HR 逐渐变成平台的搭建者、用人部门的辅导者，将权利还给用人部门。

干部述职报告会

做述职报告的企业不少见，然而十年来坚持做，并且每年都要求有所突破和产出的企业恐怕不多，维尚便是一个典型。每年两届的维尚管理干部述职报告会，成为干部年中、年终的"比武场"，旨在持续加强管理干部自省、自知与自我规划能力，促进共同成长。

为了不让述职沦为自我表扬和流于表面，组织方精心策划，将这个平台打造成有实力的、专业的、干部踊跃参与的一个平台：在述职的内容上，分为团队亮点业绩、管理者自我成长及管理总结、未来计划，结合前期"360 管理测评"成长导师根据管理者的特色给出定制的指引与培养计划，同时在这个平台上达成了对"经营目标"的统一"认知"，以绩效推动接下来的工作。在维尚，每一位部门负责人对属下的干部成长都高度重视，信奉"干部是塑造出来"的；每一位干部也特别珍惜自己的上级所提出的成长指引与塑造。这个开放的平台，也促进了公司各部门的主管、主管与下属之间的相互认识与交流，相互了解业务，在与同级的比拼中找到差距，在一定程度上让干部自知、自查，消融了"部门墙"，让各团队的干部对公司统一目标有更清晰、深入的了解，以便在日常工作中能更好地相互配合和发力。

质量先锋——班级兄弟连超级战队

班组的作战力直接承担着生产交付的数量和质量，而班组的作战力在很大程度上来源于管理者——班长。"超级战队"是由品质部和人力资源部共同搭建、主要聚焦于班级质量管理的专项平台。独立、分散在不同生产端的班长水平参差不齐，缺少互联互通的平台。让同一部门的班长形成"项目小分队"，不同部门之间互相PK，以赛代培，在竞赛中促进班长群体能力、班组整体作战能力的提升。

通过到门店零距离接触设计师、客户，内外部讲师进行"品质课堂"授课，线上社群沟通交流等一系列体验环节，各品质改善专项取得了阶段性成果，客诉、检验不良、损耗、成本均有大幅下降，生产效率也得到大幅度提升。除此之外，还形成了知识经验范本，系统地提升了班组的整体作战能力。

除了以上的场景打造，维尚HR还搭建了大家来当家的"口碑食堂"，媲美专业物业管理的"员工管家"，让制造工厂的员工也能吃好、住好。

26.2　跳出专业深井，与业务有效融合

现阶段，很多企业HR试图变得更加专业来为企业创造价值，而专业本身有时恰恰成为HR创造价值最大的障碍，HR必须跳出专业深井，与业务有效融合。

技能人才发展

2015 年，李克强总理提出"工匠精神"，作为国家智能制造的典范，维尚对品质和口碑更是注重和渴望，一线技能人才的发展至关重要。

HR 与业务部门深度合作，共同打造千匠工程，对封边、品质、机修等影响公司绩效和产品品质的关键重要岗位进行岗位技能提升，培养沉淀一大批一线关键岗位技能工匠，助力产品产量、品质提升，为企业品质的稳定保驾护航。

HRBP

在与业务真正"共舞"的这个命题上，尤其在传统制造企业中，尚未找到突破的路径。

很多时候，HR 与业务部门不能真正共舞，常常是"落花有意、流水无情"。多年来维尚 HR 探索出一个共享时代 HR 与业务融合的新范式。围绕"平台、共享、定制"，视业务部门为"客户"，更为"合伙人"，与业务共同承担、共同分享，共同对经营结果、客户价值负责。

通过不断地摸索，维尚 HR 创造性地开辟了一条新的道路——建立两种形式的 HRBP（人力资源业务合作伙伴）：一种是显性的 HRBP，另一种是隐性的 HRBP，显性 HRBP 由人力资源部自己的人承担，他们与业务部门打交道，通过自身的努力与业务部门建立良好的外交关系，了解业务，帮助发现并解决业务的一些问题。而隐性 HRBP 则来自于业务部门，首先"吸纳"业务部门的部分人员，教会他们人力资源的管理理念与知识，将他们变成相对专业的 HR，让他们在组织管理上更加专业。经过不断的完善，维尚 HR 搭建了一个非常大的人力资源管理平台——综合办。综合办是联系人力资源部与业务部门的窗口与桥梁，肩负着发现和诊断组织存在的问题、将公司的人力资源政策落地、转化的重要责任。可以说，综合办是各业务部门中的一个核心部门，既管生产和业务，又管人力资源。表面上综合办归属各业务部门，但实际上是业务部门自己的"HRBP"，承担着大量的人力资源管理职能。

以综合办的搭建为代表和主线，维尚人力资源搭建了一个集人员、文化、成长、绩效管理等人力资源管理内容于一身的平台，让各业务部门自动自发地参与到公司的人力资源管理中，一改以往相对被动的状态，管理效率和效果有了质的提升。

26.3 机制之外的"管人不如管环境"——组织和人的赋能与创造

经营企业的本质是经营人，而经营人的本质是经营人所处的环境。人是环境下的产物，人的行为在很大程度上是由环境决定的。影响一个员工业绩创造的因素，可能是社会的安定，亦可能是家庭环境和关系，更可能来源于企业环境的大生态。维尚HR认为，经营人才一定要用平台和组织氛围去驱动、激活个体，组织氛围、结构、土壤对了，组织当中的个人便会自发成长。好的土壤环境，将成为企业无可复制的"软实力"，帮助企业实现可持续健康发展。

执行 + 竞赛

如何让所有人"奔跑"起来，相信很多企业都有自己的独门秘籍。在维尚，执行与竞赛的文化无处不在，每年集团、公司的年会上都会制定出集团、公司全年的开门七件事，然后再分解到各部门、每个月、每周甚至每天的"开门七件事"，为确保计划的贯彻落实，在"开门七件事"之外，更有"三会两志"的制度进行监督和管控。"三会"是指晨会、周会、月会，两志是指周志和日志，确保各项任务指标得到分解、部署和落实。

随着执行文化的不断深入，维尚各部门间、部门内部间的比拼无处不在，甚至组与组、个人与个人之间也逐渐形成一种良性的互相PK的氛围，久而久之，就形成了独具尚品特色的竞赛文化。为激发各级组织赛出成绩，产出效益，维尚借鉴体育竞技赛事的全运会、省运会，营造竞技氛围，走上全运会、省运会或者年会的舞台，是每个团队和个人的荣誉，在这个奥林匹克盛会中，大家都在暗暗较劲。在车间，不少墙面上贴着"对赌协议"的看板，大家都在比拼赶超、力争上游，每天都像上战场冲锋一样，以百倍的努力和专注对待每天的工作。在工艺技术中心，这个承接前端销售订单的团队，更是有每月的3124、2359、0524，"3124"是指奋斗到每个月的最后一天的最后一刻，"2359"是指每一天的最后一秒，"0524"是指每个月的5号战斗在当天最后一刻……竞赛文化融入到了所有人的血液中。

家文化

维尚是做家居的，创始人对"家"有着深厚的理解。正是这样的行业属性和创始人对"家"的理解，维尚的"家文化"特别浓厚。员工间"家人"的称呼，家书传递、大姐姐工作站、兴趣班、学历教育、亲子夏令营、非诚勿扰、离职者联盟等，家文化的常年浸染，让维尚一线的员工也能自豪地说出，公司让我感觉很温暖。

俗话说，"没有规矩不成方圆"，维尚家文化是极具"东方智慧"的：一方面是无微不至的家里人关怀，另一方面是非常严格的"家规"。维尚对员工的行为规范有着非常详细的规定，每一位员工都有"行为积分"，都有对应的奖惩，《干部行为准则》更是明确规定干部不能触碰的"高压线"。家规很严，要求每位员工、每个干部都规范行为，以身作则。

按照马斯洛的需求层次理论，自我实现需求包括成长、发挥潜力以及自我价值的实现。如果员工的自我实现得到了满足，那么员工会快乐振奋且更加相信自己的价值所在。作为智能制造业中的标杆企业，自创建以来，始终将员工放在企业最重要的位置。为实现人与组织的平衡向上，维尚始终注重"生态圈"的打造，注重人性的平衡与人心的浸染，以硬性的制度、软性的文化两方面结合，打造一个能激活个体的组织环境。在这个组织环境中，员工也成为爱的发出者，例如，福利互助基金、义工队、爱尚计划、心意行动等一系列公益项目平台上，公司与员工一起播撒爱心，并最终浸染每一个生态圈中员工的内心。

人才决定企业战略高度；人才决定企业执行力度。人力资源作为经营人才的部门，在不确定性的移动互联网时代，只有本着互联网的经营思维，互联互通，方能做到有价值！

江平辩才：

我建议所有的老板、企业经营管理者，当然所有的HR包括所有做人力资源管理咨询的从业者们，要好好读读这篇文章。先默读，再大声读，最后用心思考着读。读完3遍后，你再来问自己两个问题：我为什么没有这样做？我应该怎么做？

为什么我一开笔说话就郑重其事地建议以上的这4类对象要认真读？用心悟？是因为叶总在这篇文章清晰地回答了3个问题：

回答的第一个问题，尚品宅配这个定制化品牌这9年高速成长背后的秘密；

回答的第二个问题，HR应该怎么做，做什么才会被人需要，受人尊敬价值最大；

回答的第三个问题，组织和文化在大家眼中好像是虚的东西，如何实在起来。

我们今天就叶总回答的这3个问题——解构其内在逻辑。

首先我们来看第一个，尚品宅配这个全屋家具定制化品牌这9年高速成长背后的秘密。重新来讲一个常识，一个企业首先要做的是战略，战略解决企业发展的方向和目标，就是企业做什么和为什么存在的问题。这是企业的根本问题，换句话说就是企业的定位。战略当然从战略的提出到战略的分解及战略的实施都是靠人来完成的。当战略确定下来后，就要围绕战略的实施和落地来思考运营，如何设计企业的商业模式？这同样要人来思考来设计。企业的商业模式就解决一个问题，怎样做才是风险可控的、效果最好的去朝着战略的方向和目标前行。再好的商业模式也要靠组织来实现、来执行。因此，对于一个企业来讲，基于运营顺畅的组织的顶层设计是一个企业最核心的关键所在。因为组织的顶层设计解决了两个问题：一是组织管理的逻辑问题，二是组织管理的流程标准化问题，换句话来讲，就是谁向你汇报，谁和谁合作，你在一个岗位上要做什么？怎么做？做的标准行为是什么？做的结果应该是怎样的？

这就是一个好的组织架构为组织解决的问题所达成的结果。

讲到这里，你已不难看出，任何一个企业高速成长的背后一定而且必须会有一个让其运营顺畅的高效组织在支持。

而且这个组织还必须是不断在适应企业战略的调整和运营方式的动态改变中，主动地去裂变，去复制，去内生。

这就是我们通常讲的现在非常热门的话题——组织发展。

组织不是空的。组织的发展一定要靠组织人才的不断获取和可持续成长，只有组织内适应组织、适合组织发展每个阶段的人才满足了，客观上就推动了组织的高效成长和组织的稳健发展。

好，我们解读叶总的第一个为尚品宅配这个品牌高速成长和稳健发展背后的秘密在于，维尚的 HR 们为尚品宅配建设了一个适配的组织体系，而且不断满足了这个组织发展的适合的人才需求。

合适的人才有了，组织系统有了，战略就能落地了。

我们再来看看叶总在这篇文章给大家解答的第二个问题，HR 应该怎么做、做什么才会被人需要、受人尊敬、价值最大。讲到这个问题，我们首先要思考一个点，企业为什么需要 HR？这个问题是 HR 之所以存在的价值和意义。我始终明白一个最基本的道理，HR 不是因为存在而存在，HR 一定是因为需要而存在。

我们来分析一个逻辑，企业一开始是因为产品而存在的。因为产品需要研发，需要生产，需要质量包装，需要卖出去。换句话来讲，企业存在的理由是他在做什么产品？围绕产品展开了一系列的业务活动。而这些业务活动是需要各种不同专业的人才，因为需要这些人才，才有了对这些人才的招聘、考核、管理、激励，才有了对人力资源管理这个岗位的需求。

因此，不是有了企业就一定需要 HR，而一定是因为企业的业务需要人才，才有了对 HR 的需求。

逻辑就很清晰了，HR 不是直接为企业所工作的，HR 所有的工作内容和工作结果都是为了支持企业业务顺畅、高效发展而存在的。

其实这也就是现在大家天天在讲的 HRBP，做事舍本求末，尤于缘木求鱼，无异于本末倒置。

这也是很多企业 HR 不懂得他要做什么，他应该怎样做，他做的结果应该如何呈现？如何考核 HR 的工作绩效的根本。

叶总给出了非常具体的方法论，把权力还给用人部门，一切为了业务发展，建立内部客户制，把各部门当作 HR 部门的客户来管理，建立双线"HRBP"。

当我们的定位清晰了，我们的心态就调整过来了，我们工作的方向就不会出现偏差，我们就能创新更多更有效的方法。

因此，对职业和职位的正确定位是我们很多企业 HR 应该特别关注的。

叶总在这篇文章中给大家解答了第三个问题，在很多企业包括老板和很多高管都认为组织建设和文化建设这些很虚的东西，如何来把它做实，不但让大家兴趣盎然乐在其中，而且更要让这些东西把大家团结在一起、心往一处想。

我们先来看一个现象，我在很多企业做咨询调研时，很多业务部门的负责人说，不知道 HR 他们在做些什么？好像是给员工过过生日啊、搞些培训啊、过节发发贺卡啊、年会搞搞节目啊。我问他们，这些对他们有什么意义？他们回答我，没什么意义啊，好玩而已，还不如让我们多休息会。

我相信这不是一家企业一两个人的心声，这一定是一个群体共同的声音。这种声音的存在只能说是 HR 的工作是走过场没做到位。

我曾经和很多人讲过，一个企业的组织氛围既能让一个非常正能量的人变得牢骚满腹，同样又能让一个负能量的人变得正向正面，这就是组织氛围的力量。

组织氛围就是一个组织文化导向的传播和影响，因此，有什么样的企业文化就可能形成什么样的组织氛围。

我们通常讲企业文化包括3项内容：物质文化、制度文化、精神文化。现在企业所提到的企业文化一般是站在狭义的角度去片面理解为精神文化。我们就从精神文化说起，精神文化是缔结一个组织的行动纲领，是一个组织走向腾飞的使命、愿景和核心价值观的综合呈现。因此，对精神文化内容的总结提炼和弘扬传播是一件需要接地气的工作，不但要从思想上统一，而且更要从行为上落地，同时要营造精神文化的氛围。

其实叶总从执行文化、家文化两个案例的实施方法方面给大家呈现了文化落地的思路。这种思路给到大家应该有这样的3个体会：第一个体会是文化不是总结出来的口号，而是要形成大家统一的规范；第二个体会是文化绝不是写在纸上的，而是要落到实处的；第三个体会是文化的传播不是照本宣科，而是需要有具体载体和方法的。

写到这里，不由得想起一段温馨的江湖传说，龙湖从偏居一隅的西南重庆全国化，其实就是得益于当时的龙湖人力资源总监房晟陶的组织架构体系和人才战略构想。

得一人得江山永固，这一人永远是首席人才官，这一人更是适合企业每个阶段的人才。

总是不高声说话、总是笑眯眯的、总是和你聊天时频频点头的、浑身洋溢着亲和的感觉的，这个戴着眼镜的叶总，给了我们要说的那么多的话。

引导一定需要专业，专业一定是从实战中总结出来的，这就是叶总和尚品宅配这个全屋家具定制品牌共同成长三千多个日夜的实战中给我们的专业呈现。

27

王飚:"八选八不选"让我拥有了合适的人才

作者简介：王飚

合生科技有限责任公司执行董事；

工商管理硕士、管理学博士（在读）；

从业27年，曾任外科医生，在世界500强跨国制药企业、中国医药上市公司担任集团副总裁、营销中心/公司总经理等高阶主管。

获得的荣誉和社会职务有：

中国医药改革开放30年，TOP99职业经理人（2008年）；

中国医药十大精英（2012年）；

中国医药十大经典营销案例获得者（2013年）；

中国医药企业管理协会国际化委员会专家组专家（2009年起）；

中国药学会遗传药理学基因学组首届学术委员；

中国抗艾滋病协会理事；

浙江省卫计委药品集中招标采购专家组专家。

27. 王飚:"八选八不选"让我拥有了合适的人才

我的好朋友伍江平,是中国人力资源管理的顶级专家,让从企业实战实操的角度,谈一谈我对用人的一些看法。思考良久,些许个人之见,吾将求之江平兄和诸方家而已。

27.1 选择相匹配的人,不选完美的人

企业不同阶段需要不同能力和素质的人才,并非学历高、阅历丰富、在跨国公司担任高阶主管的所谓高级人才就一定适合企业。过于超前、高配、不匹配地使用人才的,非但成本必高,所谓"杀鸡用牛刀也",且不能长久。人才的能力、专长最好与上级、同事具有一定的互补性。

27.2 选择有强烈企图心的人,不选只要一份工作的人

有企图心的人,才会有追求,只有人生、职业目标明确,才会有强烈实现目标的愿望和驱动力,会追求时间成本和阶段目标的实现。会把个人目标寄托在企业目标的实现上,主动形成正向自我激励。无企图心的人,不会有好的精神状态的人,没有状态的主管不可能凝聚和感染一支有战斗力的团队。

27.3 选择有良好个性的人,不选个性过强的人

善于经营人的管理者,一般有良好的个性,善于圆柔,能处理好各种关系。在高位者常能自嘲和自我调侃,能随时化解团队管理中的戾气,给下属找到平衡感。这样的领导具备人格魅力,更能吸引人。个性过强的管理者,常常以自我为中心,不善团结人,不善纳谏和聆听团队的意见,常

使团队智慧低于个人智慧。

27.4 选择认可公司的人，不选有经验没认同感的人

认可公司、老板，则会全身心投入，会负起责任。因为认可公司，就会自动自发地为公司尽心尽责；因为认可公司，就会着意经营他的团队对公司的认可，认可产生力量，认可产生匹配，管理者最重要的能力之一，就是经营团队认可的能力。

27.5 选择有合作精神的人，不选个人英雄主义的人

团队有限，个人退后，是企业运行的法则。不管个人能力多强，只要伤害到团队，不能久留、不能久用。一滴水想要不干涸就只能融入大海，一个人想要不江郎才尽只能融入团队。服从团队的总体安排，遵守团队的纪律，才能团队战斗力优于个人之和，不做团队的"短板"。

27.6 选择有悟性的人，不选墨守成规的人

有悟性的管理者，善于在遇到不同需求时，自我学习，自我完善，能学会一切需要用到的知识、技能，并且辅导团队学会，就能形成学习型组织团队，就能提高组织团队的效率，降低成本。墨守成规的管理，只是抱着既往经验和学会你要他做的事。

27.7 选择上下同欲的人，不选先有条件才能干活的人

《兵法谋攻》说："上下同欲者胜。"企业每一个发展阶段常伴随着各种困难，条件和资源不足是永恒的矛盾。老板总想节约，总想用最小的代价办成事者是一定历史条件的无奈。你却总是因为"没有这个条件、缺乏那个资源"无法完成本职工作。永远不要把公司的钱不当钱，永远不要把公司的资源不当资源。记住一句话："困难没有了，你就没有价值了！"

公司"锅"里有，员工"碗"里才有；同样，"锅"里多，"碗"里也自然就多。而掌勺的，恰恰就是你自己。

27.8 选择宁愿自己吃亏，不亏手下的人，不选好事自己先上、坏事让下属背锅的人

留人先留心，用人当用长。智慧的领导，总是把下属的利益、下属的功绩放在第一位。常常让功于下，揽过于己。他明白作为一个主管者，团队成绩就是自己的成绩，团队过失就是自己的过失。是功想让也让不掉，是过推也推不掉。淡然承担，一肩挑起。对自己的要求一定要严格，对属下不妨偶尔宽松一点。个人利益上，有吃亏的地方，要敢于自己吃亏，绝不亏负下属。对自己不妨节俭一点，对下属一定要舍得慷慨，则人心必归。

在这些年的工作中，一直在体会和实践着这种管理思想：

总揽不包揽，

放权不放手。

当班长不当家长，

创造和谐、主持公道。

江平辩才：

八选八不选是王总的用人之道，也是王总多年职业生涯沉淀下来的为人之道。

选择相匹配的人，不选完美的人，这个观点是我最为认同的观点。我一向认同，对于一个人来讲，所有活着的全是有问题的人，不可能有完美的人，这是一个常识。而对于一个企业来讲，要的是合适的人，只有合适的人在一个组织和一个团队里才是最合适的。我提出过一个观点，合适是什么？

合适是要适合企业岗位的结果。任何一个企业设置一个岗位都有其目的，而企业在发展的每一个阶段对岗位的结果要求是不一样的。因此，合适岗位的结果是要满足企业在每一个阶段的岗位产出。

合适是要适合企业的文化。企业的文化从来都不是虚的，从企业一开始为什么有企业的时候就有了企业文化。企业文化究竟是什么呢？简单来讲，是企业赞成什么、反对什么、支持什么、同意什么、喜欢什么、不喜欢什么。具体来讲，就是企业的价值观、使命、愿景；是老板的性格特征、思维方式、沟通方式和行为方式。你想一想，一个人不适合企业的文化，融入不了，老板不喜欢，融入不了自己感觉孤独，做事阻力太大，老板不喜欢自然感觉不到成就感，自然也不会喜欢老板和企业的，这样的人再优秀也不是企业的人才。

合适是要适合企业的资源。在一个岗位上做一件事是需要相匹配的资源。没有资源一定是无源之水，是无法交付结果的。而企业在发展的每一个阶段所拥有、支配、整合的资源是不同的。对于企业来讲，资源是什么？资源是企业的基础团队，资源是企业的现金流，资源是企业的产品结构，资源是企业市场状况，资源是上下游合作商的合作能力，资源是企业对政商关系的处理能力和维护能力。合适的企业资源有两层意思：第一层

27. 王飚:"八选八不选"让我拥有了合适的人才

意思是企业得有资源满足人才产生结果;第二层意思是公司的资源存量人才得用得上、用得好。

这样才会让资源利益最大化,这样才能让企业效益最大化。

合适是要适合企业的发展战略,任何企业都有其对应的战略。战略就是一个企业的方向和目标。因此,一个合适企业的人才必须看懂企业的未来,要因为未来而兴奋和酣畅;要因为能参与未来有一种悲壮和幸福感悄然来临;要因为为未来奋斗会斗志昂扬、活力不断。这样的合适才不可能目光短视只顾眼前利益,一定会志存高远胸有风云万千,一定会和企业上下同欲奔向未来,也一定会创造和拥抱未来。

快3年没有和王总一起喝酒抚琴叹茶聊天了,但脑子里始终忘不了他在事业之余欢喜很多。他的生活情趣和他的事业追求相得益彰,从来没有因为事业很忙很累而放弃对生活品质的追求,也从来没有因为生活中的浪漫和情趣而放慢对事业上升的步伐。

这种兼顾才是真正的王总。正如同他在华海执掌营销之时的娴熟和洒脱,也正如同他离开华海后的华丽转身让人惊艳不已。

其实这正是王总,看似不经意间,他一直在静悄悄地准备着。

眼前一幅图画:某一日,我和王总还有几位同仁在龙井山上,一处山居,一张古琴,一碗新茶,一杯老酒。王总豪迈之情溢于言表:"我做外科手术解构人体熟练在心"。而我却说:"我做企业解构人性操刀在我。"

道同,天下大同。这等豪迈,恰真男人。

28

黄宝华：人才 =（能力 + 意愿）× 道德

作者简介：黄宝华

MBA、剑桥大学 CIE 高级人资源管理师、国家级培训师、资深人力资源管理咨询顾问；

曾分别在美的集团、科龙集团、奥飞集团、虎彩集团和环亚集团等上市公司担任人力资源总监（HRD）、首席人才官（CHO）、副总裁（VP）和首席运营官（COO）。

江平兄一直在约我，想为"才人说"写点什么！只因最近很忙，国内国外飞来飞去，好像无法停下来，于是总是以熟卖熟，每次都是以各种理由推掉。可是我实在佩服江平兄的韧性和"厚脸皮"，无论你拒绝多少次，他总是隔三差五地通过电话、微信、QQ"骚扰"你，缠得我没脾气了。可不，那天我刚下飞机，头一个接的电话就是江平兄的电话，自然又是催稿命了，也许是最后通牒了，再不写可能连朋友都没得做了！于是乎，利用工作之余，写下这些文字，也算是对江平兄的一个交代吧！

如果按人力资源管理的从业时间来说，我应该也算得上是一个HR老鸟了。自从1992年开始从事人力资源管理工作以来，至今已有26年了。我曾先后在美的集团、科龙集团、奥飞集团、虎彩集团和环亚集团等大型企业担任过人力资源总监（HRD）、首席人才官（CHO）、副总裁（VP）和首席运营官（COO），经历过无数有关人才管理的"大事小事"，曾获得国家一级人力资源师和剑桥大学CIE高级人力资源管理师，同时著有《年轻没有失败》《企业人才之我见》和《首席人才官》等著作，我也一直推崇"营销HR、分享HR、增值HR"，也许因为这些经历，我对人才有着不同的理解。

28.1 人才=（能力+意愿）×道德

20多年的从业经验告诉我，人才是一个组合性的定义，我们不能简单地理解为有能力就是人才，有意愿就是人才，有道德就是人才，我的理解如上所示：人才=（能力+意愿）×道德。

第一，人才得有能力。

当然，人才首先要有能力，能力是衡量一个人是不是人才的条件之一。"能力"在主流价值观下，主要是指一个人在处理事物的实力几何，也就是成事度多大。个人认为能力大与否，看其执行力如何。

（1）有较好的组织才能：能领导并激励下属，能与同事之间有良好的工作关系和人际关系，并能帮助别人。

（2）有较强的分析能力：能全面思考问题，准确找出问题的实质，能对纷繁复杂的事件进行分析并得出合理结论。

（3）有较强的表达和交流能力：能简明而有说服力地表达自己的观点，可对别人产生影响，同时又应有客观、开放的态度吸取别人的建议及反馈。

（4）富有创造性：要有创意，有创造性地发挥，应有发现新的思想方法、工作方法以及达到、实现某个目标最佳途径的能力。

（5）具有较强的专业水平：优秀的人才无不是在长期的工作实践中成长起来的，他们都具有很强的专业能力，是群体中的专业能手，专业水平较高。

（6）有善于学习的能力：学习能使人增长知识、才干，以便协助公司达到所期望的目的。只有善于学习、不断学习，才能紧跟社会时代的脚步，才能适应企业不断发展的要求。

第二，人才要有强烈的意愿。

一个人只有较强的能力，还不算是一个真正的人才，因为如果他没有强烈的意愿，空有一身本领，他也不会把能力发挥出来。所以，人才不仅要有能力，同时也要有强烈的意愿。

第三，人才要具有良好的道德品德。

品德是指人的内心品质、情感和信念，是一个人内在素质、情操、修养等的日常体现。它是衡量人们行为善恶的尺度，是评价人们行为是非的标准。当前，随着改革开放的深化和各种思潮的涌入，加之一些人长期忽视"内功"修炼，以致思想作风和道德品行成了他们的高危漏洞，很多人出问题不是出在才能上，而是坏在品德上；不是出在干事上，而是坏在做人上。

以德为先、德才兼备，是选人用人的一贯标准。贯彻这一标准，要求我们在选人用人时，一定要用"品德标尺"对选拔对象量一量，看一看他们是否合格。只要把品德这个软实力变为选人的硬标准，就一定能教育引导人们把品德放在更加突出的位置,将品德作为立身行事的根本。君不见,这个世上有多少能人,由于道德品德问题,给家庭、给企业、给行业、给社会、给国家造成多大的伤害和损失。如果人才的关键要素是由能力、意愿和道德组成的话,能力和意愿是"+"(加),而道德一定是"×"(乘),可见道德品德对人才来说是多么重要。才者,德之资也;德者,才之帅也。

28.2 选、用、育、留有说法

如果人才=(能力+意愿)×道德的话,那么如何在人才选、用、育、留环节做得更好呢?正如上面所描述的,总结起来就是:"选人有标准、用人有依据、育人有方向、留人有目标"。

(1)选人有标准。把好进口关是人才选拔的重要环节,如何做到选拔出来的人才符合要求是一门技术活,最重要的是选人要有标准。选拔人才都应该有一定的标准,比如要做好工作分析,做好职位说明书的编写,理清相应的工作职责,尤其建立起能力素质模型和任职资格体系。这些工作都需要实实在在,并根据实际情况努力做好,切忌应付了事。现实中,没有把好进口关而造成的损失屡见不鲜,这些都是教训。

(2)用人有依据。用人要有依据,这是人才在使用过程中最为重要的。一些企业在这方面做得不好,人才使用主要是凭感觉,没有建立起人才的绩效管理系统,没有人才考核评估,没有人才成长发展的记录跟进,用人随意,没有任何依据,用人拍脑袋,这样势必造成用人上的失误。我们应该倡导在用人上坚持:用当其长、用当其位、用当其时、用当其愿。

(3)育人有方向。育人有方向,就是要求我们在人才培养上要有明确的要求和方向,要根据企业的不同情况,特别是现有人才的状况和企业发展的规划,制订出企业人才培养的计划。在人才结构和人才专业分布上,做好人才预测,并建立人才培养体系和机制,尤其在师资队伍建立、教材开发和培养平台建设方面下大力气，为企业的发展培养优秀人才。

（4）留人有目标。在我的人才管理生涯上，我经常听到，虽然企业在留人上投入了很多的人力物力，可效果却不一定好，我个人认为这和企业在留人上有没有目标是有关系的。因为企业的资源总是有限的，如果我们在留人上不分清哪些是重点要关注和留下的，而是面面俱到，结果把有限的资源分散，反而起不到真正的作用。

建议在留人上，我们首先要分析关键人才和高潜人才，可通过人才盘点，使用九宫格区分不同的人才，并根据实际情况，制定相应的人才激励方案，做到目标留人、精准留人、有效留人。

以上是我对人才的理解和在人才管理过程中的一点体会。人才不仅强调其能力和意愿，更要关注其道德素养，做到德才兼备，以德为先。我想只有这样的人才，才是企业和社会需要的真正人才。

江平辩才：

这个标题一下子击中了我的内心，柔软和坚硬全不存在，只剩下呼吸在这道简单的数学公式中：人才 =（能力 + 意愿）× 道德。

为什么我对这道数学的加乘公式这样敏感？是因为这个公式和我对人才的理解以及一个人成长为人才的路径完全一致。换个表达方式，就是这道数学公式不但揭示了人才的内涵，关键是指出了人才培养和人才教育以及人才成长的核心路径。

我一直认为，一个人之所以是人才最核心的因素是必须交付结果。也就是说，人才的一个重要条件就是他的绩效要好。一个人的绩效永远只源于两个方面，一是一个人做这个工作的专业能力，二是这个人做这个工作的意愿度，我们也可以把他叫成愿力。我们重新来表述一下这个因果，一个人如果有了做一件事的能力同时又非常愿意去做这件事，我们有理由相信他是一定能做好的，是一定能出结果的，是一定能产生绩效的。

28. 黄宝华：人才＝（能力＋意愿）×道德

这是人之所以是人才的根本，我还认为结果呈现是人之所以是人才的基础。

所以，对于人才来说，第一位你一定要有做好这份工作的专业能力和专业资源。大家都在讲能力，而我为什么要加一个专业能力？任何一个岗位最核心的东西就是这个岗位的专业性，所以对于一个人才来说，你在一个岗位上，首先必须具备这个岗位的专业。没有这个岗位的专业，你说你能力再强，你也一样是没有思路、没有方法、没有工具的，最终是不会有结果的。因此，对于任何一个岗位来说，在这个岗位的人才必须具备这个岗位的专业能力。

这里我还要强调一个专业资源。成一件事有了专业思路和专业方法，有了行动力了，但任何事都需要借用资源，资源就是一个人成事的加速器，就会让你事半功倍。为什么我还要强调专业资源？比方说对于企业内部，我有专业的团队；比方说对于企业外部，我有专业的渠道，有专业的合作方。这些专业资源对于一个人才来说，如果能信手拈来，如果能快速整合，如果能左右逢源，我想结果的呈现只会锦上添花。

我想象不出来，悟空大圣去西天取经途中如果没有任何资源可整合可借用，最终会是什么样的结果。

有了专业能力，最重要的是一个人做一件事的意愿度。在招聘和绩效改善时，我们会经常关注一个点，你做这份工作的出发点和动机是什么？是什么因素在影响你工作的积极性？所以结果的交付和这个人愿不愿意去做这件事有很大关系。

一个不愿做的人是绝对不可能做好的，也是风险最大的。

一个人的意愿度和什么有关系？和这个人做这件工作的动机有关，和这个人的兴趣有关，和这个人做这件工作的成就感有关，和这个人做这件工作的周边环境有关，比如沟通，比如工作气氛，比如工作流程。

这些影响一个人工作意愿度的因素就很好地告诉你两个东西，第一在招聘一个人时我得控制他的风险点是什么？在对员工绩效管理的时候我要如何去激励员工的意愿度？

我最感兴趣的是黄总这道数学公式的乘号。我对这个乘号的理解是这样的，当一个人既有专业能力又有愿力，我们就看他的道德。如果他是一个有道德的人，那么他所出现的结果就会效果更好，价值更大，人才层次和人才成就度就会相应更大。道德在他身上的分量决定了这个人成就的高度。

同样，我还有这样的一个理解。同样的一个人，既有专业能力又有愿力，如果他是一个不道德的人，那么这个人所产生的结果是反向破坏力，道德越差，破坏力越大。

哪怕他有再高的专业能力，哪怕他有再强的工作愿力，这样的人就不是人才了，因为他对企业最终的破坏力很大。

一个只产生破坏力的人永远不可能是人才。

当然江湖人称"宝爷"的黄总他绝对是人才，而且是层次和格局皆高的人才。最初相识黄总在奥迪蔡总那里，后来广州遇见他在虎彩，再后来绍平先生陪他一起来我办公室聊天喝茶。他所经历的企业所处的行业完全不一样，但他以他的认知能力和再学习力让他洞悉了一个 HR 的本质。因此，他在为他服务的企业提供专业价值的时候完全跳出了专业 HR 的范畴，已经站在一个企业运营和业务发展的层面去思考他的工作内容和工作定位。

这才是真正的专业主张和专业睿智。一个和我一样大叔级别的江湖老人，一个用专业思想穿梭在成就和理想状态的布道者，依然身形飘逸，步履轻松，笑容灿烂。

这是一个活得有点儿透彻的男人，所有的沧桑在爽朗的笑容中随风而去，依然玉树临风，笑傲江湖。

29

唐运兵：我看人才的"四合适"

作者简介：唐运兵

中国医药兄弟联谊会执行会长；
深圳市怡亚通供应链股份有限公司深度380医疗平台整合投资战略部总监。

应广州午马猎头董事长伍江平先生之邀论"人才"时，说实话既是"惶恐"又是"愉悦"，"惶恐"的是个人有自知之明，自身不能匹配"人才"二字；"愉悦"的是能得到伍江平董事长的关注是对我个人的一个肯定。所以，在这里只能以个人十几年职业经历谈谈对"人才"的理解。

通俗来讲，"人才"对于企业和企业主来讲，"忠诚、专业、资源、业绩"四要素是必不可少的，从HR的角度自然有"人品、职操、学习、知识"等方面另有要求，但不是达不到前面要求的就不是"人才"。个人认为，一个人是不是"人才"，是要看是否在"合适的阶段、合适的平台、合适的企业主、合适的项目"做出了行业内认可的成绩，纵然他不一定符合全方位的"人才"素材，仍然是一个"人才"。同样一个人如果没有做出行业认可的成绩，并不一定就不是"人才"，只是他没有遇到"四合适"的机会而已。在这里，笔者结合自己多年的从业经验，当然也是在自身从业的历程中及行业朋友的交流中谈谈个人职业发展的3个阶段。

第一阶段：定位很重要。一个人要想成为笔者认为的人才，首先要明确一个定位，这个定位很重要，你是要成为职业经理人还是最终要做"企业主"，这一点非常重要，因为这个直接决定了你对所有问题的思考及决策的出发点，这个点错了，我相信你的决策多半不会正确，再加上执行不到位断然不会取得好的结果。

第二阶段：选择很重要。在定位明确的前提下，你要考虑的就是结合自身情况，综合自身所处的行业背景和行业周期，选择同您匹配的合适平台、认同的企业主、在合适的阶段、承接合适的项目才是明智的选择。

第三阶段：目标很重要。任何一个人在职业发展过程中，你一定要明确自己的终极目标，是不断在行业的不同阶段成长到哪个位置，还是在哪个专业模块作纵深发展，这对一个人后期的选择和学习的方向，行业资源的积累方向都有密切联系。一个人的精力是有限的，只有明确了自己的目标，你的学习和行业积累才能做到精华中的提升，否则只能是"碌碌无为"。

以上为个人从业多年的一点点"感悟与总结"，还需要更高要求地提升和修为自己，当然也需要众多行业前辈和朋友的"共勉共励"，借此机会也对这么多年行业前辈和朋友对我个人的"支持、包容、理解、帮扶"表示感谢！

江平辩才：

这篇文章是目前 30 期中最短的一篇，不到一千字，也是唯一的一篇通篇都是口语化的叙述方式。但我还是尽量原汤原汁地端出来，让他本色出演。让每一个人才去谈人才，你怎么谈？谈什么？都是有你的思考的结果，也都是有你成长过程的烙印。所谓横看成岭侧成峰就是这个道理，正因为每个人才成长的方式不一样，对事物的理解不一样，必然谈的角度不一样，关注的点不一样，出现的逻辑不一样。因此，这才是最好的结果，让大家从中间从每一个谈人才的思考和观点乃至案例去感悟、去反思，我应该怎么做？这就是才人说的初心。

没有标准，就是标准，不用标准的尺子去衡量、去教化一个人应该怎么做，而是让每个人从人才的观点和案例中自己去悟道，自己去反思，自己去偶得，自己去成长，这才是才人说最好的呈现。

在唐总看来，成长为人才第一个就是定好位很重要。《大学》开篇就讲，大学之道，在明明德，在止于至善。知止而后有定，定而后能静，静而后能虑，虑而后能安，安而后能得。我想很多人应该读过这样的一段话，但未必大家去思考这段话背后的逻辑。我们不妨来做一个分析，一个人只有知道你要的结果也就是你要到何处去，你才会定位你是谁，你在哪里，你从哪里来？当你正确做好自己的定位后，你的心才会安静下来，你就会过滤一些和你要的东西毫不相干的一些事，你才会专注专心地去做你应该做的事，你才会得到你想要的结果，这就是逻辑。这个逻辑就是中国式的定位，定位就是正确认知自己，主要就是：你是谁？你在哪里？你从哪里来？你要到哪里去？

而对于职场中的很多朋友来说最难的就是正视自己、认知自己。所以，唐总提到的定好位真的很重要。中国的老祖宗给我们留下了一个叫易经的智慧，易经有6个基本原理，最重要的一个就是定位，天尊地卑，乾坤定矣。

成长为人才第二个就是选择对很重要，这是唐总的第二个观点。取舍之道是天下最难之道。这种难一难在贪心，什么都想要；二难在对未来无法预知，因为未知所以难以取舍。纵观天下雄才，更多是倒在选择的关键时期上，选错了覆水难收一落千丈，选对了从此平步青云、步步高升。所以问题的结点在如何选？我在给很多职业经理人做职业规划时，我给出了这样一个选择的逻辑，第一点是所有的选择要基于你人生的目标，目标分解的阶段性目标一定是你选择的方向；第二点是所有的选择一定要基于你有什么，你的性格，你的优势，你的劣势，你的资源，你的兴趣，扬长避短，整合裂变；第三点是所有的选择一定得是今天是为明天做准备的，今天和明天一定是为后天做准备的，每一天都是对目标达成的叠加而不是重复。

当你的选择满足和符合这3个逻辑，选择就是对的，就会给你带来你想要的结果。

成长为人才的第三点：目标准确很重要。人一定不可以今日南京买马明日北京做官。为什么？第一，买马和做官的专业不一样，思路和方法也不一样，所需要的能力也不一样；第二，买马和做官的资源也是不一样的；第三，从买马转到做官要重新适应新的角色是需要时间成本的，这个时间成本是很高很高的；第四，从买马到做官会让原来的资源都丢掉，资源的浪费让资源增加了你的信用成本。

因此，目标一定要准。什么叫准？第一，一定是你真心想要的；第二，你必须坚定不移地实现。

在目标实现的过程中，可以分解为很多个小目标和子目标，这些阶段性的目标就是对整个大目标的过程冲刺，这样就会不断围绕目标而去调整方法，优化行为，创新思路。

29. 唐运兵：我看人才的"四合适"

  这个实现目标的过程其实是最美的风景，因为方向在前风景无限。因为心中有光脚下踏实。

  在我眼里，唐运兵就是一个人才，而且是我的价值观高度认可和尊重的人才。务实，真诚，不修边幅，也不注重穿衣的搭配，更多是运动装，怎么自在怎么来，怎么开心怎么穿。这个江湖人称兵兵的兄弟，不善言辞不太爱说话，人也不高大但很精瘦，我也从来没有认为他是营销大咖医药大佬，但就是这样一个不高大不威猛不喜言谈的男人，却有一种力量，团结了很多医药行业的各种精英成立了医药兄弟联；却有一种精神，让很多行业老板、大佬为他站台。细细品味和解构，你会发现他所拥有的情怀和担当是和他的身板完全不成比例的。

  一个人一生很短，一个人做件事一生很长。

30

伍江平：在才人说30期后的思考

作者简介：伍江平

广东省人力资源研究会副会长、学术委员；

广东省人力资源研究会组织发展委员会主席；

广东外语外贸大学客座教授；

广东省人才交流协会副会长；

广东省医药企业管理协会副会长；

广东保健食品协会人力资源商学院长；

午马人才集团首席产品官；

基于人才量化分析的职业规划理论奠基人；

人力资源质量因素量化指标制定人；

人才与企业成败价值学创始人；

《员工招聘与配置》《现代猎头学》著作人；

个人荣获14项人才和组织发展的专利和著作权；

专注于人才发展和高绩效组织打造。

30. 伍江平：在才人说 30 期后的思考

2018 年的 1 月 1 日，康美药业李从选先生的文章作为"才人说"的开篇力作问世，到上周的怡亚通唐运兵先生的文章出来，"才人说"已出 30 期了。也就是说，"才人说"已经有 30 位各行各业的人才在分享他们的思想，在传播他们的见解，在解构他们的观点，有灵有魂，有血有骨。我和"才人说"对你们每一位的思考和分享，从内心深处表达最真诚、最实在的感恩。

感恩因为善良。我始终认为，善良才会让大家包容，善良才会让这个社会从容，善良才会让人类高贵起来。我不知道离开善良还会有什么值得我们去追求、去探寻？我更不知道离开善良这个社会未来会走向何方？我依然不知道没有了善良我们还会真正去思考"我是谁"吗？

善良其实是最简单的事情。因为是源于心灵深处的感恩，因为是骨子里充满对他人和未知的敬畏，这种感恩、这种敬畏会让你善良起来。

善良是最简单的行为，分享其实就是一个最简单的善良行为。看到别人给一个笑脸会让别人灿烂起来，听人讲东西无关对错给一个鼓励和理解的眼神会让对方更有激情，当然把你的观点思想和方法心得案例分享给别人，让别人从中感悟和吸收，从感悟和吸收中得到点滴收获，这就是善良。

佛曰度人自度。

这就是才人说的发心。

我是做人才工作的，多年来一直在研究人才的可持续成长的逻辑。我在想，每个人出身不一样，所处的行业不一样，所从事的职业和专业也不一样，成长的时期也不一样。如果硬性告诉别人你应该怎样做才会有更好的发展，一定是会适得其反的。因为不只是对事物的看法可能存在偏差，更关键的是你不可以要求所有的人都是一个模子刻出来的，你必须容许他们有自己对成功的理解，你必须容许他们有自己成长和发展的路径。

因此，我就做了"才人说"。我们把各行各业的各个不同发展阶段的朋友们集合起来，这些朋友中有的是企业老板，有的是企业高管，有在大学做研究的，有在企业做管理的，也有直接在人才管理岗位做人才发展实践工作的。我和这些朋友讲，你可以把你对人才的理解说说，在你的心目中你理解的人才长成什么样？你可以给他画个像；你也可以把你这些年一路走过来你是怎么成长的，在成长的过程中你有什么样的感悟？不妨拿些案例来引导别人的思考；你还可以去讲你这家企业对人才的定义，你的企业人才是个什么样的基因？你企业可持续发展的背后是什么样的人才价值支撑着？

我告诉朋友们，我们不要怕文章写得不好词不达意，我们也不要怕我们的观点是否正确。这些都不重要，我们不是在比赛写作，我们也不是搞理论研究。我们要的是原创，要的是你掏心窝讲出最真实的案例和你的思想和观点。我尊重原创，一定是原汤原汁端出来，这样才是最真实的。

因为真实才能打动人心，这叫用心换心。

当你用心换心的时候，你的心被别人感触，你的思想就能碰撞别人的思想，你的观点就会共鸣别人的观点，你的案例就会成为别人的方法。不经意间，让读到的人去思考去总结去提炼去改变，这是最大的善。润物无声，大道无形。

今年接下来还有20期，一共出来50期"才人说"。50期齐了，我们会结集出版《AI时代重新定义人才》，让大家的思想更加洞开后来人，让大家的观点更多启迪智慧者。

发心初衷，一路前行。力所能及地做些有益的事情，同时有趣，这个世界一定会美丽更多。

易曰：天行健，君子以自强不息。何为君子？从内心出发善良起来。

江平辩才：

只有具有个性特色的恰恰永远是你所拥有的，也只有个性特色才能把你定义为你而不是别人。同样只有具有个性特色的才是真正具有生命力的，而承载个性特色的唯一载体就是思想。

30. 伍江平：在才人说 30 期后的思考

一个没有思想的人如同行尸走肉，没有个性没有主张必然被人看不起。一个没有思想的刊物同样是没有生命力的，没有记忆和传承，一个没有思想的社会一定会没落为时间的尘埃和权贵的附庸。

什么是思想？思想就是道，就是观点，就是思维方式，就是看问题的角度、出发点、立足点，就是为什么你是你而不是别人的证明。

从思想出发，就是从自己内心的真实出发，就是从自己的灵魂深处出发。不欺心，不欺人。客观理性地去分辨认知世界，回归人性最初的原点，去探求生命的内涵和本原，去追逐生活的意义之所在，去让自己的梦想不但放飞而且落地。

从思想出发，就是让自己的思想独立，不随波逐流，不人云亦云，用自己独特的视角去感知世界，去看待世界，就会有自己的立场底线和原则。思想独立，个性独立，独立的个性会让你鲜活而明快。

从思想出发，就是要成熟和丰满自己的思想，不装不作不无知。当思想成熟，行为自然成熟。彰显个性不是特立独行，而是让你的行为逻辑缜密，严谨务实，从善如流，圆润得体。

思想是有温度的，有所为有所不为就是思想的温度。思想的温度会让一个人懂得什么该做什么不该做，什么是该坚持的，什么是该放弃的。过了温度烤焦了，不够温度熟不了。有温度的思想会让你男人更是男人，女人更是女人，会让你不纠结，方从容。不希望，无失望。淡然处之，泰然面对，温润思想，随缘人生。

追随其实是追随思想，无论是婚姻还是事业，无论是追随一个人还是一个组织一个政党，价值观永远第一。夫妻吵架往往是看事意见不同，朋友反目一定是道不同不相与谋。

一个坚定信念的人，往往是思想成熟的人。思想的成熟会让他的意志坚韧，力量坚强。就会让他满血复活，永远在线。

世上万千事，唯思想不朽。

阳芳：高潜质人才的识别与管理

作者简介：阳芳

企业管理教授、管理学博士、博士后，硕士生导师；

全国伦理学会经济伦理学会理事；

广西区总工会工资集体协商委员会特聘专家；

广西文科中心"珠江—西江经济带城乡一体化和城镇体系研究团队"首席专家；

广西专家顾问中心理事；

主持国家哲学社会科学项目1项，出版专著3部，出版教材4部。

VUCA 时代的到来,谁将是职场的"潜力股"?毫无疑问,当属高潜质人才。高潜质人才关乎企业的竞争潜能,关乎企业的生存与发展。因此,寻找和吸引高潜质人才是企业永恒的课题。

31.1 何谓"高潜质人才?"

何谓高潜质人才?学术界和实践界均没有形成统一的认识。伦敦商学院组织行为学客座教授道格拉斯·雷迪认为,高潜力人才具有"X 特质":一是追求卓越,要渴望并追求成功;二是学习催化力,要将学到的新知转化为高效的行动;三是进取精神,要不断找寻开辟新途径的好方法;四是敏锐的感知力,能够迅速看清形势,敏锐地发现机遇。

国内学者孙健认为,高潜质人才往往表现出较强的自主意识、独立的价值观、较高的回报期望和较强的诚信观;李峰认为,衡量高潜质人才的心理标准有内驱力、智力、勇气、同理心。

全球管理咨询公司 Hay(合益)集团大中华区副总裁梁星晖看来,高潜质人才具有战略眼光、好奇心、同理心、成熟度。2011 年光辉国际对 288 家在华企业的调查发现:51.3% 的企业认为高潜质者是那些未来能承担综合管理职责的人才;27.3% 的企业认为高潜质人才就是那些很快将要得到提升的人才;21.1% 的企业认为高绩效者即高潜质人才;7.3% 的企业对何谓高潜质人才完全没有概念;0.7% 的企业认为所有人才都具备高潜质……(以上各项在调查中可多选)。以上说法虽不尽相同,但均是从人才的个体属性来谈高潜质人才的特性,即高潜质人才应当具有潜在的内在能力和素质,如强烈的成功欲望、卓越的学习能力、敏锐的感知力、高效的行动力等。

然而,时势造英雄,而非英雄造时势。仅从个体属性来定义高潜质人才远远不够,笔者认为,在高潜质人才 X 特质里还应增加两个维度。

一是突出的价值创造力。高潜质人才最大的特征就是具有高的潜在能力和素质，而这种能力目前没有完全显现出来或者甚至还没有显现出来，胜任力只是其高潜质的基础，不能等同高潜质；高绩效只代表能力强，并不能说明其具有高潜质。这样，高潜质人才的潜质发挥就具有了不确定性，能不能发挥出来仍存在风险。正如内因是根本，外因是条件，内因需要通过外因发挥作用。因此，高潜质人才必须主动融入企业（组织环境），善于捕捉组织的机会或资源来崭露头角，为企业带来高的价值创造。而高潜质人才的这种价值创造能力要由企业来判断，也就是谁使用，谁才具有发言权。企业可根据所处的生命周期阶段、行业特征、战略发展需求动态定义高潜质人才。

二是不竭的创新力。高潜质人才的特性还在于他的潜质在群体中的独特性和辐射力。人无我有，人有我优，人优我特，高潜质人才一定在群体具有卓尔不群的创新特质，而且这种特质具有巨大的辐射力，能感召群体中其他人员去模仿和追随，而在他人趋之若鹜时，他却已悄然转向。

因此，笔者认为，高潜质人才应当具有：强烈的成功欲、卓越的学习力、敏锐的感知力、高效的行动力、突出的价值创造力和不竭的创新力六大能力。

31.2 如何识别高潜质人才？

高潜质人才不仅是人才自身具有的高潜在特质，更是具备特定组织所需要的潜在特质。高潜质人才可以通过"外部招聘"和"内部培养"得到，以"外部招聘"为例来谈识别高潜质人才的步骤，可分以下两步走：

第一步，识别求职者是否具备高潜质人才的共性，即识别其是否具有强烈的成功欲、卓越的学习力、敏锐的感知力、敏捷的行动力四种特性。这个环节可以通过简历审查、智力测试、人员素质测评工具的测试、结构化面试和无领导小组测试等方式来获取相关信息。

第二步，识别求职者是否具备特定组织所需要的高潜质，即突出的价值创造力和不竭的创新力。这个环节至关重要，它是为企业寻找具有特定文化基因人才的关键环节，可为之后的管理减少摩擦和人员风险。这个阶段主要是通过面试、背景调查和试用期等完成了解和观察求职者行为特点与组织文化的融合度、在群体中的影响力。如在面谈中，应遵循"用人单位亲临现场"的原则，通过情景式问题来全面了解员工的工作价值观、文化的融入度、员工的自身定位等信息。

31.3　怎样管理高潜质人才

高潜质人才入职之后能否真正发挥其高的潜质还是未知数，还需要启用"狠、准、稳"的方式来管理、运用高潜质人才。

"狠"劲儿营造高潜质人才的成长生态

"良禽择木而栖，贤臣择主而事。"要想吸引高潜质人才，企业必须下"狠"心，用"狠"劲，打破常规，采用"一人一例""特事特办"的方式来招揽高潜质人才；采用"低职高聘""低职特聘"的方式来使用高潜质人才；遵循"相互投资"的人才管理哲学来培养开发高潜质人才。只有努力打造高潜质人才成长、成才的良好生态环境，方可达到"花香引蝶至，游蜂为蜜来"之效。

"准"确对标企业战略，动态管理高潜人才库

高潜质人才是企业成长与发展的潜在动力，但其潜力取决于环境的需要。也就是说，高潜质人才必须与公司战略相匹配。企业在不同的发展阶段，所需要的高潜质人才类别和类型也不相同，如实行低成本领先战略的企业，高潜质人才应当是那些高度自律，并以结果为导向的人才；而一个着力开发新兴市场的企业，高潜质人才则是那些能灵活适应各种陌生环境的人才。因此，制定高潜质人才标准，必须准确对标企业战略需求，定期

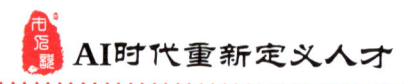

重新审视企业战略重点，及时更新高潜质人才储备库。

以信任、赏识和成就"稳"住高潜质人才

高潜质人才学习能力卓越、成就欲望强烈，相比物质激励，他们更看重精神激励，更看重组织对他的包容度和他与组织的匹配度。因此，企业应启用信任机制，帮助高潜质人才在组织里快速找到角色定位，然后，给予高潜质人才更多的展现机会和更富挑战性的任务，当他们完成任务时则有给予及时的赏识，以成就感来激励他们继续努力和发奋。同时，还要"用""养"相结合，光辉国际在全球多年的实践表明，高潜质人才的培养，70%是从经验中学习，20%是从他人身上学习，仅有10%是从培训中学。因此，引入"实践机会"及"经验拥有者"两类软资源，构建企业高潜质人才培养软资源平台，并提供充沛的线上线下资源。总之，一旦高潜质人才认同了组织的文化，找到了事业的平台和成长的空间，便会稳定下来，忠诚于企业。

江平辩才：

在我对人才的理解、认知和定位的逻辑中，有两个概念是不可以打破的，而且这两个概念貌似关联关系，其实是因果关系。第一个概念是，人才是一定要有绩效的，不然一定不可以是人才。第二个概念是，人才的绩效一定是源于三个方面，一是人才的专业能力；二是人才的工作愿力；三是人才的可爆发的潜力。

这里面的潜力其实是人才还没发挥出来更没有让大家见识到的一种能力，它是潜伏在冰山下的。其实就是阳教授今天在文中阐述的高潜质一样的意思，所以我们今天就只从阳教授抛出来的这个观点，人才的高潜质入手。

什么是高潜质的人才？为什么需要有高潜质的人才？我想这两个问题

是从不同的角度来延伸，答案从逻辑上不一样，但从结果的实证上是一致的。

非常高兴阳教授一开始就提出了VUCA这个组合词语，怎么理解？其实这就是不确定的商业竞争环境，这里有几个关键词，不确定，竞争。

我们首先来看看这两个关键词。

什么是不确定？无法预知，变数太多，没办法做出预案，节点很难把握，风险不知道在哪儿所以无法控制和规避，前所未有缺乏参照系。

竞争又意味着什么？不是你一个人在战斗，你还有敌人，敌人是谁有多少你是不知道的，敌人在哪儿用什么武力出什么招你也是不知道的，战场设在哪儿你还是不知道的，关键是你不但不知道敌人的情况更不知道你自己的情况，你有多少可用的人不知道，你有多少可用的资源你同样不知道。

这就是不确定的竞争环境，我认为换个词形容更为贴切，叫生态，不确定的竞争环境就是一种生态，而且是一种新的生态，未来这样的生态将会越来越多，一定会成为常态的。

因此，阳教授对高潜质人才的研究方显得更有前瞻性和落地意义。落地在哪儿？落地在我们现在的企业一样需要更多的高潜质人才。

我们试想一下，如果一个企业从来没有做过的一件事一个项目，而且这个项目和这件事在这个社会也没有企业也没有人做过，而你偏偏做成了，你说做成这件事的人才是不是高潜质人才？我看一定是的。

我们再试想一下，如果一个企业的一个人你让他不管去做什么事，是不是他专业和能力范围内的你都交给他，他都会而且一定会给你结果，你说这个人是不是高潜质人才？我看一定是的。

因此，高潜质人才一定是在不确定的竞争生态中；高潜质的人才一定不会按部就班，他是一定要守正出奇的；高潜质的人才一定是有肩膀的，这个肩膀是必须承担责任履行诺言交付结果的；高潜质的人才一定不会讨价还价向你要资源的，他非常清楚资源就是他自己，他必须自己寻找资源；高潜质的人才一定是无中生有把不可能变为可能、把无法控制变为风险可控，尽管他无法借鉴、无法预设，没有流程、没有标准，但在他执行的过程中，流程在脚下，标准在心中；高潜质的人才一定是不允许他自己有一次哪怕是一个动作的失败，因为他知道一招错全盘错，他同样知道一次失败就没有下次机会。

这就是我们需要的高潜质人才。在他们的行为里，没有抱怨，没有叹息，没有指责，没有纠葛；在他们的词典里，没有不公平，没有不应该；在他们的心中，只有目标的达成才是结果，只有每一次的完成才会看到明天的太阳，只有每个结果的呈现才会认为没有辜负企业的信任和托付。

对，就是信任，高潜质的人才一个最核心的标签和内涵其实就是值得信任，懂得责任。

在被信任和责任的逻辑下，没有意外，没有因为，没有假如。只有结果，只有目标，只有兑现。

我眼中的阳教授其实就是一个高潜质的人才，她谦逊但目空一切，谦逊因为她的善良，目空一切是因为她胆敢质疑一切虚的假的不切实际的学术；她矜持且平和，矜持的是从不向权威和学阀低头，是因为她骨子里的高贵和节操；平和是因为她从来把自己看成一个平民教授，她始终简单地认为她就是一个普普通通的人。

我从来看她就是一个象牙塔里的女孩，因为童真和善良永远印刻在她的骨子里，从天真少年到青春激荡到桃李天下，她从来没有改变过，因为她的梦没有变过，因为她的骨头没有变过。

读她，何尝不是高潜质的人才？

32

宗卫东：职业经理人的职业素养与道德修为

作者简介：宗卫东

亚太职业经理人协会"亚太国际杰优会"副主席；

广东省大学生互联网创业研究院副院长；

广州市绿野侨建房地产有限公司副总经理；

广州怡好物业管理有限公司董事长；

广州侨建御溪谷酒店有限公司董事长；

亚太国际谈判学院岭南分院院长；

广东金融学院创业教育学院创业导师；

广东省职业经理人协会专业评委会专家评委；

2009年中国十大价值职业经理人荣誉称号。

伍江平总经理几次向我约稿，让我在"才人说"发表文章。我一直拖着，不敢动笔，不知道这个"才人说"从何说起？我跟伍总说，我学的是管理，关于人事这块我没有做过具体的工作，不知道怎么写。在专业的人才大师面前，班门弄斧，别出洋相了。伍总跟我解释：并不是让我写关于人力资源的文章，而是让我写一下自己从业的个人成长的心路历程的心得体会，给更多从业者借鉴参考学习。我思前顾后，想出了一个主题：职业经理人的职业素养与道德修为，发给伍总马上得到了伍总的赞同与首肯，并和我约定了交稿时间，使我没得半步退路。7月1日星期日交稿，现在已经是凌晨3点了，都过了交稿时间3个小时了，伍总没来催我，我想躲得了初一也躲不过十五，不得不动笔写一写自己的成长经历与心路历程，算是给自己既往的工作一个梳理和总结吧！

我的职业生涯，应该追溯到1984年，那一年毕业一开始是在杭州萧山一家国家二级企业，从基层的一名电工做起，在职参加了浙江广播电视大学经济系企业管理专业的学习，毕业没多久就从基层车间调到企业管理办公室专职从事企业标准化和计量管理的工作，再独立筹建了企业的微机室，担任主任一职，其实我就光杆司令一个人，用自己自学的数据库语言，开发了一套产品质量强度预测软件，为企业提高产品质量的预测准确性、提高出库率、降低库存量、降低库存率取得了明显的效果，做出了巨大的贡献，荣获了浙江省企业管理成果一等奖，并在全省建材行业进行推广。后经市主要领导特批，抽调到物资局生产资料办公室担任主任一职，过上了很多人羡慕的茶杯、报纸、批条、调度的生活，春风得意，优哉游哉。

1993年改革春风吹满地，奋进的号角吹响大江南北。我在想，这样的一张报纸看半天一杯茶水混一天的日子是我想要的吗？

就这样，我果断停薪留职，奋不顾身一跃下海，南下祖国改革开放的最前沿的南大门广州，参加了筹建全国最大规模的奔驰宝马维修公司，担任了副总经理的职务。我想这就是我的职业经理人生涯，其中也参加过汽车维修行业组织的总经理资格培训班，还参加过上海交大的博世系统培

32. 宗卫东：职业经理人的职业素养与道德修为

训，给企业申领了"博世汽车维修中心"的授权招牌，为企业提高知名度、行业的权威性，做了点成绩。后来又参与了新业务，植物油进口贸易、棕榈油进口代理业务，这种受国家配额控制的产品联系全国的配额单位为他们做进口代理，到企业自营，超越了全国能做此贸易的专营公司，成为全国最大的棕榈油进口商，被油脂界称为"棕榈油大王"企业，指的就是从业的侨建集团。我从业务部一名业务员做起到集团副总经理，天南地北的为业务奔波，流血流汗，其中的酸甜苦辣也只有自己亲身经历才能体会到，再后来集团又向房地产开发进军，本人负责过项目部的管理，完全从一个非专业的门外汉赶鸭子上架，走马上任，从预算招标入手，严格把好成本关，认真比对跳出常规惯例，严格控制，为企业节省的开支，不是成千上万，而是成万上亿。举个事例就能看出，作为一名职业经理人，他究竟是称职的，合格的，优秀的？区别有多大？当时集团有座临街三层商场需要招租，特意请了专业的房地产中介公司负责招商，公司还预付了部分招商启动资金，结果整栋商场全年租金750万元，其中150万元还是承租商的消费券抵租金，600万元是现金租金，这样的一个结果并不是我们集团满意的。集团董事长把我从项目部抽调回总部负责招商工作，我还特意征求董事长的意见，希望租金谈到多少满意？董事长说900万元吧！结果是把这家房地产中介退了，我通过两个月的招商谈判，最终是全年租金1050万元成交，每年递增5%，合同期10年，租金总金额超过1.05亿元，实实在在为企业每年增加纯利润300万元，10年合约多出的纯利润就是3000多万元。凭着这样一份成绩单，得到了公司的重奖，也就是在那一年我参加了广东省职业经理人协会的换届选举，并担任了副会长的职务，也是在那一年凭着这一份租赁合同过亿元的成绩单参加了中国职业经理人的评选，荣获了"2009年中国十大价值职业经理人"的荣誉称号，一分耕耘一分收获，我多次代表协会到各大院校担任评委、嘉宾，分享活动。我记得一次在花都的培正大学，遇到过一名美女主持人的提问：请问宗总在您的职业生涯中一单最大的合同是多少金额？我回答：目前已经签约的正在执行的是一个物业的租赁合同是1.05亿元。现场500多位师生异口同声发出了"哇"的喝彩声，这位美女主持人一定要和我握手合影，她激动地说：我握的是一双一亿的手，会后竟引发了师生排队要求握手合影的场面，这种明星般的追捧受宠若惊，记忆犹新，10年前的这个成绩的确让人感到自豪与光荣。

我工作之余仍不忘学习，多次参加当时风靡一时的"成功致富方程式""赚钱机器""世界大师中国行""优势谈判"，学习了这些课程，给自己增添了自信，能力爆棚。当年的"世界大师中国行"的创始人武向阳先生，也是广东省职业经理人协会的常务副会长兼秘书长，我们一起共同参与筹办了"中国职业经理人年会暨优秀经理人颁奖大会"，在当年号称白宫的丽江明珠举办，让全国的职协领导与代表赞不绝口，他们感叹广东这样隆重辉煌的场面让他们以后怎么办？的确至今都作为全国职协的一次标杆，没有再被超越过，我还担任了这次大会的晚会主持人，给全国的职业经理人代表留下了深刻的印象。

学习的最高境界是应用，我参加了世界谈判大师罗杰道森的课程，在集团招标、采购、招租等各方面，如鱼得水，左右逢源，给我的感觉是如有神助。经典的一个案例是我接手的一单已经签约的外资企业的外墙涂料采购合同，在审核中发现了价格偏高的问题，我应用了学到的谈判技巧与方法，通过"短兵相接""针锋相对"的谈判，重新推翻了合同，在同样的量品质的基础上让对方主动提出降价300万元，重新握手言和，对方虽然不情不愿，还是由衷佩服我这种认真负责的敬业精神。这也是应了一句话"有理走遍天下，无理寸步难行"。身正不怕影子斜！这样的案例在房地产开发的过程中比比皆是，几万、几十万、几百万，通过亲力亲为把关、控制，通过谈判的道、术、艺的完美结合，为企业创造了新的价值。

回头来看职业经理人的职业素养，没有对行业的熟悉认识与掌握肯定是不行的，干一行就要专一行，俗话说"不在其位，不谋其政"。我要强调的是"在其位，必须要谋其政，谋好政"，不能辜负公司给你的这一职责。

当今世界日新月异，知识爆炸、知识更新的速度非常快，作为一名职业经理人就要赶上这个时代的步伐，学习的重要性不言而喻。学而用之，学了必须用出来，才能发挥作用，道德修为，中国传统文化必须继承与发扬，博采众长，如何修炼？佛言：要断贪嗔痴，佛说"十善业道"。"了凡四训"告诉我们，命运不仅是天生注定的，命运也是可以改变的，只要你一心向善，命运就掌握在我们自己手中。学习"六祖坛经"让我体会到这样的觉悟："五祖度六祖，六祖度后生，吾生今得度，誓愿度众生"；学习"道德经"对我的启发与帮助，学任何事情，做任何事情，都必须"一门深入，专修专弘"。这些做人的道理对自身的发展提高有密切的联系，广交朋友要做到一个字"诚"，真诚是交友的通行证，朋友是什么？是人脉，是资源，是真正的财富，一个好汉三个帮，没有朋友，你会处处碰壁，寸步难行。对企业一个字"忠"，对企业忠诚，是企业委以重任的前提与砝码，企业的天平倾向何方，忠诚是最重要的砝码。一切以企业的利益为重，没有企业的兴旺，哪来自身的安康？

对工作一个字"专"，专是做好工作的前提条件与避免工作差错的基本保证，我与伍总是在大学城的一次会晤上认识的，当年人力资源研究会的许国彬会长，陈国海秘书长邀约伍总商谈工作，我作为研究会下属的大学生互联网创业研究院副院长，有幸与伍总相识，他的睿智、风度、口才让我感叹不已，钦佩有加，从此我们也成为好朋友，经常在微信上交流学习。后来几次在研究会的职业经理人评审中作为专家评委相遇，我认为伍总是个有大爱的人，他苦口婆心劝导让我们把自身的经历给大家分享，他是当代的伯乐，当之无愧。

伍总对人才的关爱与探究之心，远远超出了我对一般人力专家的理解，多次邀约让我说点什么或写点什么。我想此时此刻，夜深人静，是我最真实的一面流露，如对看到此文的您有所启发与帮助，是我最大的心愿，诚惶诚恐，丑媳妇总要见公婆面，何况我一个大老爷们。又怕个啥呢？希望看到此文的朋友给我点个赞，有缘的话加个微信，是我一个小小的愿望。啊！指针已经到了凌晨3点58分，明天再打字交稿吧！晚安！哦！早晨！

江平辩才：

一番激情，一气呵成，字里行间，性情流露。

我一直在思考一个问题：我们究竟有多少人阶段性地对他既往的工作经历、生活阅历来个小结？小结不仅仅是简单的回顾，小结更多的是要去思考过去这个阶段给你带来的收获和沉淀是什么，有哪些是值得继续发扬的，有哪些是需要改变和调整的？过去的这个阶段我的方向是不是正确的？我需不需要重新校正和调整我的方向？我的阶段性目标是否完成？没有完成的我要如何检讨我的思路和方法？接下来我应该怎么做才会让自己更好？

我相信大家已经从上面的这段话有了感触和思考，对自己的阶段性工作和生活的小结不仅能更加明确方向、发现问题、调整思路、总结优势、找到新的突破口。更为重要的是，你已经不自觉地在培养和训练你分析问题和解决问题的逻辑思维。

前者重要，后者尤为重要。

这就是我经常讲的，一个真正的高层职业经理人优势就在他分析问题和解决问题的逻辑上。这个逻辑包括3个方面：透过现象、快速抓住问题本质的思考分析能力；逻辑清晰、层次分明、主题突出的宏观总结能力；结果引领、目标实现、不纠结过程的全局掌控能力。

宗总的这次小结是我逼他去思考的，但从他的思考中我们也看得出来在他的每一段经历他都会去梳理都会去做一个总结的。

为什么要逼他？我有一个逻辑，我去用心发现身边的和我接触过的人才他之所以有成就，之所以在某个阶段做出了突出的成绩和贡献，我就希望他能讲出他是怎么成长的？他在成长的过程中是怎么去思考的？他在做出成绩和贡献的事件上是怎么去争取机会用什么方法做出来的？我在想啊，这些问题不应该只能让他一个人悟到懂得，要更多地去启发其他人。

这就是弘道，这就是大善。

回归到宗总今天的主题，职业经理人的职业素养和道德修为，这是很多人特别关心的内容。但恰恰讲这个东西从大的道理上很难讲透，更难讲好。而智慧的宗总不去解读这个概念，他只给大家叙述他的成长历程中的关键事件，用这些事件的发生和推动来告诉你、来引导你去思考两个东西。

第一个东西，职业素养究竟是什么？我的理解就一个字，格。品格，人格，格局。宗总在今天的文章讲得非常好，"在其位必须谋其政，而且要谋好政。"这就是职业素养的最好诠释。你在职场首先要做的一定是在你的岗位上要上对得起平台和老板，下对得起你的团队，中对得起你的收入。在其位谋其政而且谋好政，首先你不能混日子，混日子是对企业的不负责，最终是对自己的不交代。你可以不懂，也没有谁天生什么都懂，但最起码你要知道你要做什么可以针对性地去学。在其位谋其政而且要谋好政是一定得分析你的老板从你身上想要的结果是什么，你只有满足了你老板想要的结果，老板才会给你更多的机会和更大的平台。

第二个东西，道德修为是什么？我同样用一个字来理解他，那就是"德"，德性。宗总很高明地用了3个字来概括他在道德修为上是怎么做的，我们今天只解读他的前两个字。

他的第一个词是交友一个诚字，有多少人败在这个诚字上。急功近利，口是心非，用人朝前不用朝后。我在很多个讲座的场合都在讲一个道理，做人第一位是要诚实守信，诚在心，从心里善良不要去欺骗别人，说出去的话就得兑现，就得做出来。我观察所有失败的人一定是不诚信的人，一定是说话不算数的人，一定是反复无常的人。这样的人永远是没有朋友更没有市场的。你对一个人不诚信可能对你没有太大的影响，但你形成了不诚信的习惯就可怕了，所有你接触过的人都不再理你了，你的世界就黑暗了。

宗总的第二个词是对企业要忠。忠于企业本质上是忠于自己的未来。对企业忠你就会站在企业的角度和企业的需求去考虑问题，去产生结果，就会给企业带来企业想要的。老板看在眼里，就会给你更多的机会和更高的职位，你的职业未来和职业空间就会越来越大。

我在这里一定得给大家一个因果关系，一定是先有你对企业的忠才有你的职业发展；绝不是先有企业对你的信任才换来你对企业的忠。

逻辑错了，结果一定会错的。

宗总离开杭州萧山国有体制下海来广州，一共只待过两家企业，从1993年到现在25年了，25年只有两家企业我们是不难看出他在职场上是如何修炼的。

我一直有个观点，老板绝对不会比你笨。任何老板他都会清楚你是不是忠于企业？任何老板一定会看出你对企业的价值在哪儿？所以，我们唯一要做的就是待人以诚，事企要忠。绝对不可以耍弄小聪明，任何耍小聪明最终玩弄的都是自己。

永远要记住，忠于企业本质上是忠于自己，忠于自己的未来，任何时候都是如此。

33

黄强：谈谈金融里的"人"

作者简介：黄强

广州越秀金控集团股份有限公司（000987）副总经理、党委委员；

广州市融资担保中心董事长兼总经理；

广州越秀小额贷款公司董事长；

原中共中央金融工委管理的金融高管，享受政府津贴；

广州市政府引进人才，获2016年中国小微金融年度人物；

广东省第三届、第四届优秀企业家；

广东财经大学硕士研究生导师；

广东省融资担保业协会高级顾问；

广州市融资担保行业协会名誉会长。

金融，是近10年来最频出的经济名词，做金融也成为泱泱国人的热衷行为，上到央妈、国企，下到卖菜大娘、快递小哥。

本人从大学开始学习金融专业，已在这个领域摸爬滚打36年。今天，应人才大咖伍江平老师之邀，谈谈金融里的"人"这个话题。

"金融"在《辞源》中的解释是"今谓金钱融通之状态曰金融"。从字面来理解，金融即是指资金融通，金融的本质就是资金的服务中介、信用的互换，其本质是服务。从事这项服务的机构就是金融机构，从事这项服务的人就是金融人。

33.1　出资、出信用设立金融机构的人

2010年，中国人民银行发布了《金融机构编码规范》，从宏观层面统一了中国金融机构分类标准，首次明确了中国金融机构涵盖范围，界定了各类金融机构的具体组成（见表33-1）。

表33-1　　　　　　　　　金融机构组成

货币当局	中国人民银行、国家外汇管理局
监管当局	中国银行保险监督管理委员会、中国证券监督管理委员会
银行业存款类金融机构	银行、城市信用合作社、农村信用合作社、农村资金互助社、财务公司
银行业非存款类金融机构	信托公司、金融资产管理公司、金融租赁公司、汽车金融公司、贷款公司、货币经纪公司
证券业金融机构	证券公司、证券投资基金管理公司、期货公司、投资咨询公司
保险业金融机构	财产保险公司、人身保险公司、再保险公司、保险资产管理公司、保险经纪公司、保险代理公司、保险公估公司、企业年金
交易及结算类金融机构	交易所、登记结算类机构
金融控股公司	中央金融控股公司、其他金融控股公司
新兴金融企业	小额贷款公司、第三方理财公司、综合理财服务公司

设立这些金融机构的投资人决定了这个机构的原点和方向，也是决定中国金融是繁荣、稳健还是混乱的重要因素。

首先，为谁做金融是这些人要清楚的。这里有 3 个选择：一是为社会，为广众做金融，服务众生，也从众生中获取利润；二是为自己或自己的关联圈子做金融，服务自己的圈子，实现金融资本与产业资本的结合，获取综合收益；三是以钱生钱为手段，以利益最大化为目的，无问西东。

其次，做什么类别的金融。金融有 3 种功能：一是支付结算功能，帮你把资金从一个地方转到另一个地方，从一个人转到另一个人手中；二是借贷功能，把有闲置资金人手中的资金集合起来发放给有资金需求的人；三是信用中介及信息服务功能。

3 个功能都具备的是综合金融，即被严格监管的正规金融，只做其中某一项的是类金融。

最后，用什么业态做金融，是实体的金融服务还是互联网的服务？

作为金融的投资人，想清楚了你要做的金融属性、方向，也就明白要求什么样技能的职业金融人了。

33.2　金融家

2014 年我在北大演讲时曾出大言"中国缺少金融家"，在中国有不少有理论建树的金融理论家，也不乏银行家、投资家、高级基金管理人、高级保险人、互联网金融大咖，但金融的泛服务性，还几乎没有人能既有全面的金融理论体系，同时又具备全方位的成功的金融实践。没有"两全"的金融人都不能称之为"家"，没有金融家引领的金融业势必常走弯路。

33.3　金融高级管理人

金融的服务属性和信用本能对金融高管的德、能提出了更高、更精准的要求。因为他们的基本职责是管理别人委托的可能上百也可能上千亿元的资金。钱是他"生产"的"原材料",钱的诱惑是对人性本能的第一考验。所以,金融高管第一是"德"为先、"廉"为上,不该拿的钱就不能动,劳动所得该拿的钱别全拿,留下一些作风险金。

金融的产品是"信用",经营信用的高管"信"字为上,不守信用的人骗得了一事骗不了一时,更骗不了一世。诚信为本是每个金融人的必备本质。

技术,金融是服务行业技术要求最高的分支。第一,要有金融风险的识别、防范、化解和经营技术;第二,受托资金的升值、保值技术;第三,资金传递的快捷、安全、准确的技术;第四,精算的计价技术;第五,评估、判断技术;第六,现代信息技术。

基于这些对金融高管人的要求,不可能有人能全面掌握,这就决定了金融是一个高管集合体。根据我的经验,高管集合体或称经营班子,这样结合比较好。

第一,德、信为上的"好人"。

第二,一把手,战略远大、心胸宽广、敬天爱人。具有慧眼识人的能力,做伯乐中的伯乐,精心挑选强兵壮马,搭建好的基石;能及时捕捉商机,发现与创造利润增长点,对市场快速判断并做出准确的反应;业务经历广,身经百战,知晓并精通多种业务;敏锐的风险判断与预测能力,主动经营风险,系统性地管理风险,掌控动态平衡,确保风险资本回报率最大化;资源整合力强,有调动一切积极因素的水平,有扛得住压力的担当。

第三,副手各有一技之长,是本条线的精英。能系统思考业务发展的趋势,把握行业发展的规律,预判潜在的机会并灵活应对;谨慎而专业的风险控制能力,能根据对组织发展运营特征的全面识别、评估和规避风险;能不断完善管理机制,带领、培养和激励人才,构建高效团队;持续学习,不断打破常规,探索更有效的盈利和管理模式,积极参与和引领变革,推动组织持久创新并有效转化为实践成果。

全体高管各团队切忌一团和气,要有互相制约的氛围,要有小内斗,不能存大"战争"。

33.4 金融的团队（部门）人

团队是一个小的战斗队，全力而完成任务。现在的线下金融业，团队作业是一个常态，团队人一般有下列特点：

（1）志同道合，认同团队长，在团队长的带领下，激情奉献，不计得失，心往一处想劲往一处使；

（2）能力、技术互补，既要有文韬又要有武略，取长补短、共同进步；

（3）高效率、强执行，争先恐后，不推诿不扯皮；

（4）重创新求突破，不断提升，加强创新力和突破力；

（5）以客户为中心，围绕客户深入挖掘新的需求点，不断提升客户的黏合力；

（6）不断学习，扩展业务知识，精通一个或多个具体产品。

团队与团伙仅一字之差，如若不当，团队变成团伙就是一个恶果。

综上所述，正因为金融服务的广泛性，对金融里的"人"提出了更高的要求：德信为先、为根本、为通性；善学习，广业务，慎风险；团队协作，资源整合，突破创新，这样的人才是真正需要的金融人，这样的人才是能做好金融的人！

江平辩才：

条理清晰，逻辑缜密。从金融行业到金融产品，从金融产品到金融产品的经营，从金融产品的经营到经营金融产品的人，一环扣一环，环环相扣，一步跟一步，步步为营。用最普通的语言通俗易懂地讲透了金融和金融业态的逻辑，用最务实的维度简单明了地告诉你金融人才的技术模型和素质模型。

这是一篇非常难得的什么是金融和如何做好一个金融人，包括金融人的职业发展的教科书。

这就是真正的智慧。

这种智慧就是从来不卖弄他的专业，更不用复杂的行业词汇给你讲一大堆你听不懂的东西，而是用平常人习惯的语言、听得懂的词语把一个可能很复杂也可能很简单的东西讲出来，让你听得懂，整得明白，做得到。

这就是极简。支持极简的背后一定得有两个前提的存在，第一个是必须对这个行业和这个职业和这个事情本身能透过现象看透本质和背后的客观规律，这句话是什么意思？就是你本身是某一个领域的绝对专家，你才有可能用你自己的逻辑去掌握和理解事物的本质是什么？这就是求道，这就是求本。支持极简的第二个前提一定是沟通的逻辑。好多人懂得本质是什么，但你让他去讲，他就不会讲，用一大堆的数据、模型、图表给你演绎了半天，搞得你云里雾里最后是根本不懂，为什么？他不懂得用什么样的语言告诉你本质是什么。因此，我经常和别人说一句话，当你要开口和别人说话时，你一定要想清楚这样的几个问题，我讲给谁听？他喜欢听什么？他喜欢我用什么样的方式和语气去讲？我讲的结果要能帮助和引导他达到什么目的？

大家有没有发现，我说的这4个问题没有一个是我必需的，没有一个是我主观的。我所有的准备和我所有的思考的全部逻辑是站在对方的角度，因为必须考虑到对方，我才会让对方接受。只有对方接受了我所有的信息，我的沟通才是成功的，才是有结果的，才是达到我为什么要做这次沟通的目的的。

这就是我为什么界定黄总是一个具有大智慧的人。第一他对行业的本质理解极其透彻，第二他告诉你行业的本质的时候讲得极其透彻。

我有时就想啊，如果一个人讲一个东西连小学生都能听得懂，这个人一定是大家。

33. 黄强：谈谈金融里的"人"

黄总还有一个最大的超级智慧在于他讲东西的逻辑。他讲金融行业的人首先并没有讲人，而是讲行业，再讲行业的产品，有了产品再去讲产品的运营逻辑，因为产品的特性，才会有经营产品的各类人才。

这就是人才构成的逻辑。基于一个企业要做什么的方向和目标，才有了这个企业要怎么去做的商业逻辑，最后才有了谁去做的组织逻辑和团队逻辑以及适合企业商业逻辑的人才逻辑。在黄总眼里，金融人在组织逻辑里是3类，塔尖上的是金融家，这是负责整个金融行业可持续发展的顶层制度设计者、体系设计者和规则设计者；第二个层面就是金融高管团队，就是一个金融机构的品牌设计者、产品设计者和商业模式设计者；第三个层面就是金融行业的管理团队和运营团队，这个层面的金融人才更多是基于市场的需求把产品卖好，把风险控制好，把执行做到位。3类人才的分类既明确了分工，更规划了一个金融人才的上升和奋斗的路径。

话不多，铿锵有力；语不杂，简单明快；意很深，逻辑清晰；局更高，远瞩使然。

这是一个真正的金融人的情怀，所有能读到这篇文章的金融人一定是有福之人。

天下融通，融在信用，通在信用。

34

李璐：金域医学的人才观

作者简介：李璐

金域医学检验集团首席人力资源官。

34. 李璐：金域医学的人才观

2018年4月，在一次医药行业人力资源交流会上，结识了作为圆桌论坛主持的幽默睿智的伍总，他就向我提出为"才人说"投稿的邀约，讲讲金域医学的人才观。这对于习惯用PPT表达、疏于笔耕的我来说，把想法转成文字是一件很痛苦的事情，所以就一再推托。但禁不住伍总一再真诚劝说和鼓励，最终答应在2018年7月9日交稿，现在离交稿还有两小时，他反而没有来催促，估计是在考验我的"诚信"吧！从这个过程中可以看出，伍总不愧是一个深谙人性的人力资源管理专家，而他身上的锲而不舍的精神，也是一个企业家和创始人区别于常人的重要而难能可贵的特质。

金域医学总部位于广州国际生物岛，作为行业的开拓者和领跑者，金域医学现已发展成为国内第三方医学检验行业规模大、检验实验室数量多、覆盖市场网络广、检验项目及技术平台齐全的龙头企业，服务网络覆盖中国90%的区域，拥有37家独立医学实验室，服务20000多家医疗机构，年标本量达5000万例，主要从事第三方医学检验及病理诊断业务，向各类医疗机构等提供医学检验及病理诊断外包服务。

"大学之大在大师，企业之强在强人。"作为行业开拓者的金域医学，凝聚起行业内最优秀的人才，在人才培养上一直被誉为业内的黄埔军校，这得益于经过长期管理实践形成的金域特有的人才观。

34.1 "三好"人才理念

金域医学集团办公场所显著的位置上张贴着一个由员工笑脸组成的海报，"员工好，金域才会好，金域好，员工会更好，大家好，未来更美好"——这个被内部员工简称为"三好"的人才理念是由公司创始人、董事长兼首席执行官梁耀铭先生创造。"三好"将员工好放在了首位，寓意只有满意的员工才会有满意的客户，只有客户的满意，才有企业的未来和存在的价值，形象地阐述了金域医学以人才为本、以客户为中心的管理思想。

34.2　志同道合是关键

正如梁耀铭先生所说"我们要凝聚认同公司价值观和理念，热爱学习、工作和生活，有理想、有情怀、有担当、充满责任感和正能量、与公司共同成长的金域人"，金域医学的使命是致力于追求人类健康、和谐和幸福的生活。很多伙伴在加入金域时坦言，是被公司的价值观所感染和吸引。我们寻找的不是打工者，而是志同道合的事业伙伴，金域医学从当年的几十个人、几百平方米的实验室发展到今天的规模，是基于对初心的坚守，要"帮医生看好病"。这么多年，我们经历了业务领域、管理模式和发展战略等的不断升级迭代，唯一不变的就是我们始终把理想放在心里，坚持恪守"诚信 创新 协作 责任 领先"的核心价值观。所以，金域医学的人才首先要有梦想、有驱动力、对事业愿景有坚定的信仰和使命感。

34.3　业绩才是硬道理

在金域医学，从早期设计的绩效管理模式到近期的全员绩效管理制度，公司与每个人签订个人绩效合约（PPC），通过绩效管理，辨识并激励组织内优秀员工，让业绩表现优异的员工脱颖而出，从而盘活集团人力资源，使绩效管理在集团战略落地及转型升级中发挥引擎作用，同时也将更多资源倾注在业绩表现突出的 A 级员工身上。英雄莫问出处，英雄是在实战中跌爬滚打出来的。

34.4　金域人的五项基本素质要求

（1）客户导向。以保障客户长期利益作为行为准则，与客户建立长期双赢的战略伙伴关系，洞察客户潜在的需求，前瞻性地预测客户需求可能的发展趋势，提前设计需求满足方案，激发和引领客户需求。

每个金域人都必须把客户需求放在很重要的位置，以保障客户长期利益作为行为准则，积极采取行动不断超越客户期望，金域从事的是第三方医学检验行业，致力于追求人类健康、和谐和幸福的生活是金域的使命，坚持以客户为中心、以临床和疾病为导向的发展方向是金域的永恒追求，坚持把"每一个标本都是一颗期待的心"是金域客户导向的最生动、最形象的描述。

（2）勇于担当。敢于承担对于多数人而言都是极具挑战性的任务，为完成任务付出大量精力，甘愿将自身的利益得失置之事外。有主人翁意识，尽力做好本职工作，并在组织需要时敢于挑起担子，积极贡献力量。

金域医学开创了第三方医检行业的先河，作为领跑者，每一次的突破都困难重重，没有勇于担当的精神，个人不会不断进步，金域的事业也不会持续向前。

（3）协作共赢。致力于与不同的利益相关方建立长期的合作互利关系，在多边合作中，细腻把握不同文化背景利益相关方的综合需求（包括显性和隐性需求），找到共赢的解决方案。

为了让金域的平台和组织更加高效地运作，保持更加旺盛的战斗力和推进工作，需要团队合作，需要沟通协调，充分发挥团队的力量，这样才能形成合力，金域不欢迎单打独斗的个人英雄，需要的是具备团队意识的、能协作共赢的团队。

（4）开放创新。怀着对突破的渴望，敢于想象；在团队中营造鼓励创新的氛围和文化，面临压力勇于试错，在无参考标杆的前提下提出全新的模式,并积极探索实践。

作为行业的先行者,金域人必须积极学习新知识、新技术与行业发展的新趋势,研究内外部优秀的标杆。结合成功经验,敢于突破,为老问题找到新的解决办法。

(5)诚实正直。面对利益诱惑时,坚守职业操守;为公司整体或长远利益考虑,即使可能危及个人利益或面临权威的巨大压力,仍能勇于提出符合事实的不同观点。

金域医学践行诚信不是把它挂在口头上,而是落实在实实在在的行动中,追求追根究底的质量文化是金域人践行诚信的最好写照,以诚为本,以德为先,诚实正直是衡量金域人的最基本要求。我们要求所有金域人能够结合组织价值观与做人原则,做到言必行,行必果,做到为人诚信,待人处事公平公正,做事光明磊落,为公司利益,不畏权威。面对利益诱惑时,坚守职业操守,倡导他人做正确的事、正直的人。

金域医学5项基本素质要求作为全体员工必须具备的素质,由于环境的变化对领导者提出了进一步的要求,因此,企业在5项基本的行为标准基础上对领导层提出新的要求,即领导者的5项全能,以作为衡量领导人是否达标的标准之一。简而言之,5项基本素质是基础,领导者的5项全能是领导力要求的核心。

34.5　金域领导者的五项全能

(1)事业热忱。对公司事业有强烈的使命感,渴望帮助公司实现价值,以公司的远景作为个人理想,鞠躬尽瘁,坚持、坚守和奋斗。具有成就一番大业的格局,具有成为令人尊敬的行业领袖和业内精英的职业追求,不断追求卓越和基业长青的强烈意志,带领团队自强不息、全力以赴、百折不挠直至取得成绩的强大信念。金域医学对守护大众健康心怀使命,需要具备事业热忱的金域人致力实现。

（2）变革管理。勇于打破公司既有格局，主动提出变革的方向，基于内外部情况，设计公司变革的整体框架和步骤，提前预测可能出现的阻力，设计应对方案，防患于未然。我们处在不断变化的时代，加上我们所处的第三方医检行业，也面临着政策多变、竞争激烈的挑战，如果我们不作变革、不作变化，我们不但拿不到新的业绩，原有的蛋糕也会被蚕食，只有能认识变革、理解变革、推动变革，才能取得突破。

（3）战略思维。深入洞悉行业未来3~5年的变化趋势，规划分管领域的战略方向，在设计实施路径时，能够平衡长短期的利益，具有前瞻性的眼光，遵循时代节律，把握发展先机，准确预见未来的机遇与挑战，为企业发展制定正确的战略、路径和方法。站得高，才能看得远，也才能为推动中国大健康产业的创新与有序发展做出贡献。

（4）成就团队。比起个人的成功，更加关注团队成员的成长，合理授权，为直接下属提供多种锻炼机会。

金域人具备强大的正能量，思想品德导向正确，身体健康，精力充沛，以愉悦的身心完成各项工作，以积极高昂的精神带动和激励团队勇往直前。

金域人具备宽广的胸怀，以创造客户价值和企业效益为原则，实现个人的追求和理想的同时也成就员工，帮助集团锻造一支杰出的人才队伍，秉持合作共赢的理念，具有合作共享的宽阔胸怀和境界。

（5）资源整合。前瞻地预测行业发展趋势，建立内外部战略联盟，形成稳固的资源平台，各种资源在平台上自运转和自整合，实现价值的核聚变。

作为一家医学检验和病理诊断信息整合服务提供商，所建构的疾病、市场和医学的"铁三角"运作模式要求领导者必须具备资源整合能力。

34.6　终身学习是王道

身处VUCA时代，作为第三方医学检验行业的引领者和领跑者，我们非常看重知识和技能的迭代，鼓励每个人不断学习，注重培养自己终身学习的能力，铸就自身可持续发展的核心竞争力。

江平辩才：

我始终认为，一家企业高速而稳健成长，一定是得益于其组织发展和人才保障。他需要什么样的人才？他如何能找到和复制适合的人才？这是我最希望探寻和追踪的。

解构一个成功的企业的逻辑不是要去解构其商业模式，而是要去解构其人才 DNA 以及如何快速找到具备这个 DNA 的行为密码。当你能把握和解读出一家企业的人才基因以及生产和复制这个基因的密码，你就能把这个成功个案的背后最本质的逻辑形成共性的规律，然后把这个规律传播给更多的人，引发他们的思考和实践，这种共识、总结和传播就是推动社会的源动力。

这种源动力不仅引发社会的思考和实践，其本质上更有益于创造经验企业的再沉淀、再完善、再总结、再发展，这就是企业可持续发展的源动力。

因此，在我关注金域医学的时候，我就留了一个心眼，找个机会推动他们的自我总结，促进他们的可持续发展。

本质上，金域医学是一个第三方专业服务机构。既然是第三方专业服务机构，我的理解服务就是产品，也就是说，服务一定是金域医学最核心的竞争力。换句话来说，金域医学存在的价值和目的根本在于服务。围绕服务这个根本性的产品，专业的医学检验一定是服务这个产品的内涵。

我很欣喜地看到李总在解码金域医学人才基因的时候，有两个维度是我非常渴望看到的，一个是客户导向，一个是诚实正直。

首先我们来看客户导向。服务的根本是让客户满意。让客户满意不是你坐在家里想当然，而是要去研究你的客户的真实需求是什么？客户需要你怎么给他提供服务？客户需要你给他提供服务的过程中如何让他满意？客户需要你给他提供服务后给他创造的价值在哪里？

这些问题不是你想当然就想得出来的，一定需要你和客户的默契。这种默契一定是建立在深度的市场调研、需求捕捉和客户的体验实证而来的。

我们通常去讲服务过程、服务标准、体验感和客户满意度。这一切所产生的结果一定是基于客户的感觉，否则我们提供服务产品都是意淫。

正如同我经常讲的一句话就是，你的客户还会不会需要你二次服务，你的客户他会不会主动在外面宣传你的服务，这两条永远是不会陪你撒谎的。

李总解码的第二个重要基因就是诚实正直。对于服务行业来说，无论你提供产品的内涵是什么，一旦离开诚实正直，你的产品就没有职业操守了，就没有专业的主张了，就没有公信力了，就没有标准了，就可以为所欲为随意改动了，这是服务性行业为什么很难有伟大企业的一个最重要问题。

客户导向加上诚实正直构成了一个企业内涵的成因逻辑，满足客户的极致需求，主张专业的公信底线，这就是一个企业的道和德。

我经常问企业一个问题，你这个企业存在的价值究竟是什么？很少有人去思考这个问题。如果一个企业老板连这个问题都没时间去思考，你这个企业一定做不起来。只有我们去思考我们做企业的价值是什么？我们才会定位我们企业的现在和未来，我们才可以去不断遵守和放大企业的价值。

简单的李总用任职建模的方式深度解码了金域医学人才的素质维度和金域医学人才的领导力维度，更解构了金域医学高速成长为行业领军企业的背后文化逻辑和人才逻辑。

这个世界如果是对的，一定是人对了。

这个世界如果是不对的，一定是人不对。

35

李忠玉：我看企业的人才观

作者简介：李忠玉

经济师、资深医药营销人；

《医药经济报》《中国药店》《中国营销传播网》等行业知名媒介撰稿人；

现任联存医药营销中心总经理。

35. 李忠玉：我看企业的人才观

有唐一代，才华横溢者辈出。如今信息爆炸时代，有才者更甚。近期一直关注的午马猎头江平先生主编的"才人说"，更显英才辈出，就如董仲舒《春秋繁露》所论"《春秋》分十二世以为三等：有见、有闻、有传闻"。在众多"才人说"中说人才的各位作者，有经常所见的良师益友，有所闻的业内精英，更有传闻中的行业大咖。江平先生建议我在"才人说"谈谈人才的定义与定位，对我这类营销出身的非专业人士只能班门弄斧地谈谈企业的"人才观"。

人才观，是指企业对人才的取舍标准、培育使用、培养核心认同等人才现象及问题的基本态度及观念体系。作为企业价值观的核心要素之一，在各个企业都备受重视。企业用什么样的人，就会结出什么样的果，建团队、搭班子、带队伍先要选人才。

35.1 人才的定义

人才大体可从两个维度进行定义，一是技能维度，二是伦理维度。

从技能维度而言，广义的人才是指进行社会劳动，并对社会做出贡献的人，即有劳动能力（含脑力及体力劳动）的人均为人才，在市场经济社会的"人才市场"所对应的人才即为这一范畴。狭义的人才是指具有一定专业知识或专业技能，能力和素质较高的劳动者，尤其是能进入猎头公司"猎头视野"的一群人。

从伦理维度而言，狭义的人才是指德才兼备，有良好的职业技能同时能具备良好的职业操守和优秀的品德。广义的人才是指具备较高的技术水平与能力，但人品有争议或瑕疵的人群（见表35-1）。

表35-1　　　　　　　　　　人才的定义

人才维度	广义	狭义
技能维度	具备基本劳动能力	具备较高的技能水平
伦理维度	德才兼备	有才能，与人品无关

35.2　人力资源部门定位

人才是一个企业的核心要素，人力资源部门也应当成为一个企业的核心部门。在公司治理及组织架构中应当起举足轻重的作用。人力资源部门承担着企业文化的宣导、企业理念的灌输、企业行为指导的重任。若在企业中处于冷衙门、软部门，甚至沦落为"档案局"，则无以担此重任。

因此，人力资源部门应当与营销、财务部门一道形成企业的核心支柱、三驾马车之一。但放眼绝大多数行业、绝大多数公司，除外资企业能做到这一点，其他企业做到的可谓少之又少。笔者先后服务于私人企业、民营企业、外资企业，也见过很多国有企业，人力资源部门大多数处于弱势状态。笔者曾在《外企，不会因你而不同》一文中做过专门的论述。外资企业之所以稳健，就是得益于外企的治理结构，其营销、财务、人力资源并称三大强力部门，犹如"三权分立"并保持一定的制衡。

民营企业尤其是私人企业的营销首脑大多不愿意出现一个强势的人力资源部和财务部门，希望自己掌管的营销部门一头独大、一言九鼎，其实是一种狭隘的偏见，他们未能体会到一个合格、强势的人力资源部门给自己带来一丝"钳制"的同时也会送来一枚"定风丹"。一个成熟而富有格局的营销领域职业经理人其实应乐见其成，这看似一个会造成组织冲突的架构设置，其实在关键的时候能化解组织冲突。

另外，从人力资源部门的外部资源配置对接上，明显逊于营销、财务部门。人力资源部门可以调度的"外部资源配置"基本上限于聘请外脑对员工进行培训或购买猎头服务。而营销部门可能会动用几百上千万的预算请外部咨询公司进行经营规划与诊断。财务部门可能会大手笔地对接会计师事务所进行财务规范化运作。其实人力资源部门本身可对接的外部社会资源，比如猎头公司，可以利用其对人才领域的专业性进行公司现有团队的评估与辅导（企业内部进行人才评估时很容易犯"灯下黑"的失误），而不是仅仅在岗位缺编时找其作为"猎手",当然这必须在防止猎头"挖人"的前提下进行。

35.3 人才培养

人力培养不仅是用人部门和人力资源部门的事务,更是"一把手"工程。尤其是上文所述的"人力资源部门的核心架构设置"更是企业一把手的使命,人才培养包含三大核心要素。

第一,责任感和使命感的塑造,这是企业行为的原动力。上至高级管理人员,下至基层员工,只有具备岗位的责任感和使命感才能让自己走得更高,让企业走得更远。有人说,如果要让员工做什么那就考核什么。这个观念从逻辑上没有问题,但考核并不能覆盖所有的层面,有其力所不能及的范围。笔者听过一个案例:一位老师在出席一次论坛,在酒店的大堂前后10分钟之内收到过两束花。当第一束花送到时,花已经谢了,而且明显是送花过程中不慎导致的,当老师提出质疑时送花人表示他只负责送花。那位老师只能漠然地接受,毕竟接待单位的心意已经到了。当第二束花送到时,送花的小伙子小心翼翼地将封套取下,很有素养地递给老师,还把包装牛皮纸的一个卷角给细心抚平。从这两位花童表现反差之大值得令人沉思。从目标达成的角度,两位都达到了,但第二位花童的表现来看,单靠考核是绝对不能达成这种工作效果,考核标准也不可能精细到那种程度。那促成第二位花童行为的或许就是责任感与使命感,还有其背后的企业文化。听完这个案例真有想去参访这家公司的冲动。

第二,行为规范与技能培训。在这个层面上,大多数稍微上规模的企业均能重视并付诸实施,就算未能付诸实施也是因为阶段性工作侧重点不同或是预算压力而暂时压后。

第三,梯队培养。在职场人群的各个年龄层次中,老、中、青各有优势。职场老司机并非一定没有激情,而初出茅庐的职场菜鸟也并非不堪重任。而企业中掌握人事决定大权的高级管理人员的用人思维中,真正要规避的是出于年龄歧视而导致的"断层陷阱"。不管是10年前甚嚣尘上的"80后挑不起梁",还是如今口诛笔伐的"90后扶不上墙"。这种"坚决不要××后"的思维偏见都会导致"断层陷阱",我们回过头来看,10年前处于鄙视链底端的80后是整个社会的中坚力量,如今的90后在10年后亦是如此。就犹如当年的"老三届",被称为断裂历史的牺牲品,但他们却弥补了这段断裂的历史。在梯队培养上,最值得称道的是国有企业,其第一梯队、第二梯队、第三梯队,层次分明。客观地说,众多国有企业之所以长期不倒,垄断与不差钱都不是其主因,或许这才是。

35.4 人才包容度

自古以来,"德才兼备"者被视为人中上品,但在这个物欲横流、人心不古的社会阶段,对企业的人力资源提出了一个新的课题,就是对人才的"包容度"。作为高级管理人员不但要有识人之明,更要有容人之量。

首先,要包容人才的脾气,大将之才往往恃才傲物。

其次,要包容人才在某方面的"缺陷",甚至包容其人品方面的缺陷。历朝历代都有才人卓著但人品欠佳的能人。比如北宋初年的宰相丁谓为人奸邪,但却是一位出色的水利专家,在工程组织领域有极高的造诣。笔者一位领导就曾经劝告笔者,对于某位尚有才能的下属"可以让其管事,但不要让其经手钱"。作为一个企业要找到一个德才兼备而几乎没有瑕疵之人,真可谓可遇不可求。关键在于完善规章、规范行为,用制度管住不该伸出的手,如此可人尽其长而避其短。

江平辩才:

我邀请过一些朋友来"才人说"说人才。当然这些朋友在我眼里都是

35. 李忠玉：我看企业的人才观

不折不扣的真人才，不然我也不会邀请。但不是所有的朋友都愿意来说人才，原因和时间、品牌都无关系，当然更不是对我的不感冒，既然我看成是朋友，在我的心目中和感觉中，我相信他一样是把我当朋友的。拒绝我的理由只有一个，我不是做人才工作的，我谈得可能不专业，最好是让专业做人力资源管理的大咖来谈。

站在他的角度，他肯定认为他的理由很充分很有道理。但是他忽略了一个最本质的东西，第一他本身就是人才；第二无论他的职业是在做运营管理，做营销管理，做生产管理还是做财务管理，或者供应链管理，他永远都离不开对团队的有效管理，而对团队的管理客观上是对每一个人才的有效管理。

因此，"才人说"这个栏目，这个自媒体从理论上说是所有的人都可以来说人才的，不管是老板还是职业经理人；不管是学者还是实践者。因为每个人本质上都有对人才的理解和定位，因为每个人在他自己的心里都有一尊佛或者一个魔，这就是他想成为什么样的人。

李总是一个谦逊和低调的人。谦逊在他做人的姿态，低调在他做事的风格。我说李总你来"才人说"说说人才吧，他对我说，伍总我看到的都是大咖在说人才啊，我来说够格吗？

我这样回答李总：世上何曾有大咖？你来了自然是大咖。

这句话有点偈的感觉，其实理解起来很简单。

第一，做好了自己，你自然是一方神圣；第二，任何时候一个人可以不自大但一定要自信，这种自信一定是专业的自信。

尊重权威但不迷信权威，彰显自我但不狂妄自大。我想这其实应该成为每个人专业进阶的底线和原则。

我们已经读到不是在做人力资源管理的忠玉总笔下的人才观，朴素实在。他力求从学术上，从原理上去讲透讲出感觉，他希望能结合他的工作实践来告诉大家他的心得和体会，这是他的初衷，这也恰恰是他善良和天性的流露。

我认为这就是大善。

李总在文章中提出一个非常重要的观点，人才的伦理维度。我们不去分析他对人才分类的理论依据，倒是这个伦理我认为应该让我们的眼前一亮。

我们大家知道，影响社会进步和发展有两个重要的因素，一是制度，当然包括法律；二是伦理，当然包括价值观。对于一个人才在职场中行走，大家都去关注他的智商和情商，但很少有人去关注一个人才的职商，职商有一项重要的内容就是职业伦理。我研究职商理论快20年，我发现就是这个职业伦理影响了众多有才华的职业经理人走得更高走得更远，所以我现在讲座和讲公开课的时候，都会讲出职商，提醒并告诉在职场行走的各位一定要注重职业伦理。

究竟职业伦理是个什么东西？简单来说，职业伦理是职场中的上下之分、尊卑之席、内外之别。职业伦理的本质是建立在"我是谁"的基础上的。这里有一个逻辑，我是谁？我现在在哪里？这件事为什么交给我做？我做这件事应该交付什么样的结果？我应该怎么做？我为什么这样做？我这样做我的老板高兴吗？我这样做我的下级高兴吗？我这样做我的其他部门的同事高兴吗？我这样做我外部合作的客户高兴吗？

我发现我们很多人从来没有去问自己这些问题，所以做起事来张家不喜李家不爱，做的结果是做多错多。

李总的人才观还有一个最重要的观点，我认为有必要再来说一说，人才包容度。这个世界只要是活着的，一定是不完美的，一定是不全面的，一定是有瑕疵的，不管是人还是企业，所以每个人、每个企业都是在解决问题修炼精进的过程中。你如果说你要一个全面的人、要一个完美的人那是不存在的，因为你的企业你自己同样是不完美的，同样是不全面的。所以你要一个根本不存在的人本身就是虚幻。

怎么办呢？对于企业来说，最好的人才就是适合的人才，适合才能出结果。适合是在他的岗位上和组织的文化上，而不是说这个人既能干这个岗位又能干另外一个岗位，如果企业这样想，这就是企业的认知问题。我曾经提出企业用人的"四个合适"，在合适的时间把合适的人放到合适的岗位去做合适的事情。

因此，合适的关键是他既有能力做好这件工作，同时又有愿力我们可以叫作意愿度来做这件工作，那就是企业绩效最高的选择。

当企业绩效最高状态的答案已经出来了，一个企业你还去纠结人才和绩效无关的对错，那就是企业的不明智。

企业做大大在格局，格局在容，有容乃大，容得下在你看来别人所有的"不是"，你就能拥有他的所有的"是"。

吴惠灵:修身,修业,修心,修行

作者简介:吴惠灵

华南农业大学金融、法律专业硕士研究生;

高级人力资源管理师、企业培训师;

曾任职中国银行广东省分行审批经理,花都支行副行长;

筹建广州某村镇银行并担任总行风险管理、贷款审批副行长;

曾任广东浆纸交易所金融总裁并主导重组工作;

曾任民生电商民商金融副总经理,筹建民商大宗商品交易中心并任总经理;

现任握手投资有限公司总经理,专注供应链金融研究和实践。

36. 吴惠灵：修身，修业，修心，修行

"得人心，得人才，得天下"，人才成为企业，甚至是国家和民族的最主要竞争力。

小时候从三国演义中"三顾茅庐""桃园结义"等故事让我们深深感受到中华文化中对人才研究和应用的重视。自己正式结缘和研究人力资源应该是从 2003 年开始的，那是自己从中国银行的业务基层走上了管理岗位，从一位员工走向管理层，思维方式、角度、高度都有了较大变化。正所谓高度不同，想法才不同，自己深深感受到一个企业的发展，主要有资源、品牌、实力是不可持续的，只有从一线员工做好人才培育是不够的，一定要上升至管理层、领导层、股东决策层，从人才培育到科学有效的人才管理制度，才能激发企业无限的生命力。企业在起步阶段或关键阶段需要一个带头人，而持续发展是要建立一个高效而坚韧的团队，在坚持中创新，打造一种团队文化、企业精神。

修身，坚持职业道德、商业规则和法律底线。在市场竞争中，企业发展所面临的环境是错综复杂的，但作为一个职业经理人，必须坚持道德和法律底线，这样才是自己成长，带领公司和团队健康成长、持续发展的最好选择。当你在不同单位、不同工作岗位上，必须对单位忠诚，同时要有专业的识别能力，应对市场和社会的复杂变化，坚守底线，克制人性的弱点，才能坚持做到对单位、对客户诚信和公平。只有坚持到这一条，才能说是一个人才。君不见滚滚长江东逝水，多少英雄一时成尘土，功成过错终有果，花开自有清风来。当你看遍商海起落和生死荣辱之后，方知淡定从容安心是多么珍贵！多数人经历几十年后，不一定成为商业英雄、管理精英，但必须心安理得，哪怕平凡平淡也是精彩人生。

修业，坚持专业学习，服务客户和紧贴市场。市场和科技在发展，商业形态和利益分配方式，人性和心态也发生很大变化。作为一个职业经理人，首先是要坚持学习！从毕业工作开始就要以行业高度做好职业规划，要建立 360 度学习思维，以归零的心态积极学习新思维、新技术。回想自己 1995 年大专毕业参加工作就开始了金融、法律本科自学考试，金融专业研究生学习并取得学位，这个自我学习过程更是自我修炼的过程。这么多

年下来，因为学习让自己在职业发展和不同岗位上把握了主动权，都是以行业专业优势和创新能力被伯乐"猎头"热抢。在金融这个行业，必须深入市场，深入产业，深入客户，从交易客户双方的实际需求出发，去伪存真，务实创新，才能在风险可控前提下突破传统，实现利益有效平衡，解决实体产业经营困难、金融行业风险控制问题，社会金融安全和普惠百姓，这才是一个人才所能体现的真正价值，上升到企业、国家和民族层面的学习能力更为重要。很多跨企业最后是输在"学习"两个字上。时代的变化让我们学习并改写了一句老话，"活到老，学到老"更应该说"学到老，活到老"，这年头，骗子都利用互联网高科技了，连乞讨都用微信二维码支付了，所以知识能力上不学习，就会被社会和时代悄然抛弃。

修心，坚持认识自我，换位思维和回归真实。我们总是以物质世界进行利益交易来定成败，殊不知我们更多是活在内心世界和感知世界。人心所向，必为趋势。古今中外，利益平衡。凡事当你在乎时就重要，当你体验过了就不奇怪。我们首先要学会认识自我，为自己的性格、专业、能力、潜能、爱好、价值观和心理向往找到一个合理定位。这个问题可能因为生存在不同时代会经历不同的过程。我们可以结合马斯洛需求层次理论，人类的需求就像阶梯一样，从低到高按层次分为5种，分别是：生理需求、安全需求、社交需求、尊重需求和自我实现需求。当然，现实中这个需求层次不一定是按顺序来的，而是并存或交叉，或回归的顺序。从自驾广州到西藏路上，每段路就有不同的生理感受和心理成长，当你翻过昆仑雪山后守候纳木错的黄昏，拜访高僧名寺后细看平凡众生，无论宗教和政党、国家和团体，必须以利益平衡为基础，建立有序的物质世界，人人修炼强大的内心世界，坚持"真实，善良，真爱"才是最伟大和永恒的力量。

修行，坚持专注目标，务实创新和普惠百姓。何为人才？能为企业和国家创造价值，能与企业共同成长，对企业忠诚有担当，在行业中有创新能力，在市场中能解决客户需求，所以"人才"看似没有绝对标准，但一定要有做人做事的职业底线和基础，必须深耕产业，有专业高度又能务实创新，为企业、行业和社会节省成本，创造更大价值才是真正的人才。自幼农村求学到大学，担任过班团干部、学生会主席，一路得到老师的关爱和锻炼，毕业后工作中从事过信托学习，拉过广告，卖过地图，筹建好又多；在中国银行15年，从事过网点柜台，信贷员，花都支行副行长，省行授信中心，清收不良诉讼，经历了全国不良大剥离和4万亿大投放，房地产大开发时代；筹建广州市白云民泰村镇银行，申报第三方支付牌照；经历大宗交易所股东风波，再到民生电商进行供应链金融创新，民生易贷，民生转赚，筹建了民生电商大宗商品交易中心。通过不断融合聚焦，坚信中国实体经济的金融服务和风险控制必须基于产业供应链和终端用户现金流，以开放融合的模式跨界合作，聚焦产业经济和社区生活，联合强大股东背景和专业团队打造握手金融。以中国百强、中国建筑为核心企业，深耕供应链"1＋N＋m"服务，在真实场景中创新开展投标订单融资、应收应付保理、电子承兑汇票保理、永续型保理基金、租金贷、业主普惠贷等产品。两年来，做到"真实，安全，100%准时或提前到账，不烧钱健康发展"，为客户的信任回馈一份安心和安全，这是我们专业金融人的责任和荣耀。作为一个金融行业职业经理人，我们更应有金融行业的担当和责任，坚持国家的有力监管，建立行业自律标准和专业的评测机制，让百姓学会了解真实的金融，做好科学选择和定位，维护国家金融安全和社会稳定。

回首风雨历程，感恩每一步成长。一路走来，感恩父母家人，感恩每一位良师益友，感恩工作过每一单位的领导和同事，引导我在学习中不断成长；感恩服务过的每一个企业和客户，感恩股东对我和专业团队的信任与支持。归纳25年的金融学习和职业生涯，把坚持"真实、安全、友善"作为自己的职业追求和企业定位，积极发起教育公益，"修身，修业，修心，修行"就是一种选择和坚持，我们一直在路上。

江平辩才：

在我参加工作不久的一天，陪同当时的市委常委、常务副市长李水先一起吃饭，李市长讲起了他的成长经历，他说在他刚参加工作时，他的父亲和他讲了一句话，身稳嘴稳，处处好藏身。

这句话我一直记得，记在心里头，也一直在影响我做事的行为，什么事该做，什么事不该做，什么话该说，什么话不该说。

身稳关键在身正，我们常讲的一句古话叫"身正不怕影子斜"。身正在哪儿？正在手莫乱伸。陈老总原来就在一首诗里讲了一个道理，手莫伸，伸手必被捉，正在脚莫乱踏。不该去的地方不要去，不该进的门不能进，正在床莫乱上。别人家的床你去睡就有鬼缠身，再美的女色也是刮骨钢刀，正在嘴莫乱说，祸从口出一直是古训。

这是真正修身身正的结果。

康灵药业 OTC 事业部从选总是这样的人，今天的吴总同样是这样的人。

吴总有过一段职业经历，做广东浆纸交易所的副总裁。在处理交易所的后期被并购的业务中，他是主要的留守人员，而且是没有工资更没有任何报酬的。接近 3 个多月的善后工作中，他尽责地为原来的大股东争取了既得的最大利益，整个过程原本和他无关，而且整个过程他没有任何收益。他把所有工作处理完后，有一天我们聊天，他告诉我，到最后一刻他感觉心安了。

心安在有始有终，心安在担责负责，心安在无愧无悔，心安在从此天地更宽。

后来我在总结吴总的这段经历，对他最少有三大回报，第一，他操作并历练了资产处置和危机管理，这段经历会让他的能力结构更趋合理；第二，他不求回报地处理完所有的善后工作，这段经历是绕不过去的，会让

36. 吴惠灵：修身，修业，修心，修行

他在未来的平台选择时更大程度地为他加分；第三，他处理完所有的善后其实是他在向内求，求心安，这恰恰是职业经理人的良知，他对得起自己的心，更对得起曾经东家的托付。

这就是履责，履责是一个职业经理人绝对的使命和追求。

今早我的一个学生问我，伍老师你现在的追求是什么？我回答他说我唯一的追求是责任，我之所以是我的责任。

他不解，我继续回答他，我之所以是我，有 3 个内涵，第一，我的身份定位，身为人之父之子之老板，我得对他们有个交代；第二，我的专业定位，我能长期沉淀在精准招聘这个细分领域深耕细作，悟到的、总结出的、提炼起来的我得回馈给大家，让大家少走弯路；第三，我的宿命定位，在我出生和成长的这个年代是我改变不了的，我只能在这个时代能奉献我作为一个普普通通的人的责任，那就是做好我自己，过好每一天。

这就是佛家的种福田一样的道理，心是一块田，种善得善，种乐得乐。

37 谌新民：人才的核心要义与层级运用

作者简介：谌新民
华南师范大学人力资源研究中心主任，
博士生导师；
广东省人力资源研究会执行会长。

人们对于人才在企业组织中作用的认识其实差异不大,差别在于从什么视角看待人才,在什么层级运用好人才资源。

37.1 人才是什么:拥有专用性人力资本的特殊群体

到底什么样的人力资源才是人才?从早期的以中专以上文凭界定人才,到"四不唯",再到"人人可成才,人人是人才";从中央层面的法规和文件,到各地人才部门和企业组织,乃至专家学者定义的人才,莫衷一是,没有令人信服的统一标准,没有准确的内涵,没有清晰的外延,在一定程度上影响了对于人才的培养、使用和作用的发挥。

人才就是拥有专用性人才资本的特殊人力资源!即替代性不强的人力资源!

从外延上来讲,我们可以将与人有关的概念区分为人口资源、人力资源与人才资源,人才是数量更少、更加专业和更高层级的稀有资源。从人才的内涵来看,则必须是拥有专用性人力资本的特殊人力资源,其人力资本投资主体主要是用人单位和个人,真正的人才在单位内部具有一般替代性不强的特点。

这样的分类,有助于明晰各自投资主体的责任和权益。人口资源属于国家政策层面调配范围,相关服务属于公共政策调节范围。人力资源属于企业组织统筹使用与管理的范围,相关投入与服务主要集中于组织内部,而人才资源则属于专有组织群体和个人开发和使用的范围了,对其投资成本与收益拥有相对独立的权限。

如此,拥有专用性人力资本的人才的培养、使用、激励与去留,就有着自身特有的规律和内在逻辑,在人才问题上,没有、也不可能有一副包医百病的灵丹妙药。

37.2　人才怎么用：专才专用与特殊激励

与人才相关的人口、人力、人才3类资源的使用管理，本应存在差别，但由于概念模糊，出发点单一，人们长期将三者同等使用，同等用力，陷入困境。有些"专家"力图开发出一套放之四海而皆准的具有普适性的管理"新"模式，其实是没有必要也是不可能的。

长期以来，庞大的人口资源不能及时转化为人力资源、人才资源，人力资源服务机构的重要作用之所以得不到应有的重视，人们对于人才的开发与使用之所以效率较低，人才的作用没有充分发挥，在人才使用过程中没有能够突破传统视界的局限，没有发挥好人才引领、激励、导向等"四两拨千斤"的作用，很多正是源于此，也是没有关注到人才的核心作用实际上是其引领和示范效应所致。

从中央到地方出台了众多鼓励人才的政策，为什么感到效果甚微？企业开出优厚薪酬和条件，为什么感到人才难觅？优秀人才在单位作用发挥不明显，管理者为什么感到无计可施？核心人才常常军心不稳，企业为什么感到如临大敌？问题在于，我们多少企业管理者能静下心来分析人才的特性，对症下药地进行人才需求分析，致力于针对性地服务与管理？用管理一般通用性人力资源的办法去管理拥有专用性人力资本的人才，怎么可能不捉襟见肘！

既然承认人才是拥有专用性特殊人力资本的拥有者，那么我们对于人才的培养、吸引、使用、激励和去留就应该具有自身特色。如果通用性人力资本投资主要由公共财力承担，那么专用性人力资本投资则主要应该由用人单位和个人分担，这部分人力资本具有不可替代性，也容易对人才产生"锁定效应"。按照内部劳动力市场理论，专用性人力资本投资不同于一般人力资源培训，因而对他们的激励就远不止于运用一般的人力资源管理手段了，而应该更多地使用利益分享、职业愿景和发展机会等较高层次的激励机制。如广州午马猎头集团在全国各地寻找创业合伙人的分享制，应该属于这一类。

专才专用的激励机制建立起来了，那么人才使用的"乘数效应"和引领作用就能充分发挥。

37.3　机构怎么办：分层发展人力资源服务机构

改革开放以来，由于大量外地劳动人口流入珠三角地区，尽享"人口红利"，造就了珠三角的发展奇迹。面对当前面临严峻的人口形势，国家正在逐步放开人口生育政策限制与流动政策，缓解和应对这一新的人口局面，下一步在宏观层面调节人口资源的政策将直接影响人口数量及其在地区间的流动。

人力资源管理属于企业内部组织层面的调节范围，专业人力资源咨询管理服务机构，可以凭借自身的专业优势，通过帮助企业优化和改善人力资源服务与管理，提高既有员工绩效，吸引优质人力资源加盟，从而使得组织运行更加高效，组织绩效得到提升。目前，不少人力资源管理服务机构的"秘籍"多属于这一范围，这对提高企业管理水平也确实起到了重要作用。但往往难以解决那些核心人才尤其是人才中"刺头"作用发挥的问题，人力资源服务企业越来越多，但能够解决核心人才问题的机构少之又少。

针对人才资源的政策、服务与管理，因其是具体指向拥有专用性和不可替代性人才资本的个人，特别需要具有较高专业素养和技能及运营能力的机构来承担，如国内外专业猎头公司，对于人才的优化配置和高效运用就功不可没。由于针对微观个体，其运行机制需要更合理，管理范畴需要更精准。针对人才的服务与运营机构的功效主要是为了激发微观个体人才的更大潜能，进而提升团队的合作效能，以适应组织对于人力资源的需求。

人力资源的层次性和多样性，决定了人力资源服务机构应当分层发展。目前人力资源服务市场上属于服务一般性人力资源业务的机构和从业者较多，而专门满足专业人才的服务与管理机构则明显不足。更重要的是，我们是否拥有了足够专业的机构对这些拥有专用性人力资本的人才进行更大范围、更为有效、更为有针对性的配置呢？目前，针对拥有核心竞争力的人才的服务机构不是多了，而是太少了，随着《人力资源市场条例》的颁布实施，服务人才的专业服务机构应该会迎来快速发展的大好机遇。

江平辩才：

这是谌教授的"人才的核心要义与层级运用"，不少于3遍读下来，已是一身汗水。立论恢宏大气，角度新颖奇巧，辩理丝丝相扣，既读得出学术的严谨与浑厚，又悟得出对实践的指导与应用，实实在在为人才的自我定位和人才培养、配置的社会责任和企业责任给足了方向感和方法论。所以读来酣畅恣肆，余味无穷。

文章一开题就道破了人才的分类，一者通用性人才，一者专用性人才。这个观点仿佛就在昨天。2017年广东省人力资源研究会的年会在广东财经大学召开，在上午的演讲嘉宾讲完后，轮到谌教授点评，让我耳目一新的恰恰就是刚刚提到的人才的两类定位，那日教授从两类人才的定位谈及了两类人才的培养，原本一个对演讲的点评裂变成一个新的学术思想的火花，那一天我不仅现场见识了谌教授的辩才风采，更是他对人才的分类标准和培养角度的思想点燃了我对这个问题思考的热度。因此，当教授今天的大作摆在我的案头时，专用性人才之于每一个企业来说的重要性就越来越清晰可见。

教授的观点我的解读是，对于一个企业来说，专用性人才是企业一般的不可替代性人才，是企业的稀缺性资源，这既是人才的价值所在，也是这个企业的核心竞争力所在。

我从3个维度来进一步解读我对教授的专用性人才的理解。

专用性人才一定是你之所以是你而不是别人的价值所在。我在很多讲座中提到了一个观点，人在企业的价值是唯一的。如果一家企业有你没你是一样的，那么客观来讲，第一，你在企业是没有你的价值的；第二，你在企业是没有地位的，因为你随时可以被替代。一个可以随时被替代的人在职场上是没有未来的。

因此，对于任何一个在职场中的人才来说，你想你在企业被重视有价值，你想你在职场基业常青，你必须不断修炼自己的专业，要不断提升自己的专用性，要达到的结果就是，在你的职位上，在你的专业领域里，别人能做的，你的成本最低、风险最小、时间最少；别人不能做的，你不但能做还能呈现结果，而且你的结果超乎老板的想象。

到最后，老板只要有事就第一个想到你要你去做，老板离开你就会心里像猫抓一样，这时候，你的不可替代性、你的核心竞争力就已经完美呈现了，你在这个企业的专用性和成就感就阶段性成功了。

专用性人才一定是你之所以能在这家企业做出贡献、做出成就，产生不了结果千万不要说你是专用性人才。我发现很多很专业的人才确实在某一个领域是有他的独立的专业思想和专业造诣，换句话说是有他的专业地位的。但为什么在企业不受欢迎？是因为他在企业出不了结果；他为什么出不了结果？是因为他从来没有基于企业的实际情况考虑用心做好；他为什么不能用心去做？是因为他天天抱怨天天指责；他为什么天天抱怨？是因为他从来没有把心投入企业，他始终站在企业的门外，怎么可能站在企业的角度设身处地为企业着想呢？

一个人再能干再有专用性能力，只要他心不在企业，他就融入不了企业，他是一定交付不了结果的。

因此，对于职业经理人来说，融入企业站在企业的角度去想问题、去做事情，才是实现价值让你唯一性不可替代的根本。

专用性人才一定得满足企业发展不同阶段的需要。企业在发展，对岗位的要求就不一样，岗位的要求不一样，对岗位上交付结果的人才的要求就不一样了。因此，这个不一样就客观地要求企业的培训一定得有针对性，人才的自我内生也一定要有针对性。这两个针对性的参照物一定是企业发展的、新的阶段的工作任务的需要、工作结果的需要。

猎头顾问是一个非常专用性人才，对于午马猎头说，我们要给企业和人才提供的是结果，结果导向更需要午马猎头的猎头顾问的专用性人才特征。

因此，午马猎头不但要求猎头顾问具备终身的学习意识和学习能力，而且在培训的系统设计中既有六天的闭门专业培训，更有一对一的专用性提升单独教练。这样一来，就让猎头顾问在企业发展的每个阶段都能产生结果，实现价值！

专用性人才千万不要说我也曾经在某个时间段为企业创造过价值，是企业不可替代的，但不可能永远是企业不可替代的。任何时候任何一个职业经理人始终要明白一个道理，当你不能为企业产生价值的时候，你就没有价值了，你就不是专用性人才了，你就要被别人替代了。

这就是我时常讲的一个观点，想要你永远有用，你就要时刻让自己能被人所用。因此，对于职业经理人来说，专业修炼和自我学习是一生的事，只要你在职场中就不例外。

谌教授儒雅飘逸、幽默风趣，因为学术的思想和实践的应用，这就叫和。

思想永远是为实践而服务的。

38

陈国海：AI 时代重新定义人才

作者简介：陈国海

香港大学博士；

广东外语外贸大学商学院教授；

广东省人力资源研究会副会长兼秘书长；

美国人力资源管理学会和国际幽默学会会员；

广东金融学院客座教授。

主要研究方向：人力资源管理与服务、人力资源创新创业、组织行为与员工培训、幽默心理学；

出版《组织行为学》等教材十余部，出版《人才服务学》《阿里巴巴政委体系》《中国企业教练技术》等专著十余部；

发表 SSCI 国际论文十余篇。

AI 技术强势崛起，自 2016 年 AlphaGo 击败李世石标志着 AI 时代的来临，"AI 是否会完全取代人类工作"成为持续升温的议论话题。上至互联网企业的大数据分析挖掘，下至日常生活中的滴滴打车，无不都是 AI 技术的应用。甚至，还有专家学者预言"10 年后，50% 的人类工作将会被人工智能所取代"。尽管 AI 完全替代人类工作的那一幕不会出现，但人类大部分工作必然会被 AI 所替代。对于各行业中可替代性强、重复性劳动的岗位更是如此，人才亦是如此。

今天，就 AI 时代的发展趋势，谈谈 AI 时代重新定义人才以及时代新要求这一话题。

38.1 人才的传统定义

顾名思义，人才是企业、行业、国家的重要资源。从企业层面的人才是企业竞争力的重要组成部分到国家层面的"人才强国"发展战略，显而易见人才受到了前所未有的高度重视。无论学者还是企业家，普遍认为人才的本质内涵是相比于一般人能力或内在素质更为优秀，创造的贡献/业绩更多。并且，依据其所包含的实体属性特点、范围，形成具有特定含义的人才，如强调劳动创造性的创新人才、强调处理国际经济事务能力的优越性的国际化人才、强调在某一个领域中能力的优越性的农业人才以及 IT 人才。

所谓"时势造英雄"，时势同样造人才。正如互联网时代对社会各行业产生巨大影响的同时，产生了一大批互联网及相关专业人才，AI 时代同样也会影响甚至有可能取代部分传统行业的同时产生一大批 AI 人才。人才如何提升，适应 AI 时代的发展要求这一问题值得我们深思。

38.2 AI 时代与人才

近年来，AI 技术及产品呈井喷式发展和增长。伴随着互联网的普遍使用，大家会发现AI的影响无处不在，包括人们的日常生活、教育以及工作所在的行业。目前，AI技术已对安防、消费、物流等多个行业的就业格局和人才需求产生了巨大的变革性影响。阿里的无人超市，饿了么的无人机送餐，再到数月前京东宣布将会无人快递并声称，近两年要打造几百个无人机站点。

相比以往，大量模仿性、重复性的工作无论是脑力还是体力劳动，都将会被学习能力以及整合能力更为强大的AI代替。因此，规则性强、协作能力低、节点少的行业及职位有可能会被淘汰。比如司机会被无人驾驶汽车取代；保安会被安防机器人取代；搬运工人会被搬运机器人取代，等等。虽然部分行业将会被替代，但与此同时衍生出AR/VR、大数据分析及挖掘、智能机器人、智能语音和语言处理及智能安防等更多与人工智能相关的"新行业"，并随着AI时代的发展，AI的应用将会按照3个层次（由被动到主动）在各领域逐步推进。

第一层次为流程自动化，起到助理作用。它是人工智能的最浅层次应用，把固定的工作流程通过这个系统的规则制定固化下来，通过机器人或者一个IT系统严格地按照规则走。这是目前较为容易实现的阶段，而且最大限度地代替人类劳动。

第二层次为辅助决策，起到顾问作用。这一层次主要体现在协助决策、协助预测。通过机器学习算法，能够把关于该行业各方面的资料整合、提出决策性的建议，预测未来走势，并能够自动生成一些行业分析报告。

第三层次为自主感知和决策，起到执行者作用。这一层次的AI能够根据感知到的外部环境，进行自主分析和判断，最终自主地做出决策，无人驾驶便是最切合的例子。

根据AI技术的推进层次及发展趋势，总结得出AI时代1.0至未来将会实现的AI 4.0时代的特征（见表38-1）。

表 38-1　　　　　　　　AI 时代发展阶段及其特征

	AI 1.0 时代（开端）	AI 2.0 时代（弱人工智能）	AI 3.0 时代（强人工智能）	AI 4.0 时代（超人工智能）
技术特点	算法模型	互联网数据	高性能计算能力	高性能软硬件 + 平台
自主学习程度	机器学习	机器学习	自主学习（感知）	深度学习（认知）
AI 技术担当的角色	辅助性工具	助理	顾问	执行者
影响行业及行业格局	主要影响 IT 及相关信息行业，促进 IT 及 AI 相关行业发展，推动 AI 技术的发展	影响各行各业，对劳动密集型及资本密集型产业的就业格局产生了巨大影响，提高了产业效率，替代了产业的部分岗位。知识技术密集型产业在 AI 技术支撑下逐步发展	改变了劳动密集型、资本密集型的就业结构以及产业格局，AI 机器人取代了产业的大部分岗位。此外，知识技术密集型产业高速发展	改变了整个社会的就业结构和产业格局，各行各业已基本实现智能化。AI 技术不仅代替了大部分劳动密集型行业，而且知识技术密集型产业的发展达到新高度，各产业形成智能生态链
硬件支持	CPU	CPU 与 CPU 结合	CPU、CPU 及 NPU 的完美结合	CPU、CPU、NPU 及 TPU 等多种处理器的完美结合

由此得知，我们正处于 AI 2.0 时代，并在 AI 的基础层、技术层及应用层不断积累，开拓创新，为了向 AI 3.0、AI 4.0 时代迈进，人才必不可缺。

对于各行业翘楚的人才，AI 时代提出了新的定义及要求。

38.3　AI 时代人才的新定义以及新要求

虽说 AI 会替代大部分机械性、可重复性的劳动，但是情感性的、深度的、创意性的工作是机器人没法匹敌的。因此，AI时代对人才提出了以下新的要求。

第一，具有多领域理解力的跨界人才。所谓"跨界人才"，就是能真正做到跨界了解、沟通及合作。懂AI的人才不一定懂市场需求，懂市场需求的人才不一定了解AI技术。只有对多个领域了解，才能产生更多可行的创新。在此基础上，还需要较强的沟通能力才能更容易与有其他背景的业界大神共同协作，并随着AI时代的推进发展，对于跨界人才的要求更高，其社会需求更为迫切。

第二，创造力强的专才。浮于行业表面的人，都会被AI替代，只有具备深度的专业能力和创造力，才能有立足之地。

第三，具有能够深度思考、分解问题能力的人才。与工业化大生产中重复的体力劳动被机械所取代类似，未来重复的脑力劳动有望被人工智能取代，但是不可重复的部分，针对不同场景分解问题的能力是很难被取代的，这也是未来人才必备的核心竞争力。

第四，具有善于与机器人相处的能力。未来的AI时代，智能机器人将会负责第四种具有较高软性素质能力的人才。即具有较高的人文素养和灵魂境界，且对于人性、文化、情感等方面敏锐感知的能力。这是当AI被普遍应用时，社会中个体的差异化发展以及个人和整个社会良性、健康发展的基础（见表38-2）。

表38-2　　　　　　　　　　AI时代新要求

以往的人才要求	AI时代的人才要求
专业素质过硬	强创造力+专业素质过硬
善于跨界合作	具有多领域理解力+善于跨界合作
经验丰富	将AI作为辅助工具的思路+经验丰富
良好的服务意识	善于发现"人性"需求+良好的服务意识
学习能力强	深度思考，分解问题+学习能力强
善于与人相处	善于与机器人相处+善于与人相处

大部分工作，除了具备善于与人之间交流的能力外，人还需要善于与

智能机器人相处，如何与机器人对话相处成了每个人的必备能力。未来，一个人与多台机器人协调或无人化的工作环境将会是正常现象。如何管理以及与机器人沟通协调是工作重点。而人机混合在一起，会形成增强智能。因此，若不具备善于与智能机器人相处的能力，无法在 AI 时代生存发展。对于人来说，更是如此。

与此同时，身处高速发展的 AI 时代，人才不仅需要满足时代新要求，而且需要在社会中努力承担并做好以下三种角色。

第一，当好 AI 时代的实践者。未来，AI 技术将会在各行各业普遍使用。作为人才的我们，需要转变思路，在实际工作中将 AI 视为工作的辅助工具。在实践中了解熟悉，在实践中发现问题，在实践中改进完善。

第二，当好 AI 时代的创新者。尽管 AI 时代大量工作都会被 AI 技术所取代，但难以取代的是人类特有的创新。只有创新，才能促进 AI 技术的发展。因此，既要了解 AI 技术发展的过去，熟悉现在的发展现状，还要预知未来的发展趋势。在此基础上将人才自身的创新能力发挥至极致，使创新能够逐步推进 AI 时代发展。

第三，当好 AI 时代的推进者。时代在发展，人类在进步。因此，人才须发挥好自身作用，在实践中创新，在创新中发展。在发展自身的同时，引领并推进时代的发展。

若不顺应 AI 时代的新要求，承担并发挥好角色作用，人才仍可能会被取代。

38.4　AI 时代——时间管理

AI 技术在使生活更加便捷的同时，解放了人类劳动，人类拥有更多的自由支配时间。如何合理使用更多的自由支配时间提升自身实力及创造力是人才在 AI 时代长期保持自身核心竞争力的关键，关于 AI 时代背景下的时间管理，有以下建议：

第一，增强自我认知意识。面对新时代提出的要求，结合自身发展需求，设定"更新版"的人生路线图，并以此为依据，设定出一个更为可行、可达成、相关的目标。

第二，合理利用碎片时间。AI 技术促使人类工作中拥有更多碎片时间，合理利用碎片时间能够提高时间利用效率。通过将目标转化为计划，计划拆解为行动，完成所设目标，进而逐步自我提升。

第三，增加提升自身软性素质的时间占比。未来更高层次的 AI 时代，对于"人性"需求的重要性日益突出。软性素质作为人才的核心竞争力，需要通过多种方式着重提升，如了解中国文学经典、艺术、工艺及传统思想等。因此，人才应投入更多的时间提升自身软性素质的时间占比。

第四，利用更多闲暇时间激发并提高创造力。创造力作为人工智能与人类的本质区别，是人工智能无法替代的。"创造来源于闲暇和放松"，因此人才需要利用更多 AI 技术创造的闲暇时间激发创造灵感。具体而言，可通过做你热爱的或能够使自己全身心投入的事情、沉思、跨领域体验等方式激发自身灵感并养成良好的记录习惯，将灵感转化为真正的创造。

综上所述，因为 AI 技术强大的学习、整合能力，所以对人才提出更高的要求：以其创造力为先，专业能力为本；广其识、善深思；能够敏锐发现人性的需求，善于与机器人相处。并且，在承担实践者、创新者以及推进者三种角色的同时，提高自身时间管理能力，这才是 AI 时代真正需要的持续性人才。

江平辩才：

应该是从 2016 年开始，AI 已经作为一个词语在各种场合时髦起来了，如果不提 AI，仿佛你不在前沿也不具备前瞻性；好像你的观点和文章，你的讲座和教案，你的交流和沟通，只要一扯上 AI，你就会让人景仰受人尊重，看你的眼神就会飘然有了激动的成分。

但我越听越多后，我发现更多的是在扯，而不知道AI究竟是什么，要不就是根本没有理解AI是个什么。因为它的出现和存在将会给我们带来什么变化和影响？要不就是没有用被人听得懂的语言去告诉别人所以然。

但陈教授的这篇文章却用通俗易懂的语言给读者揭开和展示了AI时代对人才的重新定义。不仅定位精确、推理严密，更关键的是前瞻性极强，实用性极好。

回到最本质的东西，AI究竟是什么？是人工智能。他应该有3个关键词——算法、感知、认知。这3个关键词的背后意味着机器功能进化的不同阶段。也就是说，机器可以实现超大量的数据计算，机器能通过记忆感知图像，感知存在，机器能捕捉对方的情感、情绪和需求，而机器功能进化的3个不同的阶段就是我们所处的阶段和时代。

因此，不同的阶段带给我们的环境和应对是不一样的。这就是AI这个本质上是技术的进化带给我们人才的专业进化和怎么样进化的动态思考。

基于AI技术进化的客观事实，国海教授首先提出了AI时代从5个方面对人才的素质和能力重新定义。

具有多领域理解力的跨界人才；创造力强的专才；具有能够深度思考、分解问题能力的人才；具有较高软性素质能力的人才；具有善于与机器人相处的能力。

这5种能力和素质的定位国海教授又给出了更加具体的指标维度，比如，多领域理解力的跨界人才，陈教授在跨界思维和跨界行为的层面上，对多领域的理解能力。

这是个什么样的能力？其实我的理解就是寻找多行业、多领域的内在规律和普适逻辑的能力，也就是快速透过行业的现象而直达行业的本质，直击行业核心的能力，这既是一种穿透力，也是一种归纳力，更是一种洞察力。

这种能力绝不可以站在行业看行业，站在领域的层面去分析领域的规律，就会沉迷于内而无法找到共通的逻辑。

我对陈教授对AI时代人才第一能力的再定位深感认同，如果一直站在自己所熟悉的行业和领域只会让自己无法变通、无法融通，那就根本理解不了多领域融合的工作，这可能是未来人才所存在的最大的痛。

陈教授的第二个定位就是创造力强的专才。在 AI 时代，陈教授认为，专才只是通用性要求，在专才的基础上，有着高创造力。怎么理解？专才就是具有专业能力的，专业能力完成固有的、既定的、经历过的工作是没有问题的，但在新的时代，很多是见所未见，闻所未闻；很多是从一张白纸上去画新图；这就是开创，这就是拓荒，所以需要的是你敢于创新、敢于思考，还得敢于发神经，这种能力其实就是打破重构的能力；这种能力其实就是无中生有的能力。

这个时候，专业能力只是满足和支持高创造力产生结果的基础和技术。

具有能够深度思考、分解问题能力的人才是陈教授构建的第三个维度。未来竞争的场景将会更加复杂化和立体化，所以要在这样的场景下取得结果首先一定要适应复杂多变的环境，适应环境的前提是要深度思考环境的构成，外因内因？外力内力？只有这种深度思考才能透过迷雾快速而正确地做出有效的决策和行动方案。

其实这点就是领导力的一个最关键维度，在复杂的环境下快速正确地做出有效的决策。

陈教授对 AI 时代人才再定位的第四个维度是具有较高软性素质能力的人才。什么是高软性素质？善于发现人性的需求，对情感具有敏锐感知的能力。我对这个能力的解读就是"三极"，极厚的文化艺术素养，极强的人性需求洞察力，极高的情绪控制和氛围调节能力，这"三极"的结果就是这个人的存在让周边舒服，让氛围和谐。

善于和机器人相处是陈教授对 AI 时代人才再定位的第五个维度。善于和机器人相处首先一定得懂得机器人，懂得机器人的工作原理和功能逻辑，只有懂得他，你才会让他更好地给你产生结果，只有懂得他，你才会事半功倍掌握自如。

因为未来的机器人不但需要应用技术，同样需要关注和呵护他的情感需求。

　　这几年陈教授是有研究的，尤其是针对新的时代的特征对人才的新的要求的思考。我和他提出这个题目的时候应该是正合他意的时期，估计他内心已经在琢磨和构思了。因为在这之前他一直在做人工智能这块的工作调研、技术调研和行业调研，在调研的基础上，他尝试着去建人才模型，这个人才模型是建立在实践的总结之上的学术逻辑，所以是严谨和务实的。

　　严谨和务实也是我对陈教授一贯的感觉和认知。严谨给我们带来了前瞻的思考，务实让我们有了应对的思路。

　　这个时候，我想起了 2018 年 6 月 9 日在广东省人工智能高峰论坛上我主持时的几句话：

　　未来已来！

　　不变是我们的存在和成长！

　　要变的是我们的知识和思维！

39

张义强：我在企业的人才系统管理实践

作者简介：张义强

广东润青文化有限公司董事长；

广东润青新能源有限公司董事长；

润青企事业管理基因培育成长辅导中心；

智慧城市策划中心首席研究员；

汕头市化妆品行业协会会长；

广东省人力资源研究会副会长、学术委员；

曾担任多家大中型企业执行董事、总经理、CEO等职务。

作为现代的企业家和老板,面对着颠覆与碎片化的经济年代,企业的人才观、用人观、培育观在不断地变化与颠覆,因为人才创造价值、创造未来和改变未来。

有的企业曾几何时多么辉煌,可是昙花一现。原因何在?追寻那些成功企业的足迹,它们无一不是选人、用人的成功者,无一不是聚集了一大批卓越的管理者和优秀的团队;而失败的企业也有一点是共同的,那就是在选人、用人上都是失败者。

没有人才的企业注定是一个平庸的企业,也注定是会被淘汰的企业。

企业如何找到志同道合、与企业发展匹配尤为关键,而未来企业面临的就是企业生存发展的人才争夺战,人才也是企业家最应研究和投入的重要资源。

随着市场的变化和企业发展的不同阶段,企业对人才可以说是求贤若渴。但我国的大多数企业,特别是民营企业和中小型企业很少有人才战略的眼光,大都是到了万不得已的时候才赶鸭子上架,结果是可想而知的。所以,一家企业只有真正认识到人力资源的重要性,明确人才战略,做好人力资源工作,企业才能良好地可持续发展。

以下是企业"选人、用人、留人、育人"提出的部分观点,仅供参考!

39.1 如何选人

树立正确的选人观念

(1) 高学历≠高能力、高能力≠最合适。文凭不等于水平,职称不等于称职,学历也不等于能力;学历只能代表一个人过去学过什么,并不能说明他将来的发展前途!

卓越的人才是企业业绩增长的倍增器。人力不是公司的财富,合适的人才才是公司的财富。"合适的人才"不是培养出来的,而是"选"出来的。也就是说，要么你从一开始就对了，要么从一开始就错了。

（2）用人唯贤，德才兼备。大家经常会想到一个词："德才兼备"。那么为什么呢？小到一个企业，大到一个国家，用人是至关重要的，它关系到组织的兴衰和存亡。

也许有些人会说，人虽然本性难移，但我认为通过教育培养是可以得到改善的，或者说选拔人才的关键是要看才干和个人能力。这两点当然不可否认，但在注重这两点的同时，更应该注重的是这个人的本性和人品。后期培训当然会改变一个人，比如行为习惯和行为动机，也许你可以举出很多个例子来证明你的观点，但要改变一个人需花费的时间和精力通常是一些中小型企业负担不起来的。优秀的企业通常是将选拔合格的人才放在首位，尤其是考虑企业运营资本和战略经营时机的时候。

所以选拔人才在先，培养在后，而不是普遍培养，而是重点选拔。那样不但费时费力，还会造成部分人员因为失望而产生不必要的流动。

挑选人才的方法是：如果找不到圣人、君子而委任，与其得到小人，不如得到愚人。原因何在？因为君子持有才干把它用到善事上；而小人持有才干用来作恶。持有才做善事，能处处行善；而凭借才干作恶，就无恶不作了。愚人尽管想作恶，因为智慧不济，气力不胜任，好像小狗扑人，人还能制服它。而小人既有足够的阴谋诡计来发挥邪恶，又有足够的力量来逞凶施暴，就好比如虎添翼，它的危害难道不大吗？！

人才应具备组织力、合作力、协调力、感召力。有德的人令人尊敬，有才的人使人喜爱；对喜爱的人容易宠信专任，对尊敬的人容易疏远，所以察选人才者经常被人的才干所蒙蔽而忘记了考察他的品德。自古至今企业和国家的乱臣奸佞，家族的败家浪子，因为才有余而德不足，而导致企业倒闭或国家覆亡的太多了！所以管理企业、治家、治国者如果能审查德和才两种不同的标准，知道选择的先后，就不用担心失去人才了！

使用科学的招聘流程体系

步骤一：分析工作。

首先要撰写工作描述和工作说明书，并确定该职位的关键指标（KPI），这里要规定胜任工作所必需的个人品质和技能，明确岗位所需任职资格。

步骤二：选择选聘方案。

选择合适的测试方法，测量不同应聘岗位的人员资格，例如进取性、外向性和数字能力等，需要不同的方法和工具。每种不同的选聘方法对不同的指标敏感程度不同，有效性也不同，我们常常会组合多个工具测量不同的指标，最后形成一个完整的选聘方案。

步骤三：实施选聘方案。

主持选聘的人员和场地很重要。一般来说，所有候选人应该在同样的环境下、被同一组选聘官测试，而且接受过专门训练的测试人员可以显著提高选聘的有效性，这是因为培训鼓励面试人员遵循最优化程序，从而使偏见和误差出现的可能性降到最小。

步骤四：把选聘结果与工作中的绩效联系起来。

精心选聘的目的是希望能找到高绩效的员工，所以当员工进入公司或调任另一新岗位后，应持续追踪他的绩效水平，并检验选聘结果和实际绩效之间的关系。

步骤五：验证及改进选聘方案。

根据步骤四，应该定期根据绩效监测的记录验证和修改选聘方案，并做出调整，使得公司的选聘有效性持续提高。

39.2 如何用人

企业用人：反思与认知

（1）任何设备的功能都是有限的，而人的潜能是无限的。

（2）世界上有多少完美的人可用？

（3）为什么日常企业让老板疲惫不堪的不是高山的压力，而是配合链所产生的心累？

（4）人都有被了解和同情的需要，因此要彼此同情。

（5）最大的危机是信任危机。

（6）最大的失误是用人的失误，最大的管理成本是沟通。

（7）决定成败的不是目标而是措施。

（8）最大的能量是脉动能量。

（9）抉择很难受，不抉择更难受。

（10）世界万物，假若你放对了地方，任何东西都是宝贝。

人尽其才，物尽其用

如何用人？充分发挥人的长处，避开人的短处，做到"人尽其才，物尽其用"，那是有很大技巧的。宋代司马光在《资治通鉴》中说：所谓"才"，是指聪明、明察、坚强、果毅；所谓"德"，是指正直、公道、平和待人。才，是德的辅助；德，是才的统帅。德才兼备称之为圣人；无德无才称之为愚人；德胜过才称之为君子；才胜过德称之为小人，同时企业要做到"用人也疑，疑人也用"。

所以，企业家要真正了解人才的优点与缺点，发挥、发扬他的优点，将他的缺点规避或转移为与其他人配合的优点。把人放到适合的岗位上，这样才能更好地发挥。比如说："文人"要他舞大刀，这就是放错了地方。

如何用好空降人才

企业应打造新环境：善用空降人才的生态环境、炼狱环境、融会贯通环境。

空降人才适应新环境的"三部曲"：适应它、运用它、驾驭它，"三部曲"不能倒序，这样才能体现人才作用，发挥人才价值。

要有正确的人才观

如今人力资源越来越受到企业的重视，经营企业不仅要认识到人力资源的重要性，更要认识到人力资本在企业发展过程中的不可替代性。特别多的企业家，特别是部分民营企业家还没有意识或认识不到人力资源的重要性，认为中国最多的资源就是人力资源，你走了，不知后面有多少人想来呢！殊不知一个适合的人在企业中的重要性，人是多的是，可拿过来就能全能发挥，不耽误工作，真正能够接受企业文化、管理理念的也就是适合的人又有多少呢？所以企业管理者们要有正确的人才观念。使用人性化管理的模式为主，刚性管理为辅，放低您的高度，尊重、理解、关心和爱护我们每一位员工，他们也会用同样的方式来对待你，做到真正的"以人为本"，"士为知己者死，人为知己者用"。

要有科学的激励机制

现在有很多企业把激励理解得过分狭窄，并把激励和奖励视为等同，造成了很大的偏差。激励离不开奖励，也可以把奖励称为激励的一种推动机制。也就是说，它应该是员工通过努力后想要得到的，其中主要包括奖金、升迁机会、分权以及授权等。这是一种向上的推力，同时也是员工努力工作的基本前提。再者，激励管理也离不开牵引机制，它是一种向上的拉力，主要有价值牵引机制。

要有合理的约束机制

激励管理也需要压力，或者说需要约束机制。因为任何奖终究会有失效的一天，而且现阶段人们的需求日益丰富多变，管理者很难持续找到适合大众的奖励方案。简单地说，前面有胡萝卜的同时，后面最好再放只老虎，这样才能跑得更快。也就是说，要约束员工发展、进步的方向以及速度。在一些重要岗位，有意识地做好人才储备，简单地说，就是"一人多岗"和"一岗多人"，一旦有人离开某个岗位，立即能有合适的人员自动补上，不会给企业带来重大影响。企业要根据岗位变动的情况，提出岗位需求说明。同时，替代岗位人员的培养还有助于员工内部形成竞争意识，因为有一定数量的后备人才储备，个别人就不会因为岗位的重要性而产生自我膨胀的心理。

企业用人的核心有三点：发挥优点、包容弱点、改变缺点

未来标志性企业用人的三大特性：核心高层的合伙制、核心中层的干股分红制、基层优先成长制

39.3　如何留人

人才需要激励、股权、认同。

事业留人

职业生涯计划是人员进入企业之后，根据具体个人的条件和知识背景情况，由员工和管理者一起探讨的。让员工在企业有明确的发展方向，与企业一起成长、一起发展，既可增强企业的凝聚力，又可让人员为自己有良好的发展前景而不愿离开企业。好的职业规划对他们起着重要作用。

在这方面，我们应该向大的跨国公司学习。例如：美国微软公司是全世界最吸引人才，留得住人才的公司。因为公司的人力资源部制定有"职业阶梯"文件。其中，详细列出员工进入公司开始，一级一级向上发展的所有可选择职务，以及不同职务需具备的工作能力和经验，包括相对应的薪金待遇，使员工在来到公司之初，就对今后的职业发展胸中有数，目标明确。

感情留人

现代的企业对人的管理是核心，尤其是对业务人员的管理。因为业务

人员流动性大，他们长期在外，企业不能对他们像放出去的小鸟，不管不问；而要经常与他们保持联系，加强交流，要了解业务人员在外的困难和苦衷，比如他们在外的衣食住行，尽可能做好他们的后勤工作。往往在员工的生日或节日之时，打一个问候电话，就能体现企业管理者对下属的重视和尊重，用充满温情的方法，将"以人为本"落到实处，用真情留住业务人员。

职务留人

国人骨子里根深蒂固的官本位，使业绩突出的人员总是不断产生升职的念头，业务人员想升主管，主管想当经理，所以，对业绩突出的人员"封爵"，给他们荣誉和表扬。如，企业设立销售精英、金牌销售、销售大王等称号，鼓励大家学习，优秀的经理给他们加个总字，也未尝不可。

待遇留人

金钱是人们生存的基本条件和工作动力，也是所有企业吸引人才、留住人才的"硬件"。越有能力和经验的人员，他们获得报酬也应当越高。薪金是人才的价值，是人才发挥能力的物质动力。尽管薪金不是决定人才留否的唯一因素，但是大部分人都认为工资越高越吸引人。一套有效的薪资系统可以不断激励人才工作积极性，创造好的业绩。留住优秀的人员，使企业的工作顺利开展下去，让优秀的人才为企业做出更大的贡献。

39.4　如何育人

企业应像裁缝一样打造人才，培养量身定做的人才，培养共同的价值观、愿景、文化等。

营造优良的企业品质和文化

有这样一句话："性格决定人生，态度决定成败。"人有自己独立的性格和品质，一个企业或组织同样具有独立的性格和品质。要向正直、诚信、和谐、友善的方向发展，由大环境来感染和带动个体的发展，只要企业品质、文化方向正确，那么，所有的员工都会跟随，他们的个人素质就会得到提高。

培养人才的忠诚度、"人才四气"

人才需要培养忠诚度，而忠诚度必须靠企业文化、企业前瞻和行业领先的充满激情创新的人才空间站。

"人才四气"培养：锐气藏于胸，和气浮于脸，财气现于事，义气用于人。"人才四气"是培养人才可持续提升的能力。

培养人才责任链

企业与人因为存在不足，从而生存才会有意义，而去改变不足，生存才有价值。而人生价值感的提升是在于不断接受正确的指导、严格的管理和自我启发。管理是使他人有能力，并使他人获得升值的服务。现代前端的第五代管理是强调组织的成功，强化与他人合作的能力，这样与他人沟通、合作就不再是一种要求的理念氛围，而是一种基本责任。团队就把责任人捆绑成一条责任链，持续做，做持续，从而实现人生的不断努力，上进的步伐才不会停歇。这就形成了企业与个人动力机制的来源，也是实现责任制造结果，结果决定未来的以结果为导向的责任全程管理。这是一种科学的、全新的管理理念。

建立人才的试验田、空间站

"培训是员工最好的福利"，任何人都会渴望学到一些新知识、新技能，提高自己的技能和知识，以提高自己的价值，同时建立人才的试验

AI时代重新定义人才

田，打造行业领先的充满激情创新的人才空间站。

人才梯队培养

建立企业储备人才数据库（行业人才，包括领军人才）、技术专才、潜能人才三大数据库）；

制定与建立企业人才梯队或骨干人员从录取、使用、培育、留住核心关键人才的配套机制（从其个人晋升、薪酬福利激励到股权长效激励，以及对家人激励等政策）；

结合公司企业发展路径，对企业人才做更适合的职业生涯规划。

总之，"善用人者能成事，能成事者善用人"。要管理好一个企业或组织，管理者一定要深入了解人力资源的核心，做到善用人、能用人、会用人，要有爱才之心、识才之明、用才之胆、容才之量和育才之方。

企业应让人才不被庸才稀释，持续让人才保持发展动力，需要打造炼狱式的熔炉，使人才真正成为金子，同时企业一定要时刻打造一条绿色人才通道。企业应建立"能者上、平者让、庸者下、智者越"的常态人才机制。企业应打造完善的人才体系（分发展式、稳定式、跨越式3种），才能驾驭未来！

江平辩才：

我先来摘录一些碎片化的观点，放在下面，让每一个阅读过这篇文章的有缘人再度回顾、反思，看看是否能让你再次产生某些感觉某些共鸣？

高学历不等于高能力，高能力不等于最合适；

文凭不等于水平，职称不等于称职，学历也不等于能力；

"合适的人才"不是培养出来的，而是"选"出来的；

任何设备的功能是有限的，而人的潜能是无限的；

世界上从来没有完美的人可用；

为什么日常让老板疲惫不堪的不是高山的压力，而是配合链所产生的心累；

人都有被了解和同情的需要，因此要彼此同情；

最大的危机一定是信任危机；

最大的失误一定是用人的失误；

最大的管理成本一定是沟通；

决定成败的不是目标而是措施；

世界万物，假若你放对了地方，任何东西都是宝贝；

空降人才适应新环境的"三部曲"：适应它、运用它、驾驭它；

企业用人的核心三点：发挥优点、包容弱点、改变缺点；

"人才四气"培养：锐气藏于胸，和气浮于脸，财气现于事，义气用于人。

这是我20多年的老朋友也是好朋友张义强会长的观点和思想。20年前我在听，20年间很多个场合也在听，今天依然在听。但是这些让耳朵结茧的话从来没有让我生厌，而是每一次都不一样，每一次都会有新的感悟，每一次都会悟出新的思路和方法来。所以用一个词叫"历久弥新"是最恰当不过的。

为什么呢？

因为全文五千三百多个字不是照搬硬抄的管理理论，而是活灵活现的思想沉淀；不是移花接木的案例堆积，而是日积月累的实操总结。换句话来说，这些观点全是张义强在他职业过程中所遇到的问题的解决思路和方法，不是他想出来的，而是因为问题的存在需要解决给他带来的思考方法论；同样这些观点全是张义强对企业管理和人才发展的真实的做法，是他做出来的，然后他就这样总结出来了。

所以真正的理论一定是从实践中得出来的，一定是经历过无数次实践证明了的。

这样的理论才是真正的有用，才是真正的道理。

这突然让我想起了一个场景。广东省人力资源研究会第一届年会在暨南大学召开。张义强会长作为潮汕分会筹备人参加了活动,晚上吃饭时邀请他和国彬会长一桌,本来他们彼此不熟,尽管他们都是潮汕人,后来我还了解到他们老家相距不到 5 公里。但是不熟的张义强会长和不熟的国彬会长却一下就熟了,因为张义强会长讲起了他做过的和总结出的管理之道。谦和的国彬会长居然现场拿起餐巾纸记起了张义强会长的观点,这个举动一时也成为佳话。

这就是张义强会长,诙谐而睿智,朴实而敏锐。他总结出的观点和道理朴素易懂,押韵好记。他非常懂得好的观点如何传播,他非常洞悉企业老板的心思,所以他在讲解他的观点和在授课时,常常有四言八句出来,既总结出道理的内在规律,又让企业老板一听就能快速记住。比如,他讲沟通就说"沟通不互动,累死也没用",又比如他讲人生就说"正因为人生不完美,所以我们天天在追求完美"……这种近似于歇后语和儿歌的总结方法恰恰是张义强会长的智慧所在。而这种智慧更加让他赢得了在潮汕企业老板群体中的专业声望。

20 年前初遇张义强会长时,他正在汕头的本土一家大企业做总经理,后来去了另外的一家汕头的本土大企业做老总,在我的印象中,他只工作过 3 家企业,3 家企业在他的经营管理下,都是汕头的支柱性企业。

而他,却在他认为合适的时候,裸退了企业的所有身份,一直以汕头化妆品协会会长身份,推动汕头化妆品行业的发展,让美传遍世界。

大道无痕。因为道已入心,沁人心脾,润物无声,得道自然。

朱庆阳：产业人才模型初探

作者简介：朱庆阳

上海人才服务行业协会秘书长；

全国人力资源服务标准化技术委员会委员；

国家民政部社会组织人力资源管理专家；

中国人才交流协会副秘书长；

全国省级人力资源（人才）服务行业协会联席会秘书长；

荣获上海市劳动模范，上海市五一劳动奖章；

曾担任过上海市闸北区政协委员；

主编《人力资源服务与咨询》和《中国人力资源服务业发展报告（2014）》。

随着科技革命的深入，知识经济的到来，人才在驱动各个生产要素的过程中，扮演着越发重要的角色。近代以来，20世纪50~70年代战后欧洲发展，20世纪60~80年代亚洲四小龙的崛起，90年代的美国新经济时代，从人才到产业，从产业到经济，正逐渐呈现一套成熟的现代经济产业发展模式。

改革开放40年来，中国特色社会主义市场经济在劳动力密集型为主的中低端制造业推动下取得了世所共睹的飞速发展。中国已成为除美国以外的第二大经济体，并依然保持着平稳较快的经济发展水平。21世纪，中国加入世贸组织后，中国特色社会主义市场经济逐渐从对外半开放的状态，向全球一体化的趋势过渡。自党的十八大以来，我国继续深化改革，全面建设小康社会，完善政治经济体制，迈入新时代中国特色社会主义经济。

然而，随着中国自身"人口红利"消失、产业经济结构转型，国际保护主义抬头、世界综合环境不断复杂化，中国产业经济发展正面临着深化改革开放、发展精益化模式、提振实体经济、助推创新创业、形成核心竞争力等诸多严峻考验。

我国政府历来重视人力资源的发展，中共十五大就将人力资源的重要性定位为"关系到21世纪社会主义事业的全局"的高度。根据《国家中长期人才发展规划纲要（2010~2020年）》，我国到2020年将建成世界人才强国。2018年，中央印发了《关于深化人才发展体制机制改革的意见》，强调人才发展与产业发展"深度融合"，人才的定位逐渐从全局高度落到具体产业上，而在党的十九大报告中提出，"构建实体经济、科技创新、现代金融、人力资源协同发展的产业体系"直接将产业和人力资源的发展相互协同，"产业人才"概念逐渐被政府、市场、社会所重视。

随着我国"十三五"规划的制订，"大众创业、万众创新"等理念的提出，我国产业科技化、工业化、国际化趋势不断加快，产业发展科学化、产业分工合理化、产业机制市场化已成为今后一段时间我国产业发展的主要特点。党的十九大报告提出"在人力资本服务等领域培育新增长点"，体现了国家对"产业人才"价值充分挖掘的期待以及希望通过政府、市场、社会共同推动的方式引入、培育、保有一批"产业人才",为下一阶段各个产业提供助力。然而,目前各方对产业人才的认识不足,造成了在服务产业人才、推动产业发展的过程中,存在部分产业人才空置、行业配置不均、引入标准固化、提升渠道受限等现象。所以,结合产业发展特点,加强对产业投资、策划、招商、运营人才的认识,建设或引进对应的产业人才,是我国新时期社会主义市场经济道路发展过程中,产业持续稳定发展,在全球范围内形成核心竞争力的有效保障。

40.1　产业人才分类

产业人才的概念

产业人才是指与产业发展过程相关的人才,既包括通过着眼于产业宏观整体发展的产业指导者,也包括致力于产业微观主体的产业从业者以及为产业具体项目提供生产要素的第三方人才。

产业人才的提出契机

(1) 市场在资源配置中起决定性作用。党的十八届三中全会鲜明提出在深化经济体制改革时期,市场在资源配置中起决定性作用。在2016年中央9号文件《关于深化人才发展体制机制改革的意见》中也指出,突出人才资源配置市场导向的基本原则。市场化人才资源配置,即根据市场人才需求,市场对人才贡献的评价,提供人才在市场中的引入、流动、匹配机制。这一机制实现的环境就是社会主义市场经济体制。在党的十九大报告中,更是提出"着力加快建设实体经济、科技创新、现代金融、人力资源协同发展的产业体系,着力构建市场机制有效、微观主体有活力、宏观调控有度的经济体制,不断增强我国经济创新力和竞争力",将市场在产业发展中的决定性作用要素通过具体列举的方式呈现出来。其中,企业是最重要的社会主义市场经济体制主体，而企业的集合就是产业，产业与人力资源协同，即"产业人才"，符合我国市场化人才资源配置的发展诉求。

（2）人力资源服务业愈发增加关注。人力资源服务业作为现代服务业的新兴业态，是国际朝阳产业。人力资源服务业在我国20世纪80年代就已萌芽，但是其高速发展并形成产业则在21世纪以后。2014年，人社部、国家发展与改革委、财政部发布我国第一个人力资源服务业指导意见——《关于加快发展人力资源服务业的意见》，并将人力资源服务业定位为"是优先开发与优化配置人力资源，建设人力资源强国的内在要求，是实现更加充分和更高质量就业的重要举措，对于推动经济发展方式向主要依靠科技进步、劳动者素质提高、管理创新转变具有重要意义。"2017年，人社部印发《人力资源服务业发展行动计划》提出了通过"三行动"和"三计划"推动人力资源服务业发展，2018年6月29日国务院签署《人力资源市场暂行条例》，对规范人力资源市场活动，促进人力资源合理流动和优化配置，推动就业创业有着深远的意义。这一系列文件的发布，在确立人力资源服务业经济社会地位的同时，一方面，为我国产业人才工作的发展提供了渠道和抓手，即人力资源服务业发展的指导思想为通过人才服务，"激发市场主体活力，为经济社会可持续发展提供强有力的人力资源支撑保障"；另一方面，通过新兴产业的确立，实现社会分工进一步细化，"产业人才"概念也从该过程中应运而生，成为当前产业发展过程中最需精准服务的一类人才。

（3）以产业经济为主导的国际竞争日益剧烈。自从我国加入世界贸易组织起，我国经济更多、更全方位地参与到国际市场中，产业在不同程度上受到具有技术、资源等要素比较优势国家的冲击，特别是近5年来，随着中国人口红利的逐渐消失，国际贸易保护主义抬头，"中国制造"虽目前仍享誉全球，但一方面与其他新兴经济体份额差距不断缩小，世界工厂正逐渐因为"人口红利"消失而失去最明显的比较优势；另一方面智能化、科学化产业，相较发达国家仍存在结构性差距，已成为中国下一阶段经济发展的主要障碍。为应对国际竞争压力，适应市场环境变化，我国正处于产业结构调整时期，产业结构正朝着合理化、专业化和中高端化方向转变。"一个层次的行动规则的变更，是在较之更高层次上的一套固定'规则'中发生的。"人才地位不断提高，从"劳动力"到"人力资源"再到"人力资本"，更多的目光关注到人才作为产业的具体主导者与产业的发展、调整、改革有着重要的价值有待挖掘，而不是最初仅仅考虑"用其劳力"最粗浅层面的时代了。"产业人才"在此背景下提出，直截了当地表明了产业与人才的关系，即产业提供人才平台和人才在产业平台上发挥自身价值，两者相辅相成，迎合了我国新时代产业结构调整，深化改革时期的人才发展战略，对我国产业协同发展体系的实现具有重要意义。

产业人才分类的意义

协会在调研过程中，对受访机构、专家所表述的产业人才意义进行了总结和初步的归纳，从宏观意义和微观意义来看，主要有以下几点：

（1）宏观意义。产业人才是推进产业投资、产业策划、产业招商、产业运营的实际驱动者，在国家、地方宏观发展上具有重要地位。随着世界节奏的加快，产业人才正有力驱动着更多生产要素的有效流动，在宏观经济发展中扮演着越来越重要的角色，成为各类经济产业发展的先决条件。

填补人才理论空白。我国目前人才理论研究在逐年增多，甚至在部分政策文件（如重庆的产业人才支持计划、广州杰出产业人才项目等）中，我们不难发现已经提到了"产业人才"这个词语。然而，对其理论研究在国内尚属空白。产业人才的释义，产业人才的内容，产业人才的胜任力模型均没有得到良好的分析和总结，造成了无法科学评价产业人才的情况，进而在政策制定、人才引进方面没有明确的标准，使得我国产业人才队伍建设缺乏理论基础和政策保障。

"产业人才"概念的提出有利于提升人才和经济发展的黏合度，加强人才与经济发展相互的关联，并在我国传统的行业人才分类基础上，根据人才在产业中发挥扮演的功能角色进行区分，为人才理论研究提供了一个新的维度。

引导人才资源倾斜。"产业人才"是相对于"学术人才"而言的，这在人才培育方面和政策引导方面可以说尤为重要。中国人才培育体系呈现偏高等教育而轻职业教育的情况，造成产业技术人才生源少，缺口大，而高等教育所对应的管理行政人才存在着人满为患的情况。

在人才引进方面，中国在各类人才计划中，引入了大量学术型人才，而在产业领军人才的引入力度上偏弱，造成人才引进与产业发展的脱节。这一影响在微观层面上特别显著，专业技术人才相比其他类型人才存在较大需求，未能对我国经济发展提供良好的支持。

"产业人才"概念的提出有利于服务市场经济发展的人才得到更多资源的支持，有助于改变以往重理论学术、轻产业发展的政策环境，对推动产业结构改革，实现科技创新、工业4.0等产业目标具有重要的价值。

推动人才合理流动。一方面，尽管我国目前大部分地区均制定了人才流动、引进相关政策。然而，在具体的人才评价方法、人才引进制度、人才优惠措施等文件中，缺乏落实内容；在人才交流、人才活动中存在形式化、表面化的现象；在人才服务平台、人才引进渠道上，没有较为可靠的保障，缺少市场化引进的软实力标准，造成人才引进政策对产业人才的吸引力不够，未能达到预期效果，制约了当地产业经济的发展；另一方面，对产业人才有关的政策普及率也较低。根据协会调研显示，大部分受访企业依然停留在传统的居住证户口档案常规人事管理涉及的政策服务上。

"产业人才"概念的提出有利于以此为核心，围绕产业人才胜任力模型建立一套市场化的人才评价方法、围绕产业人才服务需求制定人才引进制度、围绕产业人才专业提升现状开展人才交流活动，围绕产业人才分类进行梳理，可以更有针对性地将政策宣传贯彻，将现有产业政策落到实处。

（2）微观意义。产业人才在具体经济主体的运作上也具有相当大的价值。在中国市场日益发展的今天，随着信息化、全球化、交互化的进程不断加深，生产资料的消费者和供应者的信息对称性达到了前所未有的高度。电子商务的普及将全球市场与中国市场连接在一起，所以，地域环境对企业核心竞争力越来越小。而产业人才素质的差异性，将直接决定企业资本、技术、服务、文化、品牌等要素的能级，进而决定企业核心竞争力具有重要意义。

在行业治理方面，产业人才概念的提出有助于行业协会、商会等第三方机构组织，有效围绕产业人才基础框架，有针对性地梳理行业人才供求、提升从业人员素质、开展行业人才活动过程中拥有良好的抓手和依据，推动行业协会在人力资源功能模块的建立和成熟，进而对社会治理模式早日实现提供帮助。

在国有企业方面，产业人才概念的引入与队伍培育对国有企业建立现代企业制度、深化体制机制改革、激发团队活力、带入市场化运作模式，科学化评价团队能力，增进国有企业整体效率，国有资产保值增值，乃至在国际环境接轨中发挥相应影响力具有深远的意义。

在民营企业方面，产业人才概念的引入与队伍培育，不仅能让企业机构负责人知道自身需要哪方面人才，拥有何种胜任力模型的人员可以直接加强企业相应领导能力、管理能力、执行能力，使其在市场上获得比较优势，进而存有一席之地，更会间接影响到企业整体的团队氛围、经营文化、产品设计、战略规划，从而提升企业整体的核心竞争力，使企业在自身获得长远发展的同时，能够在产业发展中提供更多贡献。

产业人才分类

本文根据前文叙述的产业发展模式几个关键环节，从产业人才在产业发展中所扮演的功能角色进行分类，将产业人才分为四大类，即产业投资人才、产业策划人才、产业招商人才、产业运营人才。

（1）产业投资人才。产业投资人才是产业发展所需的生产要素持有者，根据所持有的生产要素不同，可分为产业投资资金持有者、产业投资产品持有者、产业投资技术持有者和产业投资资源持有者。

产业投资资金持有者，指的是为产业提供货币或可衡量价值金融资本的组织或个人，其载体主要为政府、基金组织、金融机构及资本家等。此类产业投资人才主要是利用资金及资金的各种形态投入到产业的某一运营业态或多个业态中，使产业获得相应资金的支持，推动产业运转。

产业投资产品持有者，指的是通过自身持有的产业上游或相关联的产品投入到产业中，以产生产业目标产品的投资人才，其载体主要为与产业相关联的投资机构、创业机构等。此类投资者通过投入产业的核心产品、基本产品、期望产品、附件产品、潜在产品等一系列的产品丰富产业的内涵和外延，使产业影响力覆盖范围增大，实现产业不断发展。

产业投资技术持有者，指的是通过自身拥有的技术专利、科技发明投入到产业，为产业创造或提升生产力，其载体主要为科研机构、创新创业机构及科技成果转化机构等。此类产业投资人才主要是通过自身对产业相关的颠覆性或保障性技术投入，推动产业运作科学化、实效化、创新化，实现持续发展。

产业投资资源持有者，指的是通过社会资源（社会关系、声誉等）、自然资源、生产资源（劳动力、机器、场地等）、智力资源（信息、脑力、知识等）。其载体根据资源不同而有所不同。此类产业投资人才根据产业的特点，结合产业发展诉求，投入相应的资源，实现产业更好更快地发展。

从产业发展关系来看，产业投资人才通过自身持有的生产要素，根据产业策划加以投入，产生产业发展的原生动力，是任何产业发展的发起者，同时也是产业发展过程中所需生产要素的提供者（二次投资）。

（2）产业策划人才。产业策划人才是基于产业投资的元素进行商业策划产生盈利模式的部署者或规划者。根据产业策划的特点和案例不难看出，产业策划人才主要分为两类，即行政类策划及市场化策划。

行政类产业策划人才具体载体为与产业相关联的各级政府部门。此类产业策划人才围绕政府对产业投资倾向、产业与产业间关系、产业的功能作用等宏观要素及顶层设计，开展产业规划的策划工作，指导产业发展。

市场化产业策划人才具体载体为战略咨询机构、部分金融机构及第三方产业服务组织等。产业策划人才通过自身对产业的专业认识优势、信息掌握优势、功能布局优势，为产业投资人才、产业招商人才和产业运营人才提供围绕产业商业模式的发展战略指导和理论基础。

（3）产业招商人才。产业招商人才是理解产业投资目的、熟悉产业要素布局，知晓产业策划内容，了解产业运作模式，组织产业资源有序配置与合理运营，最终产生经济社会效益的调配者。

在产业发展模式中，产业招商人才通过对产业策划人才策划的商业模式熟知及产业投资人才投入生产要素的实际情况，组织和集聚适应两者需要的产业运营人才，推动产业运营人才依靠产业投资人才投入的资金、产品、技术、资源，围绕产业策划人才制定的商业模式，实现产业的发展，产业招商人才主要分为政府产业招商人才和居间产业招商人才。其中，居间产业招商人才主要载体为以市场化招商的中介机构、组织和个人。

（4）产业运营人才。产业运营人才是产业发展的具体实施者，也是产业生产要素的使用者。与产业投资人才、产业策划人才、产业招商人才服务产业宏观发展不同，主要是通过服务微观经济主体（产业机构）发展，推动产业宏观发展。所以，从微观层面来看，产业运营人才可分为C级人才、中层管理人员、技术人才、白领、蓝领、灰领人才等。产业运营人才的具体载体即为产业机构及与产业发展相关的部门、企业和组织。

C级人才即高层管理人员，是指对组织企业某一方面、某几个方面甚至所有方面的管理负有全面责任的人员。他们的主要职责是制定组织企业的总体战略目标及落实战略目标的工作体制机制，并评价对应的绩效，进行调整和修改，其体现形式包括CEO、COO、CFO、CTO、CIO等职位。

中层管理人员是在组织企业内介于高层和其他一般工作人员之间的中间层次的管理人员。此类人员主要起到企业组织的纽带作用，即贯彻执行高层管理人员所制定的重大决策，监督、协调和推动基层管理人员的工作执行。

专业技术人才是指在企业组织运作中，未解决专业问题，所使用的在该领域拥有突出的、成熟的知识、技术、能力及创新力的人才，此类人员主要根据其掌握的专业技能进行分类。比较常见的有工程师、律师、会计师、翻译等等。

白领、蓝领、灰领则是组织企业中主要的工作执行主体。其中，白领是指在企业组织运作中具有较高教育背景和工作经验的人才，主要从事企业组织的非体力劳动工作；蓝领相对于白领，主要从事以体力劳动为主的工作。灰领则是介于白领、蓝领之间，既具有良好的理论素养，又能付诸实践的复合型、实用型人才。

40.2　产业人才基本胜任力模型初探

尽管产业人才的胜任力模型因产业特点不同而存在差别，但是各类产业人才的不同，胜任力模型相近，本文结合中国产业实际发展情况和需求，综合各类产业人才胜任力模型进行简述，通过资本运作、品牌运作、产品运作、商圈运作、管理运作、团队运作、信息技术运作、中国特色运作（公共关系运作）8个模块对产业人才进行基本胜任力的衡量。

产业人才基本胜任力模型

（1）资产运作模块。资产运作是指产业人才利用市场法则，通过与资本（通常与资金有关）相关运作模式，实现产业内容发展的方式，通常包括宏观的产业基金、产业孵化、产业融资以及微观的股票、债券、投资、融资、合并、收购等模式。在产业人才胜任力模型中，根据不同类别产业人才对资本运作的依赖程度和运用相应资产运作模式的能力进行评判。

（2）品牌运作模块。品牌运作是指产业人才对产业或企业产品或相关内容进行包装，树立产业或企业正面性、差异化形象，提升政府、社会、市场对产业和企业的认知，为支持产业和企业长期运作发展提供最重要的无形资产。根据不同类别产业人才对品牌运作所需掌握的要求以及实际该类别产业人才品牌运作实现情况进行评判。

（3）产品运作模块。产品运作是指产业人才对产业或企业的各个细分业态或各项具体产品的内容设计、渠道开发、商机嫁接、对象维护,实现业态发展、产品优化。根据不同类别产业人才所对应产业的相应业态或产品的实际好坏进行评价。

(4)商圈运作模块。商圈运作是指产业人才在推动产业发展、开展产业活动、执行产业项目时,所涉及的国际商圈、亚太商圈、全国商圈、区域商圈、本土商圈的使用能力。根据具体产业或项目活动所涉及的相应商圈程度,对照相关产业人才相应商圈内的资源进行评价。

(5)管理运作模块。管理运作是指产业人才在产业做大或企业做强的过程中,对具体的产业市场机制、运作模式、产品架构、业态细分、资源分配或企业商业模式、信息系统、操作流程、职责协调等有序地组织起来,有效地将相应资源、要素转化成经济成果。管理运作根据各类产业人才在产业或企业发展中的不同架构、角色、职位决定相应所需的能力大小,通常这一模块主要评价产业主导者或企业中高层以上人才。

(6)团队运作模块。团队运作是指产业人才通过对自身产业或企业现状分析,有效引入或培育与产业或企业发展目标相适应的短缺型、互补型、补强型人才,并在此基础上,营造或配合营造团队气氛,增强团队专业度、使命感、责任感等与团队活动相关的内容。团队运作模块主要根据产业人才所在的产业策划团队、产业招商团队、产业运营团队等在内的角色和相应的责任,设立其所在位置对团队运作所应做出贡献的模型,并根据模型相应指标要求评价产业人才的团队运作能力。

(7)信息技术运作模块。信息技术运作是指产业人才在履行自身职责、执行相应活动时,灵活使用高效、对口信息技术以达到相应目标的能力。特别是,在产业人才胜任力模型中,对于策划人才或高级管理人才来说,信息技术运作模块不仅包含了是否使用相应的信息技术,更包括了对信息技术与信息技术、信息技术与传统业务的整合创新能力,是对产业人才是否能够有效推动产业或企业创新发展的重要考量。

(8)新时代中国特色运作模块(公共关系运作模块)。新时代中国特色运作是指产业人才在开展工作时所涉及的对公行政业务、优惠政策、政府关系等问题的理解能力和处理能力。新时代中国特色运作模块是围绕中国社会主义市场经济特色设立的评价体系，主要评价产业人才对新时代中国特色社会主义市场经济中政府处于重要地位的认识程度，对产业或企业能否在中国特殊的政府环境、市场环境成熟发展具有重要意义。

各类产业人才所应具备的基本素质

根据上海人才服务行业协会调研结果进行总结，从产业人才胜任力8个模块中，根据不同类型产业人才在产业经济发展中承担的角色，对其胜任力模型进行初步分析。

（1）产业投资人才。产业投资人才是产业发展所需生产要素的持有者，也是整个产业发展的发起者。因此，产业投资人才在如何准确分析判断、在可控风险的前提下开展资本运作是其所必备的基本素质。当然，为进一步提升自身资本运作的能力，相适应的商圈运作能力和中国特色运作能力，与自身所持有且目标产业所需的政策、技术、自然资源、劳动力等其他生产要素加以投入，优化投资环境，提高产业投资效益预期。在协会问卷调研中，资本运作、商圈运作、团队运作是受访机构认为产业投资人才最重要的3个胜任力模块。

（2）产业策划人才。产业策划人才是产业发展生产要素有效配置的指导者，应当熟悉产业发展的各个模块，才能为产业其他3类人才提供相应的咨询和规划。然而，产业策划人才在宏观（国民经济、地区经济）策划与微观策划侧重的模块不同，需要分别讨论。从宏观来看，产业策划人才应当熟悉生产要素投入方式（即资本运作模块）、各类商圈对产业的影响程度（即商圈运作模块）、产业运作模式和业态细分（即管理运作模块）及政府应当发挥何种职能实现产业发展目标（即中国特色运作模块）等内容，才能对产业拥有较好的策划能力。从微观来看，产业策划人才在对微观主体（企业或个人）提供咨询时，应当针对微观主体需求的模块或提供微观主体服务的模块，具备相应的能力，为对方提供相应咨询产品。在协会问卷调研中，品牌运作、产品运作、商圈运作是受访机构认为产业策划人才最重要的 3 个胜任力模块。

（3）产业招商人才。产业招商人才是产业发展生产要素投入优化的配置者，应当熟悉产业的资本、技术、劳动力及相应产业人才的配置情况。在具体招商过程中，具备调配资源的产业商圈运作能力、推广产业价值的品牌运作能力以及贯彻政府产业规划、顺应产业市场价值的公共关系能力，在招商工作中，为产业发展调配更多优势资源。在协会问卷调研中，商圈运作、管理运作、品牌运作是受访机构认为产业招商人才最重要的 3 个胜任力模块。

（4）产业运营人才。产业运营人才是产业发展生产要素整合和产生价值的执行者，与前 3 类不同，主要服务于微观经济领域（即具体经济主体）分为 C 级人才、中层管理者、技术人员、白领、蓝领。其中，C 级人才也与其 3 类宏观产业人才一致，应当在拥有一定领导力的基础上，具备战略思维，即具备与微观主体（企业）发展相关的八大运作模块能力，并在相应职位履职所需的能力上更为突出（如 COO 在管理运作和团队运作能力上、CFO 在资本运作能力上、CIO 在信息技术运作能力上）。

中层管理者、专业技术人员、白领、蓝领、灰领主要在执行层面进行评价。其中，中层管理者应当具备对机构内部的团队运作和管理运作能力，并熟悉职能对应的运作模块配合 C 级人才进行管理。而技术人员、白领、蓝领作为微观主体中具体的生产、销售、研发、服务等执行层面个体，应当具备相应的专业能力，支持微观主体的 C 级人才、中层管理人员实现企业战略。

根据上述产业运营人才的分类，协会也做了相关调研统计，其中，C 级人才应当具有的胜任力中，商圈运作、资本运作、管理运作是 3 项最主要的胜任力；中层管理人员应当具有的胜任力中，管理运作、产品运作、团队运作是 3 项最主要的胜任力；蓝领、白领人才应当具有的胜任力中，产品运作、信息技术运作、公共关系运作是 3 项最主要的胜任力。

40.3 结语

随着新时代中国社会主义特色经济时期的到来，观大势、谋全局、干实事，就需要与其相适应的"实体经济、科技创新、现代金融、人力资源"协同发展的产业载体，其中，人力资源作为第一资源，正呈现出它的时代化、引领性和竞争力。中国产业经济正转型发展，提出了更深刻、更细化的要求。人力资源作为协同发展中的重要一环，势必迎来对其更精益的定位、思考与实践。本文提出的"产业人才"及其模型框架便是一次尝试性的探索，希望能够通过本文的"产业人才"介绍，为大家开拓一条围绕产业特性讨论产业人才及相关要素的思路，加强对不同产业人才的认识，并针对性地开展产业投资人才、产业策划人才、产业招商人才、产业运营人才引进、培养和使用工作，这不仅是我国人才理论研究新的方向，也将对下一阶段的人才工作有着重要意义。

协会将继续围绕产业人才基本胜任力模型进行探讨研究，深度学习新时代中国特色社会主义市场经济精神，总结改革开放几十年来中国市场中产业人才发展趋势，对下一阶段产业发展所需的能力模型提供一些观点，希望能够协助市场和社会各界增强对产业人才的认识，并将相应胜任力模型框架运用于地区、产业、企业中，建立具体的产业人才模型，通过科学的市场化人才任用机制，更好地服务产业经济发展。

江平辩才：

这是"才人说"最长的一篇文章。长达九千八百多字符，当然不包括"江平辩才"的字数。毫不动摇地说，这不仅是一件长文力作，更是一篇雄文。这里不要有歧义，不是所有的长文就是雄文，当然也不是称得上雄文的就一定长。

为什么雄？雄在它紧贴时代精神前瞻性做出了产业人才的专业定位；

为什么雄？雄在他围绕市场需求精准化画像了产业人才的岗位模型；

为什么雄？雄在它站在政策和时代的结合点上解读了产业人才的发展趋势；

为什么雄？雄在它既从实践中提炼又在理论上总结出的推动产业发展的人才系统实践观。

产业发展是现在一个很热门的词汇，我听过太多的产业词汇，比如说大健康产业，比如说全金融产业链，比如说跨境电商交易平台，比如说物流产业园，等等。像这些什么产业，什么产业链，什么交易平台，什么产业园之类的，我统统理解为未来跨界整合的一个核心落地的系统。

好，既然是系统，那就不是一个人一个企业一个行业一个产品能落地的。所以，我就在这方面提出几个关键词。

第一个关键词：横跨多个行业。我们举个例子，你做一个医养产业园区，在投资和融资甚至于产品的复合设计上，是有金融行业的；在园区的规划设计开发和建筑及园林装修施工，是涉及房地产及关联行业的；你在商家招商，是关系医疗保健养老行业的资源的；你在做园区运营，是需要酒店及高端会所商务管理行业的。多行业的渗透，跨行业的运作是他的第一个关键词。

第二个关键词：产业链。一家中药饮片公司，原来就做切片生产加工，再去医院销售。它怎么做产业链呢？向上游延伸，中药材的种植，这样就垄断了原材料，向下游延伸，除了医院还做药店，还做小诊所，做着做着就自己收购医院的药房建了医院，同时又开起了药店，这样就有销售的市场了。然后它突然发现原有的产品不够卖了，反正销售资源都有了，我一头牛是放两头牛也是放，不如多放几头，于是它就去收购药厂，扩大它的产品线。

这就是典型的产业链，围绕一个产业，从源头到终端，全方位覆盖。

第三个关键词：专业的复合。在一个产业里，有多个行业，有多个产品，有多种资源的获取，必定需要多个专业的共同参与，这就是专业的复合。

我们讲专业的复合不是说每个人都必须什么都懂，那是绝对不可能的，而是需要不同的专业聚合在一起。

这里我得提醒一下看官，未来的产业人才不可能面面俱全，一定是有其专业特性。所以一个企业希求一个人是复合型人才，是什么都懂必然是一个失败的结局，尤其是在产业运作方面，其一定是系统的。

基于这样的几个关键词，我们更应该清晰产业运作的内在逻辑，它一定是一个庞大的系统，一定是一个多系统链接的新系统，一定是一个跨行业、跨领域、跨专业的多兵团作战系统。

这就是它的特点。

这个特点还有一个最大的系统就是各岗位的专业人才系统。

正是因为这个特点，它的前所未有的复杂性和未知性，米庆阳秘书长的这篇雄文就很有意义，融思辨和指导于一体，让新鲜事物真正落地开花结果才是正道。

中国人力资源服务行业有很多优秀的人才。米庆阳秘书长是这些优秀的人才中当之无愧的一个。他善于发现，他善于思考，他善于总结，他更善于分享。

这一切都因为他心底善字当头。

大善无疆，这源于心底的善恰恰无时无刻地在推动和催发中国人力资源服务行业的理性成长。

41

张大超：大健康产业的可持续发展对人才的需求定位

作者简介：张大超

毕业于北京大学医学部药学专业；

曾任职于卫生部食品卫生监督检验所（今为"国家食品安全风险评估中心"）；

于1998年创立北京诚康卫信息咨询有限公司，发展至今成为"安康国际企业集团"，主要业务范围包括：营养保健食品、食品添加剂、新食品原料、特殊医学用途食品等领域的研发、生产制造与贸易等；

担任中华预防医学会、中国食品科学技术学会、中国营养学会等学术团体的理事等职务；

担任兰州大学公共卫生学院兼职教授；

担任多家跨国企业、上市公司、直销公司顾问；

担任多个省市政府健康产业发展顾问。

大健康产业是提供预防、诊断、治疗、康复和缓和性医疗商品和服务的总称，通常包括医药工业、医药商业、医疗服务、保健品、健康保健服务等领域。

党的十八届五中全会从协调推进"四个全面"战略布局出发，提出"推进健康中国建设"的宏伟目标，凸显了国家对维护国民健康的高度重视和坚定决心。

从国际大健康产业结构来看，中国的大健康产业仍处于初创期，回顾过去的30多年，大健康产业也随着市场与消费者需求的升级，而不断发展变化。过去只要产品不出人命，广告一投放，背个小背包，就可以大把钞票收回来，根本不需要研究企业战略、人力资源布局、消费者研究等等。时过境迁，随着国家政府对"互联网+"和PPP模式的快速推进，信息越来越透明化，消费者的健康意识开始提高，企业必须在全方位应对市场变化方面做出调整，才能在大健康产业中，基业长青。

吉姆·柯林斯在《从优秀到卓越》一书中，提出了"先人后事"，足见人力资源战略是企业赖以持续发展的战略之一。以下就从人力资源角度，剖析一下大健康产业的可持续发展对人才布局的影响。

41.1 研发方面人才

随着市场竞争的日益激烈，企业的生产与发展在一定程度上取决于产品的创新能力，也就是研发能力。研发是一个企业创新、可持续发展的命脉，其不仅影响着企业核心竞争力的提升，更影响着企业市场份额的高低。现在的消费者已经不是以前看见有广告或者给点小恩小惠就会购买了。现代传播渠道的丰富多样，让信息获取更加扁平化，消费者比以往更容易获得更多的品牌及产品信息，如果企业不提高自身的专业性，研发出更多的专业性产品，则必将会被市场所淘汰，所以研发方面人才需优先布局。

41.2 政策及资料解读人才

国家政策及专业资料是行业方向标,是趋势,即人常说的"风口""潮流"。互联网企业家雷军有句名言,站在风口上,猪都会飞起来,其实他想表达的就是要跟随趋势走。国家宏观调控,行业专业引导,就是趋势,都对从企业到消费者的生活与消费产生根本性影响。如果对政策及资料解读对了,则顺水推舟、事半功倍。如果解读错了,则事倍功半,甚至有被淘汰的风险。因此,不少优秀的企业很早就开始投资这方面的人才,为企业的持续发展提供战略内参。

41.3 管理型人才

小企业人少,老板亲力亲为,管理人才重要性凸显不出来。但是人的精力是有限的,随着市场不断扩张,企业不断发展壮大,企业的各种资源被利用到了极限,市场营销、产品开发、财务管理等各个部门都处于超负荷运行状态,则管理层会明显感到在用人上捉襟见肘、顾此失彼,最后公司发展后劲不足,发展速度趋于下降。因此,企业在发展过程中,需要对管理人才的储备,特别是营销管理方面人才。有人比喻管理人才是"伯乐",专业骨干员工为"千里马"。没有管理人才的梳理引导,企业内的专业骨干员工很有可能会被埋没或者跑到阴沟里去。

41.4 推广型人才

好的产品及服务需要推广,推广在企业内战术性作用尤为明显。过往推广方式，受宏观环境影响比较单一，消费者接触品牌及产品信息的渠道多为电视广告、报纸媒体、行业期刊。随着网络信息技术日新月异带来的推广传播扁平化，消费者的生活有了新空间，因此接触信息的渠道也变得越来越宽广和丰富多样。如何将品牌及产品通过新兴的信息渠道推广介入到消费者生活新空间中，决定了企业在战术竞争中是否获得先机。

41.5　新平台销售人才

相对传统渠道来说，新平台是一个创造神话的平台。回顾互联网20年的发展与演变，不难发现，无论是门户网站新浪的兴起，还是淘宝造就的众多淘宝品牌，再到利用微信成就的微商，都是新的平台造就一批又一批的企业及企业家。或许现在流行的新媒体在未来会成就一批新媒体个人品牌。因此，对新平台销售的研究，是目前少部分保持危机感的企业正在思索的方向，并希望找到突破口。新平台意味着未知，未知则蕴藏着无限可能。因此，春江水暖鸭先知，新平台销售人才的布局，是加快企业跨越式发展的助力器。

41.6　智能化方面人才

每一次科技的发展，都会给消费者带来新的生活方式的改变。人工智能化，是近年来也将是未来的趋势。随着人工智能在各行各业的广泛应用，从语音识别到智能家居，从人机大战到无人驾驶，人工智能的"演化"带给我们一次又一次的惊喜。让消费者在购物体验上得到了更好的消费体验，即在得到高品质产品的同时享受到优质的服务。在产品、营销日趋同质化的痛点下，人工智能化成了众多企业品牌在追求产品品质、营销策划、全产业链生产、全球布局等战略的又一核心关键点。因此，如果想在此领域大有所为，则在智能化方面人才的布局必须加快步伐，跟上智能化的发展趋势。

41.7 企业的综合实力竞争，归根结底是人才的竞争

党的十八大以来，习近平总书记把科教兴国、人才强国和创新驱动发展战略摆在国家发展全局的核心位置，对人才布局高度重视。"人才"是一个行业可持续发展的基础，对企业来说亦然。在大健康产业的可持续发展中，对人才的需求要企业不断去洞察、去解析，定位准确，则战略布局得当，人才"红利"才能不断地筑牢跨越发展的基石。

江平辩才：

这应该是所有大健康产业的企业家和职业经理人最为渴望读到的文章。因为大健康产业是这些年最为热门的行业，更是金融家、投资家和资本一直在追逐的行业。基于热门和资本追逐，所以大健康产业的发展被加入了很多跨界和新类的基因。

正是因为有这样的基因存在，让很多一直在大健康行业深耕发展的老牌传统企业和资本进入这个行业的企业，都有一点儿力不从心和无所适从的感觉。为啥？组织如何建设？团队怎么组建？都有哪些功能？效能如何体现？这些问题恰恰是让企业一个头两个大的。

因此，张大超秘书长站在一个行业的高度，结合这个行业的特点系统定位和规划了组织功能，而且这个组织功能的规划和定位是有内在逻辑关联的。

首先，张大超秘书长提出了研发类人才、政策及信息解读类人才、管理类人才、推广类人才、新平台销售类人才、智能化方面人才六大类

人才。

我理解的张大超秘书长的逻辑始终贯穿了产品这个核心,以产品的走向脉络为逻辑,一点点渗透专业的特征。

一个企业之所以存在的价值就是因为产品。产品是什么?对于大健康行业的企业来说,产品一定是企业的王道。因此,产品的研发能力一定是大健康产业的核心竞争力,能引导市场消费、解决消费者痛点的产品的可持续研发能力是让一家企业永续经营的核心。

有了产品的研发能力,一定得和政策发生关系。对政策的理解是用好用活政策的关键。只有用好用活政策才能把握方向,才会让政策为你的经营和发展保驾护航。这样的企业是会规避生命周期的,一定是会做一个长青企业的。

产品是需要生产和制造出来的。在生产和制造过程中,需要质量保障,需要成本控制,需要产能满足,这就是流程管理、标准管理,也就是精细化管理的关键。所以,管理类人才一定是一个系统人才,涉及很多专业的聚合点。

生产出来的产品要卖出去,卖前一定是需要专业推广。消费者沟通和消费者教育就是在做推广。推广有很多专业思路和专业方法,比如广告推广,比如地面推广,比如网络推广,比如社群推广。不同的推广方式对应着不同的推广渠道,而不同的推广渠道又对应着不同的推广专业。

任何销售都是把产品卖出去,在哪里卖?如何卖?谁来卖?这3个问题就是战场、团队及工具的问题。我明显感觉到张大超秘书长的这个文章的眼就出来了,新平台销售类人才。其实这是很多大健康企业在转型、在发展时遇到的最大"瓶颈"。

新平台销售是有别于传统的开店销售和经销商批发分销的销售方式。我的理解既包括以所有新工具的互联网和移动互联网的新技术所带来的销售方式,比方说,电商、商城、微商、小程序、网红、抖音、段子手等;又比方说线下的各种共享平台。

因此,不同产品有对新技术、新工具、新平台的吸收功能,这样就会

41. 张大超：大健康产业的可持续发展对人才的需求定位

举一反三嫁接出很多销售落地的新思路。

说得再多，产品最终得卖出去。只有卖得出去、卖得好的产品才是真正的好产品。这永远是真理。

大超秘书长提出了智能化人才是大健康产业的核心人才。这既是务实的提法，也是一种前瞻性思考。新零售、新平台一定需要新的工具的链接。新的工具一定需要智能人才的落地。

不管是物联，还是区块链，不管是打通线上线下，还是贯穿整个产品供应链。智能一定是最后一公里的链接。

我和大超秘书长见面不多，沟通很少。有一年收到他寄来的扇面、一罐茶和他亲笔的问候，我读懂了他的内心，真诚、细腻、狂野、自在、热忱。他对大健康产业的热爱和对这个行业的企业发展和企业家命运的关注，是超越他生命本身的。我始终感觉大超秘书长就是为着中国大健康产业的发展而生而活的。

这是他全部的生活托付和人生质感，为有这样的秘书长奔走和活跃在大健康行业，为行业之幸，更为行业之福，福在您我，福在大超。

吴福培：生命壹号的人才之道

作者简介：吴福培

广东生命一号药业股份公司创始人。

1993年我们创办了"生命壹号"这个大健康品牌。"生命壹号"成为全国首批功能保健食品和第43届天津世乒赛的指定营养品,创下单品销售近20亿的销售神话!那句"补充大脑营养,促进骨骼生长,提高记忆力"在央视黄金广告档轮播,在全国掀起了一股"补脑"热潮,影响了无数80后和90后。

俗话说:"得人才者,得市场,得天下。"人才是企业的第一资本,市场经济的竞争最终体现在人才的角逐上,拥有一支高素质的人才队伍是企业取得成功的基础。

那什么是人才?我理解的人才,是具有一定的专业知识或专门技能,能够胜任岗位能力要求,进行创造性劳动并对企业发展做出贡献的人,是人力资源中能力和素质较高的员工。

在20多年"生命壹号"的经营管理实践中,我们始终坚持这样的原则。

42.1 任人唯贤

人才,只有先成"人"才能成"才"。西方有句话说:知识不如能力,能力不如品德。品德是关键、是基础,要想成就一番事业,必须拥有良好的品德。在此前提下,一个在其所在行业、所在领域、所在层次做出超乎一般人贡献、出类拔萃的优秀人物才能称得上是"才"。那企业怎么鉴别人才?王安石在《临川先生文集论》中写道:"古之人君,知其如此,故不以天下为无才,尽其道以求而试之,试之之道,在当其所能而已。"企业鉴别员工是否是其所需的人才,只需给他制定一些考核指标或任务,然后从他的处事能力、团队合作能力和考核完成度等因素考量。只要能通过,则可认为他是企业所需要的人才,可以重用。

42.2　合理分配，扬长避短

金无足赤，人无完人。我们都很清楚：人才不是全才，不是全能，更不可能尽善尽美。术业有专攻，闻道有先后。每个人才都有自己所擅长或短缺的地方，企业只有合理分配工作岗位，以每个员工的专长为思考点，依照员工的优缺点和兴趣点，做灵活性调整，做到"人才是关键，效益是核心，分配是根本"，充分调动各类员工的积极性，最大限度地发挥他们的才能，让团队效能最大化，实现"1+1>2"的奇效。

42.3　做好人才培训工作

对企业来讲，培训是自身新陈代谢、不断发展的催化剂和必由之路。成功的企业会将员工培训作为企业不断获得效益的源泉。因此，我们应不时针对员工开展不同类型的培训，从各方面对员工进行知识培训与技能强化。这样不仅可以提高企业的经营管理水平以及员工素质，增强员工对企业的归属感和主人翁责任感，提高员工的工作技能，提升工作效率，节约工作成本，打造独当一面的人才；还能增强企业向心力和凝聚力，塑造优秀的企业文化，提高企业竞争力。

42.4　完善的激励政策

在现代企业的人力资源管理中，利用各种有限的、但尽可能充分的条件激励员工，可以调动员工的主观能动性，活跃工作氛围，容易形成积极向上的工作态度，促使每个员工自发地、最大限度地发挥自己的聪明才智与潜在的能力，形成优秀的企业文化，提高员工对企业的参与感和归属感。此外，完善的激励政策更能吸引外来人才和留住企业人才，不断增强企业实力与竞争力。

作为正在职场上打拼的人士又该怎样成为企业所需的人才？从定义来看，我们可以知道人才不是天生，而是需要后天的锻炼与培养。天才如古人方仲永，5岁即可作诗，但后天没有经过锻炼与培养，最终也只能泯然众人矣。而商末周初的姜子牙通过不断的自我提升，终在72岁时被周文王所挖掘，成为开国元勋，名留千古。

42.5 保持学习心态，不断拓展视野

习近平说过："国家要上进，就必须大兴学习之风。"学习是获取知识的重要源泉，是人类前进的动力与源泉。当今市场日渐趋向精细化、大数据化，消费者观念更新和市场变化速度都大大加快。这就要求我们在日常生活中，要多积累社会经验，学习新的社会知识与技能，不断提升自我修养与价值。与此同时，我们也需向公司的优秀员工学习，学习他们的办事技巧与工作态度，汲取各家之长，贯彻"三人行，必有我师"的思想。

42.6 做事细心，追求完美

细节决定成败。在企业中，做"大事"的人不在少数，但做好"小事"的人却寥寥无几。而企业需要的就是把事情落实的人，不管这事情的大与小。当我们把这些小事都做好时，企业会看到我们的价值所在，我们也就更容易成为企业所需的人才。

42.7　敢于吃苦，勇于拼搏

工作上要艰苦奋斗，精神上要斗志昂扬。不断培养自己吃苦耐劳的品质，锻炼自己坚强的意志，在实践中提高自己对环境的适应能力，正所谓"吃得草根，百事可做"。虽然今天的努力不代表明天一定能成功，但明天的成功一定证明今天的努力。要想出人头地，就要有敢于吃苦、勇于拼搏的精神！

42.8　时刻牢记企业利益

俗话说：大河有水小河满，大河无水小河干。企业利益是企业生存的根本。企业的兴衰和每个员工的切身利益息息相关，公司不能没有员工，员工也离不开公司。只有企业生存发展了，员工才有自身的生存与发展空间；只有企业兴旺发达了，员工才能更好地实现自身的价值。只有企业前景无限了，员工才有更美好的未来。作为公司的一员，我们要树立主人翁意识，从被动变主动，由"要我去做"转变为"我要去做"，自觉地为公司尽其所能，心往一处想，劲往一处使，不断地发挥自己的特长，为公司发展贡献自己的力量。

江平辩才：

"人才是关键，效益是核心，分配是根本。"这3句话15个字在"生命壹号"高州工厂的墙上，在"生命壹号"的很多文件和制度里，在"生命壹号"的很多次各类会议上，在"生命壹号"创始人吴总的沟通和讲话中，是出现频率最高的语言。我相信这3句话15个字是刻在吴总心底最真实的认知。

因此，2016年12月29日我在高州"生命壹号"工厂的墙上看到这15个大字时，我久久地凝视后，和吴总讲过一句话，你1993年的经营和管理企业的思想，现在依然不过时，再放一百年还是不会过时的。

说这句话时，我是认真的。说这句话时，我的认知是认真的。

我们知道一个常识，关系只有两种，一种是因果关系，一种是关联关系。显然吴总的这3句企业的经营管理哲学是因果关系，并且彼此之间互为因果。

我们不妨来分析一下，人才是关键，关键在哪儿？关键在人才是企业的根。没有人才企业就成了无本之木，没有了人才就没有了工作的落地和结果的交付，所以企业一定就没有效益。这就出现了第一个因果关系。人才是效益的因，效益是人才的果。这第一个因果告诉你，没有人才何来效益？

效益是核心。对于一家企业来讲，没有效益一定不是好企业。我本生最反感的就是企业没有利润。有了效益，企业才有了承担责任的能力。有了效益，企业就能缴税、就能尽社会责任；有了效益，企业就可以和股东分红就可以和员工分利，企业就能尽股东和员工责任了；有了效益，企业就可以开发新产品就可以改良工艺，就能让企业可持续发展。因此，对于企业来说，有了效益才会做好对员工的分配。这样一来，有了一个新的因果关系，效益是分配的因，分配是效益的果。这个因果关系有两层意思，一是企业没赚钱拿什么去分？二是企业赚了钱一定要学会分。

再来看吴总的第三句话，分配是根本。分配是谁的根本？一定是人才的根本，是人才为什么愿意来一家企业发展的根本，是人才为什么愿意和企业一起成长共同发展长期奋斗的根本。所以，分配是因，是得人才得心的因；人才是果，是企业做好分配善于分配的果。分得好舍得分是有用的人才和你一起发展的绝对的因。

我们已经看到这三个因果关系吴总已讲出了他的真谛，也深切感受和触摸到"生命壹号"在长达25年的发展过程中对人才的渴望和从内心的追求。同时我也从平时的工作接触中更加深切地认知到他对人才的发自内心的尊重和欢喜。

我相信,"人才是关键,效益是核心,分配是根本"这3句话不仅仅是吴总最真实的经营哲学,同时是"生命壹号"这个品牌从无到有的经营实践的真实法宝,我更相信这3句话是"生命壹号"曾经单品突破20亿骄人业绩的价值观。怎么做到?如何能环环相扣?既不可顾此失彼,又不可因噎废食。我只想到两个字:系统。真正让这3句话的因果逻辑全部因因成果,只有系统观建立人才系统,形成系统性管理,才能真正帮助企业心想事成。

什么是系统?我的脑子里自然就有了这些问题的出现。

你的企业因为什么而存在?你做一家企业的初心究竟是什么?这个初心是不是有意义?这些问题是解决企业的价值观、使命和责任的问题,这是企业的道,更是企业的战略定位。任何一个企业在做企业之初就得想清楚我是谁?我要做什么?我为什么要做这件事?

从系统的角度来说,这是解决企业发展的"一"的问题,也是"元"的问题。

这些问题清楚后,对于任何一家企业来说,一定得问自己我在什么阶段?我到哪里去?我用什么样的方式去?一个企业的目标一定是由阶段性目标的叠加所产生的,而任何一个阶段性目标的实现一定是基于企业你处在什么样的阶段为基本条件和出发点的,这也是企业阶段性商业模式的确定。

当企业明确了他的价值,当企业已决定了实现的路径,现在只有一个问题,谁来实现?这个问题就是适合我企业的人才是什么样的人才?能为企业产生结果的组织是一个什么样的组织?

对于任何一个企业来说,合适的人才一定是有能力交付结果同时一定是非常喜欢一家企业的文化氛围,合适的人才一定是能在企业产生成就感和安全感的。这一切的发生又是在一个系统中,比如说流程的优化,比如

42. 吴福培：生命壹号的人才之道

说文化的同化，比如说激励的催化，比如说未来的进化。

其实我一直说做一家企业很简单，就是做一个系统。在这个系统中，战略、业务、客户、商业模式、组织和团队、制度和流程，一个都不能少，少了就不是系统。

窗外山竹已来，飓风起兮。在我心里"生命壹号"本就是一个伟大的企业，伟大在发心在初心，伟大在产品在品牌，伟大在两个创始人吴总和罗总的使命和善心。

伟大已在。如同眼前的飓风。"生命壹号"高速成长飓风已来，因为人才。

43

吴震瑜：汤臣倍健的人才战略实践

作者简介：吴震瑜

汤臣倍健药业有限公司 CEO。

都说中国人多，但从未听说人才多？

什么是人财、人才、人材、人裁？教科书中没有标准答案。

伍总让我说人才，其实，我也说不好人才。

我问过团队，你和姚明比谁厉害？当然姚明！如果和姚明比做销售，做终端呢？我想未必。

谁是人才不是说的，是由文化、战略、打法、组织平台决定的，是否大牛看效率。

作为领导者，都希望公司有用不尽的人才。那么，何如打造人才？

43.1 激活组织，打造奋斗者的主场

"一切的竞争，都是人才的竞争。"要实现公司的战略目标，最核心的是——人，特别是领军人物。

一个人的核心竞争力是梦想和企图心。

优秀的领军人物能打造和吸引人才的气场，以奋斗者为本的主场才能吸引一大批优秀的、充满激情的、有使命感的人才，一起为我们共同的梦想而奋斗。在这里，员工能与企业共同成长；在这里，员工能持续奋斗，创造更大的价值；在这里，个人的成长与公司的发展是紧密联系的；在这里，个人能充分享受企业成长带来的价值。

当人、制度、文化、战略、平台完美结合在一起的时候，才能实现人才的培养和发展，才能让公司健康持久发展。

43.2 人才战略紧跟企业经营战略

企业的成功，离不开正确的战略，而战略要真正落地，离不开强有力的团队和组织。人才战略要跟得上企业经营战略，才能有效推动企业战略

的实施，促进企业的飞跃发展。

随着企业持续快速成长，对人才的能力要求也在不断迭代。人才能力需要提前学习，客观上要求企业要适时地储备更多的高潜力人才。

43.3　组织能力与个人能力的相互成就

仅有正确的战略，没有与之匹配的组织能力，企业也只能是昙花一现，纵使一时灿烂，却也难以持久。

如何打造组织能力？

（1）为打造所需组织能力，我们究竟需要什么样的人才？他们必须具备哪些能力和特质？公司目前人才差距是哪些方面？我们如何通过培养提升现有人员的能力以匹配组织发展的需求？如何利用好选、育、用、留来激活组织人才？

（2）员工有了能力之后，如何能让员工有意愿、自发地工作，如何激发员工的自驱力？

（3）员工具备了能力和思维模式之后，公司该如何确保能提供有效的管理支持和资源，使得人尽其才、物尽其用？我们是否有足够支持公司战略的组织架构？公司的关键业务流程是否标准化和简洁化？是否有顺畅的信息沟通渠道，确保员工得以了解支持完成战略的信息？

在不同的发展阶段对组织能力进行检视之后，迅速采用相应的工具和方法来打造组织能力。

员工有机会接受各种各样形式丰富的学习活动，包括读书会、网络学习、行动学习、内训项目、标杆企业交流学习，等等，构建了全方位的"人才发展组合拳"培训体系，针对每个层级，我们都配套不同的技能类和管理类课程，帮助员工快速成长。

组织能力与个人的能力可以说是相互成就的，公司致力于帮助员工提升个人能力，组织能力也就随之提升了。

43.4 文化建设

公司一开始就必须开展文化建设，推出价值观，德才、能位匹配。价值观不正，能力越大，破坏力越大，企业文化是一把手工程。

43.5 来汤臣倍健，实现你梦想的平台

汤臣倍健是中国膳食补充剂领导品牌，2018 年是汤臣倍健新增长点元年，是国际化的元年，从全球原料到全球品牌。我们很高兴地看到业绩报表持续、健康、快速增长。

一路向 C 战略，以"产品 + 服务"的形式为用户提供健康解决方案，倡导"为健康人管理健康"的经营理念。

汤臣倍健提倡创新求变，以奋斗者为本，让汤臣倍健成为"奋斗者"的主场，让奋斗的力量充分享受企业成长的价值。

汤臣倍健是一个广阔的发展平台，在这里，企业促进人才的成长，而人才也给企业、行业及社会创造了价值。

欢迎来到汤臣倍健，实现你心中的梦想！

江平辩才：

吴总的这篇文章，没有案例，通篇干货，全是汤臣倍健这些年一路高速成长背后的逻辑，也就是汤臣倍健怎么发展、怎么成长的硬道理。

这些年我一直在关注一些增速特快的企业和品牌，这种关注不仅仅是一种学习和总结，找出支撑高增长性背后的真实的共性，更关键的是我希

望通过这样的一种深入的关注能让我始终保持一颗敬畏之心，让我在人才的咨询长征中永远能保持谦卑的面对。

我想这应该是我最好的状态和做事的姿势及方法。

因此，我关注了汤臣倍健、关注了康美、关注了维尚、关注了科勒、关注了碧桂园、关注了海印、关注了韩束……在我所关注的这些品牌和企业中，有这样的几个特点，第一他们不同的行业，第二发展和成长的时期不一样，第三分布在不同的区域，第四企业性质不同，第五创始人的基因不一样。这么多不同的特点却偏偏让他们产生了共同的结果，发展很快，成长性很好。

背后唯一的答案是：在确立他们的发展战略和业务模式时，他们都找到了最适合他们的组织定位和核心团队。正是因为强有力的组织体系和适配的核心团队，才让企业战略得到正确的落地，才让企业的业务得到有效发展。

我们一直在讲一个问题，组织和个人的关系。我所关注的这些高速成长的企业他们也非常好地解决和协调好了这些关系。吴总在今天汤臣倍健发展的干货里也一直在谈组织和人才的关系的重要性，就吴总今天的话题我们简单展开。

我一直认为，任何一个企业首先要解决3个定位问题，第一个是企业的定位，做什么？第二个是商业模式的定位，怎么做？第三个一定是组织架构的定位，谁来做？这三个定位的内在逻辑性就在于做什么、怎么做、谁来做的顺序，第一个没弄明白不可以有第二个，第二个没想好不可以有第三个。

因此，组织架构只解决两个问题，第一、组织的管理形式；第二、组织的管理流程。这两个问题说白了就是解决企业管理的逻辑和伦理，换句话是组织架构里面有多少个位置，谁来坐什么位置？为什么是他来坐？他坐那个位置后应该做什么？做的过程怎么控制风险？做的结果是什么？

这些问题就很好地界定了组织和人才的关系，组织是一个平台，人才是在组织的这个平台上。组织对人才是用协同和制定规则的方法来满足和推动人才能力的提升、愿力的激励和效能的实现。换句话说，组织存在的最大价值是让 1 + 1 一定是远远大于 2 的。

这样的组织才是风险可控、资源配置最大、效能最优的高效组织，建立这样的高效能组织才是每家企业管理的核心和原点。

今夜秋分，明天已然中秋。月明星朗，又将有一个新的话题，未来更多的是自定义组织和无边界组织，那么对组织的管理会不会有新的突破？激活组织的效能是从组织出发还是从员工的个体出发？

我看没有任何不同，把个体当成一个自定义组织，可以吗？

神即道，道法自然，如来，大家中秋吉祥。

张林:格局与精神——全之道成长基因解码

作者简介:张林

中国医药群英沙龙会会长;

重庆医药行业协会副会长;

重庆市南岸区医药行业协会会长;

重庆居家易科技有限公司董事长;

重庆全之道医药有限公司董事长。

企业的发展离不开人才的引进、培养与使用。推动企业发展的力量因素很多，有趋势力、文化力、制度力、团队力等各项因素，在这里结合重庆全之道医药有限公司的文化力，浅谈公司对人才取得成就的一些简略观点。

44.1 才与能的认识

"才"是知识、经验，是对过去的认识与总结；"能"是对"才"的运用、实践与提升，为此企业需要的不是有才之人，而是有才能之人。

（1）"才"为"能"的基础。一个人需要能力，那首先需要有"才"。一个人对自我的学习与培训，是解决"才"的问题。

（2）只有匹配的"才"，才会实现"能"的价值。骏马能历险，犁田不如牛。人才只有在与其相匹配的资源、环境下，其"才"方为"能"的方式体现，才能实现其价值。资源匹配度越高，实现的价值就越大。

44.2 成就与格局的辩证关系

俗话讲人穷志短，志向往往被人们理解为格局；同时也有人因为心胸狭隘，被人们说无格局，胸怀也往往被人理解为格局。不同的人对格局的理解与认识不一样。通俗来讲"格"是内心的位置，"局"是外在的局面。格局就是指一个人的眼见、心胸和体现出来的外在状态。一个人能否取得成就与其格局有关，其格局具体可以体现为以下几点：

时间格局

一个人当下有两种选择，一种方式为当前每月15000元收入，一年可以此做下去，一年的总收入18万元；另外一种方式则为当前月收入为

3000元，以后每月可以在上月基础上每月增加3000元，一年总收入23.4万元。站在第一个月的角度，人们会选择第一种方式；站在半年的角度，大部分人会选择第二种方式；站在一年的角度，人们会选择第二种方式。一个人能站在未来多远的角度做选择，一个人的时间格局就有多大。人穷志短是因为穷人每天都会为了生存而拼搏，就不会有机会去考虑长远的问题，时间格局与在一个人成就的运用方面主要体现为：

（1）利用时间沉淀资源。一个人懂得沉淀资源使自己变得值钱，今后自会有成就，资源的沉淀有时间性。

（2）利用时间的增长性。爱因斯坦曾经讲过，世界上第八大奇迹为复利。复利就是通过时间的增长性在不断创造价值。有时间格局的人就是善于利用时间的增长性成就其价值。

空间格局

一个人的成就往往也与空间格局有关，空间格局主要表现为：

（1）地域格局。地域格局往往导致了信息、环境、人文等多方面的差异，不同地域的人格局往往不一样。越是经济越发达、发展越快的地方，人的格局越大。

（2）行业格局。行业的容量与发展速度不一样，在其行业工作的人成就也不一样。只有快速发展的行业、市场容量大的行业才是成就人机会最多的行业。大洋里能长鲸鱼，小池塘里只能养鲫鱼。医药大健康产业就是非常有格局的行业。

（3）模式格局。企业的运营模式如同企业的生产工具，不同的生产工具生产力不一样。一个人所从事行业的企业运营模式不一样，成就自会不一样。比如：一个人骑自行车在路上拼命飞奔，永远也跑不过一个人乘坐汽车的速度。选择好的模式对一个人的成就有非常大的助力。医药生态链模式就是一个具有宏大格局的运营模式。

（4）公司格局。在相同行业、相同模式下，人往往受其公司所在格局影响。只有在有成长渴望，希望做强、做大的公司才是有格局的公司。在一个有格局的公司里，一个人的成就才会有保障。

（5）领导格局。一个人的成就与其公司领导（特别是直接领导）的格局有关，一个无格局的领导往往难成就自己的下属，能成就下属的领导往往是有格局的领导。金字塔的高度是由塔尖决定的。如果一个领导已经对事业没有渴望，对企业变革已经失去想法，这样的领导只会误人子弟，难于成就员工。

思维格局

思维格局主要为一个人认识事物的宽度与深度。如前两天与吴兴海总共同探讨的故事：路有两人，结伴同行，偶遇一兔，两人相争，人性使然皆想据为己有，最终反目成仇；两个仇人，森林偶遇，怒目相向，突然一只老虎来袭，为保性命，两人合力共同打虎，打死老虎后共分价值。从此故事可以看到思维格局主要体现为：

（1）利己思维与利他思维的格局。利己思维是认为什么事都是自己能做到的，比如打兔子自己一人就能战胜，所以就会以博弈论、零和游戏来对待分利，最终财聚人散，破坏团结。利他思维认为事情是共同完成的，只有相互联合、相互成就，才能生存与发展，比如打老虎就需要多人协助方能成功。利己思维是一个点子或一个节点环节的同业竞争思维，不具有持续发展性；利他思维是一个系统、一个项目多环节合作共赢的思维具有持续性。当前医药行业的变革正是从打兔子时代（利己思维时代）进入打老虎时代（利他思维时代）。

（2）认知思维的层次性。认知思维如同禅宗的三重境界：参禅之初，看山是山，看水是水（相信自己看到的就是真实的事物表象）；禅有悟时，看山不是山，看水不是水（看到事物背后运行的潜规则）；禅中彻悟，看山还是山，看水还是水（洞察世事、返璞归真）。认知思维的层次性对人才的成就也具有重要的影响意义。

从以上时间格局、空间格局、思维格局剖析，人才的成就既与自己的内在因素有关，也与外界环境有关，是共同作用力的结果。一个人往往难于改变自己当前所处环境，但个人可以改变自己适应环境，或改变自己去选择新的环境来成就自我。

44.3　成就与精神的关系

克劳塞维茨在《战争论》里曾经讲过：物质的东西是刀柄，精神的东西是刀刃。一个人的成就的大小与其精神层次有关。狼行千里吃肉，羊待圈里啃草。结合全之道的企业精神——问剑精神，对精神层次对人才与其成就的认知主要体现为：

古有剑者，一心向剑。每次都向比自己优秀的剑手拔剑比试，当连败九十九次之后，天下再无能败之人。此谓之为：问剑精神，问剑精神有四层精神。

亮剑精神

这是勇者精神，许多人在自己人生的道路上害怕失败，怕别人笑话，不敢去做自己不会做、不能做的事情，这些人最后只会在老的时候成为废物。只有趴在地上的人才不会跌倒，只要想前行，就无惧跌倒。人只有做自己不会做、不能做的事情，才会成长，才会成功，人生才会精彩，才会有意义。不怕成为笑话，终会成就自己的神话。有勇气亮剑，敢于迎难而上，你将开启你的精彩人生。在现实生活中50%的人因缺乏亮剑精神最终碌碌无为。

挥剑精神

这是快速行动的精神，有想法就要去行动，就要去实践。石头之所以能在水上浮起，是因为速度。时间是一个人最宝贵的资产，快速行动，做事不拖沓，行动、行动、立即行动。有勇气能行动的人社会上大概只有25%。

悟剑精神

这是思考总结精神，在工作中、在生活中，都会遇到许多难题与挫折，但只要能静下心来好好思考与总结，所有的问题都将不是问题。这种精神是人才超越普通大众，成为社会精英的重要精神。这类人是企业非常渴望拥有的人才，可以作为企业的管理者，甚至高管（此类人员社会中只有10%～15%）。

明剑精神

锲而不舍、屡败屡战，这是有恒心、有毅力的精神也为剑道精神。这个世界有一个伟大的法则：10000小时法则，人要想成为什么方面的大家，就要在此方面锲而不舍，执着专研10000小时以上。能达到此层次的人为企业的人物，这为企业的无价之宝，此类人员也为社会称之为有企业家精神之人（此类人员社会中只有5%左右）。

所以问剑精神可以总结为：狭路相逢勇者胜，两勇相争快者胜，两快相遇智者胜，两智相斗恒者胜。问剑精神为全之道的企业精神，以此作为大家共勉之精神。

44.4　全之道——实现梦想、成就人生的舞台

重庆全之道医药有限公司是为适应医药行业发展的趋势而注册成立的新公司。公司为上药集团、贵州神奇药业两家上市公司联合重庆居家易科技有限公司联合投资成立，具有完善的企业治理结构。重庆全之道医药有限公司针对当前医药行业各环节遇到的痛点，开创式地提出了系统的解决方案——医药生态链运营模式。

医药生态链模式具有以下特点：思想深度化、模式系统化、行动简单化、价值巨大化。传统医药营销模式的中心是放在医生、店员身上，医药

生态链的核心是放在消费者会员身上，通过降维发展的思路有别于当前的主流医药营销思路。

自我进化与赋能的企业组织运营模式，为企业人才的成长奠定了基础。全之道公司如同军情五处，公司员工特别是营销战线的将士如同007，公司不断研究市场、整合资源为前线将士提供源源不断的全方位武器、打法与信息赋能，前线将士通过对各项资源的合理运用实现自身价值。

全之道医药有限公司的企业运营模式为：平台＋老板模式，公司把经营环节的每一个人都视作一个老板，每人都有一张损益表，通过人员的自我驱动运营达到企业高效运营的目的。全之道公司通过对人性的认识，设计制度化的独特分利模式（持续化、扩大化、倍增化的"三化"分利模式）彻底释放了人性，在同等工作情况下，营销人员的收入将数倍甚至十倍于同行收入。以奋斗者为本，做医药行业的华为是全之道公司成长的理念。想＋干＝成功，等＋看＝落空。重庆全之道医药有限公司欢迎全国有识之士一同来共建平台、共享平台。

医药行业改革的风越刮越烈，全之道——您实现梦想、成就人生这一舞台，欢迎您来在狂风中一同劲舞！

江平辩才：

激情澎湃中却充满着理性的光泽，深度思考中永远在探寻落地的逻辑。这就是张林会长和他的这篇文章给我带来的全部认知。

我一直在想一个问题，为什么我每次见到张林会长他总是不晓得疲倦，在分享着他的看法思考和观点，勇猛得如同一个斗士，两眼放光。而非常奇怪的是，在他喜欢并习惯分享的背后，却拥有着中国医药行业一大拨的领导、大咖、精英高度认可他、信任他、支持他。

这一无穷魅力的背后，今天我终于找到了答案。那就是格局和精神。这不仅仅是张林会长身上全部的力量和魅力所在，更是他一次次创新商业模式所形成的中国医药生态链运营平台全之道公司的灵魂所在。

格局和精神。今天我们就来说说格局和精神，借此试图解读张林会长和全之道的内在逻辑和成长思维。

什么是格局？一个是眼界，一个是胸怀。

站得高看得远就是眼界，眼观六路耳听八方就是眼界，居安思危就是眼界，全局观就是眼界，系统观就是眼界，透过现象看清本质就是眼界。

总之一句话，看到了别人看不见的就是眼界，看清了别人看不清的就是眼界，看懂了别人看不懂的就是眼界。

胸怀就是大肚能容天下难容之事。胸怀就是不问出身无关来处来了就是兄弟就是朋友。胸怀就是听了世上最难听的话依然微笑点头，胸怀就是经历了太多的委屈和羞辱依然笑看人生携手同行。

一个有胸怀的人一定是一个有梦想的人。他永远知道，梦想的实现一定需要和他一起追梦的人，追梦的人越多，梦想一定成真。

因此，格局解决了眼界和胸怀。对一家企业来说，眼界让他永远站在新的制高点，看清真相，看懂本质，这就是战略。胸怀让他海纳百川，包罗万象，让天下人为他所用，这就是气魄。而对一个人来说，眼界让他目标坚定，决策正确。胸怀让他不计眼前，放量未来。

其实这就是要和不要、要什么的问题，换句话说，本质上格局就是取舍的智慧，就是一个企业和一个人的思维能力。

我们来把他的逻辑理一理，要什么？为什么要这个？

往往这两句话是千万家企业倒在路上的根本所在，也是千万个人才倒在前行的路上的关键因素。

张林会长和全之道的基因中还有一个非常重要的内容——精神。我曾经在给职业经理人讲公开课的时候讲解过精神。我理解精神应该包括三个内容，那就是精、气、神。

"精"是什么？精就是你的专业给别人所带来的成就和结果。对于一个企业来说，精就是你的产品给客户带来的效果，就是你这个企业为什么存在的价值和意义。对于一个人来说，精就是你的专业能力给企业、给别人所带来的成就和价值。

没有价值的东西一切都是虚幻的，就是没有精。

我理解"气"是一个具备能量的道场。对于一个企业来讲，气是企业的核心价值观，是企业之所以是他而不是别人的核心竞争力。对于一个人来讲，气一定是他的专业所产生和带来的影响力，一定是他的行为准则在行业和专业领域所获取的认同和尊重，其实气就是一个人的IP。

气沉丹田，竞争力爆发。

"神"一定是底蕴所表现出来的风貌和状态。对于一家企业来讲，神就是沉淀下来的文化和品牌影响力在公众心目中的形象和感知。对于一个人来讲，是他的存在会否让别人感觉舒服，值得交往。

神采奕奕、神灵贯通应该是每一个企业和每一个人都追逐的境界。

一个有精神的企业或者人一定是有专业主张、有产品价值、有成就导向、有文化底蕴、有伟大未来的。

格局开创一家创新公司的伟大未来；精神赋能一家公司的价值和坚韧的力量。

这就是张林会长和他的全之道。一条牛仔裤，一副眼镜，厚厚的嘴唇，厚重的事业，继往开来。

段传斌：卓越人才就是能和成一条龙

作者简介：段传斌

和龙三元系统创始人；

产城融合创新与管理专家；

清华北大等大学房地产总裁班客座教授；

广东省房地产研究会高级研究员；

曾历任中信、雅居乐、光大高管；

著有畅销书《互联网+房地产战略创新与管理升级》。

财与才，企业的竞争，终极是人才的竞争！

我们先看几个小故事。

海底捞上市，某店长过亿身家。你作为餐饮业的 CEO 有何感想？有多少优秀店长的心向往之？

拼多多的上市，vivo 和步步高幕后人物段永平又一次被大众关注。vivo 和步步高为何如此优秀？在企业辅导的过程中得知，所有中层及以上的干部都有公司股份。一个公司的中层，是其中坚力量，但是大多数公司都不重视中层团队的稳定性，更不用说激发他们的潜能。

万科某地区团队自从实行项目跟投之后，整个团队如狼似虎，充满活力。合伙人制度闯进了地产圈，风起云涌，地产行业的项目合伙制项目跟投制，还不是为了锁定人才，激活人才。

融创收购万达旗下的项目，除了那些土地与项目储备之外，更重要的收获是人才与团队！

……雷军花 80% 的时间在找人，找个靠谱的合伙人，激活他！

以上的种种，你可以找出无数的原因来分析和解释，但归根结底，最核心的因素还是"人"。

所有的企业都在说"最终的竞争是人才的竞争"。大家都在找人才，求才若渴，人才到底长啥样？去哪儿找？

虫 PK 龙，你眼中的人才是啥样？

先看看商界大佬们怎么说。

史玉柱：选人标准就是两个——又红又专。

马云喜欢这样的人才：学习能力强、对未来有创造力、正能量、脚踏实地，还得知道自己想要的是什么。

柳传志：折腾是检验人才的唯一标准，只有在赛马中才能识别好马。

张瑞敏：人人是人才，赛马不相马。

任正非：什么是人才？钱给多了，不是人才也变成了人才！

……

大佬们各有各的立场、各有各的理由，各有各的需求，所以答案各不

45. 段传斌：卓越人才就是能和成一条龙

相同。

俗话说：每个中国人都是一条龙，三个中国人在一起，结果变成了一条虫！要不怎么会有"三个和尚没水吃"的故事。

从管理者的角度来讲，我以为：卓越的人才就是要能和成一条龙，而不是和成一条虫，更不是和成一锅粥、一团乱麻。

深圳地产圈最早的四大金刚：招保万金，最不受待见的就是万科，如今万科已经实现领跑中国地产界的愿景，当初高大上的金地，如今在哪里？

龙图腾：完美的个人PK完美的团队。

皇帝为什么叫真龙天子？

十二生肖里面的动物有11个都是真实的，除了龙，为什么要虚构一个龙？为什么不在现实中随便找一个动物？

我们中国人都说自己是龙的传人，可是谁见过龙？龙到底长什么样？据经书记载，龙是"头似驼，角似鹿，眼似兔，耳似牛，项似蛇，腹似蜃，鳞似鲤，爪似鹰，掌似虎"，9种动物的精华集合而成为我们中华民族的图腾：龙。

"龙"图腾带给我们什么启示？给我的启示：我们很难找到一个完美的个人来做我们的领袖，但是我们可以组合一个完美的团队。作为真龙天子的皇帝就是一个符号，谁能把各方诸侯和成一条龙，他就是团队的领袖。

一个企业要和成一条龙，就是要把企业战略、文化和执行协调好。

一个项目要和成一条龙，就是要把项目的人、事、钱（资源）协调好。

一个团队要和成一条龙，就是要把团队的目标、能力、资源协调好。

一个产业要和成一条龙，就是把产业链的产供销打通，相关资源围绕这个链条组织好，要有这么一位领头人出来。

万科痛定思痛后放出豪言：没有人才，再赚钱的项目也不做！人力资源的老总要和成一条龙，就是要构建企业的人才生产线，选用育留的流程理顺，根据战略的推进而预先储备人才；

绿城的产品服务做得那么好，却混到要卖项目卖股权卖公司的境地，财务老总要和成一条龙，就是要保证资金链的健康，资金的进出平衡，及时呈现状况以及诊断分析、预判可能出现的状况和应急预案；

……

古往今来，谁最有"和龙文化"？

那么谁最有"和龙文化"？

《芈月传》的电视剧大家都看过，楚国公主芈月为什么最后能成为大秦的宣太后？她是不是走到哪里就和到哪里，把大家都和成一条龙？

秦始皇虽然在形式上统一了中国，但是，民心的问题直到汉武大帝时才根本解决。

三国时的刘备、关羽、张飞三个人，卖草鞋的、卖豆子的和卖猪肉的三位桃园三结义之后，和成了一条龙，最后建立了蜀国政权，三分天下有其一。

假如，郑和下西洋的事业不中断，世界历史一定不是现在这样写。

危难之中，毛泽东、周恩来和朱德三个人和成了一条龙，中国人民从此站起来了！坚持和平共处五项原则，一路和进了联合国常委。

刘邦与项羽，大家觉得谁更像"和龙文化"的代表？

霸王龙PK和龙：中国雄起，只争朝夕！

"和龙文化"不仅用来评价人才、团队和企业，也可以用来审视预判国际局势。

我们看美国在做什么：

借着反恐的名义打击这个国家那个国家；

倡议开放、平等，自己却又搞贸易保护；

号称透明，却在做窃听他国领导人；

提倡环保，又拒绝在《京都协议书》上签字；

……种种强盗霸王行径；

美国正在一点一滴地丢掉这个世界上最宝贵的东西：信用。

45. 段传斌：卓越人才就是能和成一条龙

要知道：信用比黄金还重要，比航空母舰更有力！

中国这些年在干吗？

中国外交政策一贯坚持和平共处五项原则，已经同许多国家建立和发展了友好合作关系。不带条件地援助非洲、一带一路的倡议与践行、亚投行的设立，倡议各国一起来共建人类命运共同体……

没有人会欢迎强盗来打劫，同时，没有人会拒绝贵人伸手相助，特朗普这种美国的强盗打劫霸王文化，会被世人所排斥甚至拒绝。

美国终将衰落的根本原因不在经济，不在军事，而在文化内核，而"和龙文化"是中国之所以终将超越美国的根本原因，也可以说是"核动力"，中华民族自古以来就奉行"和为贵"。

卓越人才就是能和成一条龙，要和成一条龙，首先要有和龙文化的思想，根植于灵魂深处，在言行之中自然流露。

中国雄起，只争朝夕！

江平辩才：

有必要首先解读一下段总这篇文章的题目。

卓越人才大家都懂得字面的含义，就是顶尖级优秀人才，就是大将之才，甚至可以定义为绝对的帅才。卓越人才是什么？段总给了它一个定义，卓越人才就是能和成一条龙。这个"能"我的理解有这样的两层递进关系的意思，第一层是"可以"的意思，第二层是"必须"的意思。我们再替代进去，卓越人才就是可以和成一条龙的人才；卓越人才就是必须和成一条龙的人才。在这个定义里，什么是"和"？"和"一定是个动词。有这样的几层意思，和是糅合，把不相关的变成相关；和是融通，在一点上突破产生点点相通，通则同；和是和谐，让利益关联方想到一起、做到一致。

在段总看来，只有和了，只有去和，只有能和，才能成龙，成龙方为卓越。

我高度认可段总对龙的解读，当然他引用的是资料，龙是"头似驼，角似鹿、眼似兔、耳似牛、项似蛇、腹似蜃、鳞似鲤、爪似鹰、掌似虎"，9种动物的精华集合成了我们眼中的龙。

因此，在段总的理解中，龙是一个多元素、多专业、多能力、多精华的集合体，绝对不是某一个单独的人，一定是一个团队。只有团队才可以集合各种精华元素于一身，这样的团队就是龙。

因此，能组建、能激励、能带出这样团队的人才一定是卓越人才。

和成一条龙，就是把你的专业形成专业链，产生专业生产力。任何一个人才都是靠专业吃饭的。但你是只能做专业的一点还是对你整个专业的线和面全能贯通？这样的意义和结果是不一样的。比方说，你做人力资源总监，你是否能成为企业的人才加工厂？再比方说，你做财务总监，你是否就是企业的银行和"钱袋子"？把专业行成专业链其实就是在你的专业的广度和深度耕耘，最终实现在你的专业领域不等不靠，任何时候任何情况下你都是能产生结果的。

这样的专业链就是专业生产力，具备这样专业链的人才是卓越人才的基础。

和成一条龙，就是要形成生态思维观，产生共生生产力。在一个组织里，你有你存在的价值，别人同样有别人存在的价值。你没有能力更没有时间和精力去完成一个组织所有的工作内容。所以，任何一个追求卓越的人才他会懂得，在一个组织里，第一我要履行好我的职责；第二我要敬畏和尊重别人的客观存在，千万不能做的是，任何时候不要老是认为你是一线部门，你资源多，你贡献大，你重要；第三你要谦卑地做好别人的服务，你为别人做好了服务，其实是在为自己扫平了障碍，更是为自己赢得了理解、信任和支持！那么你在组织内客观上工作更加如鱼得水。

让组织内每一个人舒服地和你相处，各自贡献出最大的专业力量和专业价值，就是为组织创造了共生生产力。

和成一条龙，就是要扭成一股绳，让大家心往一处想，劲往一处使，产生团队生产力。多年以前，我听过一个大学教授讲激励的课，他讲人力资源管理的目的就是实现上下同欲。这4个字一度成为很多企业人力资源管理工作者的口头禅。但我一直在想，他们真正懂得这句话的含义吗？上下同欲必得上下同心。上下同心一定要让他们每个人都认为、都同意这样的三件事，第一要做的事是他们想要的结果；第二要做的事是他们自己的事；第三要做的事必须要出结果。

其实这就是解决"我为谁做""我在做正确的事吗""我在正确地做事吗"这样的3个逻辑。

我看企业文化也好，正向激励也好，根本的作用和价值就是去思考怎么解决这3个逻辑问题，解决了这3个逻辑就解决了一个企业的团队生产力。

当一个人才具备了这样的3个生产力制造的能力，他一定也必定是卓越人才。

天下大兴，兴在卓越。

中国雄起，起因龙成。

借用段总专为"才人说"题的联来为他的文章收尾：

积善怀德非为富，志同道合和成龙！

发心同在，在于志同。

陈伟平：点燃莎普爱思的人才基因

作者简介：陈伟平

博士；

浙江莎普爱思药业股份有限公司董事、常务副总经理；

浙江莎普爱思医药销售有限公司总经理；

浙江莎普爱思大药房连锁有限公司执行董事。

46. 陈伟平：点燃莎普爱思的人才基因

46.1　21 世纪什么最贵？人才！

当年葛优在电影《天下无贼》中的台词，放眼现在依旧可奉为经典。近几年，全国各地上演的一幕幕抢人大战如火如荼，武汉、杭州、成都、西安、宁波、南京、海南、天津等几十个地方的落户门槛一降再降，有的城市甚至给出了近乎"零门槛"的落户政策。买房打折、租房补贴、落户降标、项目资助、一次性奖励等等，意图更多人才落户本地。

改革开放 40 年，我国经济社会发展走过了 40 年不平凡的光辉历程，取得了举世瞩目的历史性成就，实现了前所未有的历史性变革，中国的经济实现巨变。与此同时，各行各业的竞争也愈演愈烈，说到底，企业与企业之间竞争的核心是什么？我想最终体现的还是在人才方面的竞争。人是所有生产要素中的关键因素，只有最大限度地开发人力资源的潜力，激活人才的基因密码，才能在市场竞争中求得生存。

46.2　重视人才的力量

人力资源是指一定时期内组织中的人所拥有的能够被企业所用，且对价值创造起贡献作用的教育、能力、技能、经验、体力等的总称。而人才资源是人力资源中最优质的部分，是在组织的价值创造过程中起关键或重要作用的那部分人。对企业来说最宝贵的财富就是人才。拥有人才就拥有创新，拥有人才就拥有市场，拥有人才就拥有核心竞争力。

企业对于人才的重视不是一句简单的口号，而要体现在企业运行的各项经营管理过程中。莎普爱思成立于 1978 年，40 年的成长飞跃离不开一代代莎药人的努力付出。40 年的风雨征程中，也涌现了一大批莎药精英，对此，我们予以高度重视。公司成立了专门进行人才培训和培养的部门

——莎药学院，把人才培养提升到公司战略层面。每年我们也会组织打造铁军训练营活动，对人员从精神到能力进行各方面的综合提升。

46.3　传承莎药基因

一个企业的成功可能有一定的市场机遇，但也必有其决定性因素。我们董事长是知青，当年在内蒙古经历过10年的支边生活。从他口中了解到当年的生活十分艰苦，但那段经历却是他一生难忘的人生宝藏。从1978年加入莎普爱思药业以来，从一个锅炉工，到供销员、供销科长、经营厂长、厂长、董事长，这40年的经历，我从他口中听到最多的就是做任何事必须得坚韧不拔，选择了就要坚持下去，不放弃。我想也是因为受我们董事长影响，莎普爱思药业也深深烙上了知青文化。我加入莎药后，在原来的坚韧不拔、顽强拼搏、永不放弃的知青文化上，对企业精神进行了进一步的归纳，从而确定了"我们以坚韧之心、坚强面对一切、坚持做到最好"的"坚韧、坚强、坚持"的莎药企业精神。我认为任何企业或者个人的成功不但需要一颗坚韧百折不挠的大心脏，更需要敢于面对一切挑战、困难、艰辛局面的坚强意志力，同时还必须有把每一件事做到最好的工匠精神，只有具备这样的精神才有成功的可能。

莎普爱思药业"以坚为训"的精神深深地影响着所有莎药人，也使莎普爱思药业形成了强大的战斗力，莎普爱思药业之所以能快速崛起，源于企业整体实力的提升，而实力提升则因为每个莎药人内心的强大。无论是研发、制造还是服务，在每个环节上，都能看到莎药人秉持着一份执着，克服一个个困难，攻破一道道险阻。

做"莎药基因"坚定的传承者。莎药基因是坚韧不拔、顽强拼搏、永不放弃的知青文化，"坚韧、坚强、坚持"的企业精神和"诚恳、务实、高效、创新"工作作风的高度契合。传承"莎药基因"，就要坚守"让中国人的眼睛更明亮，让中国人的晚年更幸福"的企业使命。

做"莎药基因"坚定的实践者。"坐这山，望那山，一事无成。"莎药基因既然植根于肌体细胞，每一名莎药人就要自觉行动跟上，创新发展理念，转变发展方式，破解发展难题，抢公司转型升级的发展契机，实现中国中老年健康产业最佳生产和服务企业的发展目标，为助力健康中国梦，迸发莎药基因的无穷活力。

46.4 锻造专业化队伍，铸就高潜铁军

中国医药企业管理协会会长郭云沛老师在出席"2017，中国医药资本论坛"中指出，当前我国正处于从制药大国向制药强国转变的重要时期，但目前我国生物医药产业多、小、散、乱的状况，并未得到根本性改变。随着医药产业结构的变化，预测未来5~10年是医药发展的关键期，也必将产生大规模的行业洗牌和重组。

对于药企而言，这既是前所未有的挑战，也是一次巨大的机遇，然而在机遇面前，企业是否真的做好了充分的准备？各条战线有没有储备足够的人才来支撑企业的战略？

莎普爱思药业自2014年7月2日上市以后，通过资本市场的助推，公司企业规模得到进一步扩大，品牌效应也随之放大。公司在2015年全资收购吉林东丰药业，成立莎普爱思强身药业有限公司，同年成立浙江莎普爱思大药房有限公司，正式涉足中药、中成药领域和药品零售领域。

快速发展的背后需要大量的专业人才支撑。组织人才的培养和发展必须既要"输血"，自身又能"造血"，如此，企业才有持续的竞争力和生命力。而以孕育重视人才培养的文化，和以"造血"为主，"输血"为辅的导向机制，才能支撑企业的高速发展和战略转型。

近年来，莎普爱思药业在持续引进生产、营销等各方面专业化人才的同时，依托莎药学院的学习平台，强化"造血功能"，组织开展了内训师的评选和选拔活动，并先后举办了多期打造销售铁军训练营活动，初步建

立了一支又红（忠诚度高）又专（专业技能扎实）的预备役人才梯队。使企业在面对行业变化和自身发展时，提供了强有力的组织保障和人才保证，也为企业下一步的一体化战略实施奠定了坚实的基础。

四十不惑，不惑则心定。莎普爱思药业从40年的风雨中走来，我们心怀感恩，感恩改革开放的伟大时代，感恩40年来给予我们支持和帮助的人；我们坚定"百年莎药"的理想信念，进取担当，要把自身建设成为一支敢打硬仗、能打胜仗的蓝色铁军；我们欢迎想要加入以及即将加入莎普爱思的你，携手共建有梦想的百年企业，同创有温度的民族品牌。

江平辩才：

一个企业之所以百年传承，支撑和推动它的一定是它的文化。

对于一家企业来讲，文化究竟是什么？文化一定也必定是一家企业的价值取向，实际上他回答和解决了这样几个问题，一家企业为什么存在？它存在的价值是什么？它怎么样提供和实现这样的价值？

因此，文化的根本和精髓就是企业的价值观，这是企业的魂之所在。而在文化沁润和文化传承的过程中，就导入了一系列的外显维度，比如说，企业的愿景、使命；同时在行为上有了指导企业经营管理活动的思维方式和行为纲领，比如说，企业的管理理念、管理逻辑和管理伦理。

企业的传承靠的是文化的传承。文化的传承一定是依靠企业一代又一代人才的不间断可持续的传承。

这就是企业昌盛的文明。

一代又一代、一代接一代人才的传承，传承的是企业的核心价值，传承的是企业的成就和未来。而文化的传承必先认同文化，价值的传承必先认同价值。

所以任何一家百年企业的发展，任何一家伟大企业的复兴，根在人才对企业价值的认同，根在人才对企业文化的追随。

46. 陈伟平：点燃莎普爱思的人才基因

这也是我为什么帮助企业寻找合适的人才时，必须要和企业深入探讨企业的核心价值所在的原因。一个不理解不认同不追随不创造企业价值的人，一定是不适合这家企业的。

"以坚韧之心、坚强面对一切、坚持做到最好"的"三坚"文化是莎普爱思为什么走过40年岁月的可持续发展的精神所在。

以坚韧之心。做企业最怕的是战略摇摆。心之坚韧，是目标坚韧，是方向坚韧，是价值坚韧，坚如磐石，本质上是战略坚韧。客观上解决了企业可持续发展的本质问题，回答了企业"我是谁""我在哪里""我到哪里去"的3个关键问题，也就是企业的定位。

心之坚韧在心之安静，心之安静在目标大定。这恰恰是很多企业为什么倒在路上的根本原因。

坚强面对一切。成长也好，发展也好，困难是少不了的。这种困难有真正的陷阱、风险和危机，也有在成长过程中所暴露出来的新问题，还有新时期、新技术带来的新诱惑。我记得小时候读书老师讲过，困难像弹簧，你弱他就强。我们每个人在人生成长、在职业发展中，会遇到许许多多的问题。遇到必须勇敢面对，不逃避不推诿，这才是主动进取的唯一态度。

我也曾经和很多职业经理人讲过，你一遇到问题就回避，一看到困难就撤退，你下一次再遇到呢？那你是回避还是撤退，你还有未来吗？

坚持做到最好是我非常高度认可的一个方法论。我做午马猎头时，我就说过一生只做一件事，帮助发展中的企业在发展的每一个阶段找到最适合企业的专业人才，帮助成长中的职业经理人在成长的每一个阶段找到最适合成长的专业平台。我做了10年，这10年我发现我们不断搞懂弄通了很多专业上的问题，也帮助很多企业和人才创造了价值，我们同样获得了成长。

这些年我更看到了坚持的企业和人才，因为坚持，才有一天一天的突破和成长；因为坚持，才有行业领军企业和专业领军人才的层出不穷。

其实这是一个最朴素的道理，你一直在做，你会把一件事做到极致，这时候你就是大咖，你就是专家了。

8月底莎普爱思40周年庆，我在南湖边解读莎普爱思的成长基因，解读莎普爱思可持续发展的核心竞争力，我惊讶于他们的"三坚"精神。

正如陈总这个和莎普爱思同庚的企业少帅所总结的，"以坚韧之心、坚强面对一切、坚持做到最好"。

这就是百年莎普爱思的灵魂所在！价值所在！核心竞争力所在！

心如磐石形如水，千秋功德千秋业。

47

李焕荣：新时代奋斗者的管理初探

作者简介：李焕荣

广东财经大学 MBA 院长、教授；

广东省人力资源研究会副会长；

广东省组织与人力资源管理学会副会长；

广东省系统工程学会副会长；

省级优势重点学科组织与战略管理方向带头人；

主持国家及省部级科研课题 12 项。

习近平总书记在2018年新年团拜会上提出："新时代是奋斗者的时代，只有奋斗的人生才能称得上幸福的人生"。何为奋斗者？奋斗者是指那些具有强烈内隐成就动机的人，他们具有坚定的信念和追求，在工作以明确的目标作为内在驱动力，埋头苦干、兢兢业业、不畏艰难、不计得失，为组织带来了持续的竞争力。

组织需要奋斗者。在当下我国讲情面、爱面子的文化背景下，一些奋斗者埋头苦干，不善表现自己，得不到应有的尊重与重用。故而，企业要善于理解奋斗者的特质，甄别、发现、培育、激励、重用奋斗者，是组织在新时代人力资源管理中的重要使命。

组织中总有一些默默无闻的奋斗者，任劳任怨地辛劳工作，渴望成功。他们通常具有以下特征。

（1）高度的责任感。奋斗者具有高度的责任感，在工作中绝不推卸任何该承担的责任，自我负责，自我管理，耐得住寂寞，在能力允许范围内承担无人问津的工作，并尽心尽责做好。

（2）表里如一。奋斗者在行为表现上认真负责，吃苦耐劳，同样地，内心也追求自我实现，不畏艰辛，言行一致。以内在动力驱使，高标准要求，在实际行动中实现目标。

（3）结果导向。奋斗者以结果作为导向，具有强烈的工作意愿，愿意接受挑战性的工作，为此付出更多的时间和精力，达到目标，实现预期结果。

（4）永不放弃。奋斗者不怕失败，坚持不懈，敢于接受挑战，实现自我超越。他们敢于面对不足，勇于接受批评和压力，以强大的内心力量支撑勇往直前，不轻易放弃。

（5）主动用心。奋斗者以强烈内隐成就动机驱使他们在工作上积极主动，讲奉献多付出。他们会主动用心地做好每一件事，自我驱动和自我监督，而不是被动地工作。

奋斗精神是组织持续发展之魂，忠诚的奋斗者是企业最大的财富。正是组织中这些奋斗者的存在，使组织保持了持续竞争优势，是组织成长的重要力量和价值创造的源泉。

因而，如何加强奋斗者的管理，发挥出他们的价值，对企业而言至关重要。企业在人力资源管理中，需要科学甄别、发现、培育、重用与激励奋斗者。

（1）科学甄别奋斗者。在组织中，奋斗者往往默无闻，不善于表现自己，他们低调地做好自己的工作，经常不易被组织发现和重视。所以，企业在招聘、选拔和晋升环节，要善于发现和识别奋斗者，及时给予机会，不要让老实人吃亏。

科学甄别奋斗者可以从两个方面进行：一方面，根据奋斗者所具有的特质识别；另一方面，通过使用IAT（内隐联想测试）对员工进行内隐测试，测量员工的内隐成就动机，识别出那些想干事、能干事的奋斗者。

（2）着力培养奋斗者的政治技能。政治技能是组织内部十分重要的社交技能，也是通过组织培训能得到针对性提高的员工技能。政治技能分为四个维度：社会机敏性、人际影响力、关系网络能力和外显真诚性，是指在组织中为了更好地生存而掌握的劝说、影响并控制他人的能力。已有国外研究表明，对于高内隐成就动机的奋斗者，通过提高他们的政治技能，有利于形成奋斗者良好的成就声誉，能够使他们获得较高的职业地位。

奋斗者缺少政治技能，需要企业组织帮助他们着力培养和开发奋斗者的政治技能，建立良好的关系，强化组织信任。具体步骤为：第一步是员工自我评估和理解，让员工搜集自己在组织情景中被他人知觉成什么样的信息。第二步针对员工的自我理解，针对性地通过指定的方法对政治技能进行塑造和发展，如实践练习法、沟通技能训练、戏剧法等。第三步他人，如上级、同事甚至客户和家人对员工的政治技能方面进步做出评估与反馈，帮助奋斗者及时调整学习和培训的方法。

（3）有效评价奋斗者。奋斗者为组织做出了重要的贡献，但若得不到客观正确的评价，久而久之会造成自我损耗，产生离职的想法。因此，组织应客观有效地对奋斗者进行评价。

组织在对员工进行评价时，要进行360度评价，不能仅通过自我评价的方式进行考核,还要结合他人评价综合考察。在自我评价时,由于奋斗者具有高责任感和主动用心,很多事情认为是理所应当做的,不会炫耀或表现自己的能力和成就,对自我的评价可能会比实际情况偏低,而那些巧干张扬型的员工则会夸大自我付出,对自我评价可能会比实际情况偏高。因此,组织要通过自评和他评全面考察员工的表现,针对不同的员工,要分别对待其自我评价和他人评价的权重,识别和区分出真正的奋斗者。给奋斗者客观、公正的评价,使奋斗者能够脱颖而出,及时得到应有的奖励和地位。

(4)善于重用奋斗者。奋斗者是组织得以发展的重要力量,组织不能简单地"以人为本",必须要以"奋斗者"为本,要善于重用奋斗者。组织中既有埋头苦干的奋斗者,也有得过且过的偷懒者,还有巧干张扬的搭便车者和苦干巧说的明星员工等,组织在对不同的员工进行管理时,要采取不同的方式(见表47-1)。

表47-1　　　　　　　　人才的类型和管理方式

苦干巧说型	是组织要重用的人才,应分配一些具有挑战性、创新的工作
埋头苦干型	是组织要重视的人,企业要多给予关心、赞赏和授权,并培养其政治技能,让员工具有主人翁意识,给员工发挥能力的平台,使其转化成明星员工
巧干张扬型	是企业要利用的人,对待这类员工要采用"棒加糖"的管理方式
得过且过型	是组织要淘汰的人,可以通过绩效工作制度或者强制分布法,加大奖惩力度,优胜劣汰

总而言之,企业需要营造一种激励与重用奋斗者的团队文化,加强奋斗者的培养与开发,构建基于绩效的全面薪酬体系,创新奋斗者的晋升机制,创造一个让奋斗者"引得进、留得住、干得好、有前途"的企业环境氛围。

47. 李焕荣：新时代奋斗者的管理初探

江平辩才：

李焕荣教授有两个身份：一个身份是他曾经做过大学的人事处长，另一个身份是他现在担任广东财经大学的 MBA 教学和学术研究及教学管理工作。前一个身份说明他在做人才的管理实践，后一个身份表明他在做人才的研究。在做人才管理实践的工作时，他会总结出人才在使用在成长的过程中，组织应该如何来有效管理，这个源于实践的总结给他做教学做研究带来了丰富的案例和最前线的实证。而他在做人才的教学和研究时，一定从理论的深度和逻辑的宽度创新思维演绎和定义出新的人才规律和新的人才维度。

教学相长，知行合一。

正是李焕荣教授这样的一个复合型人才管理实践和人才教学研究的经历，才丰富了"奋斗者"的坚强定义。

什么样的人才是奋斗者？具有强烈的内隐成就动机的人。什么是强烈的内隐成就动机？他有哪些表现维度？高度责任感，结果导向，表里如一，永不放弃，主动用心。

我一直讲，责任和担当是一个人是不是人才的根本。一个不负责任没有担当的人是没有未来的。因为一个不负责任没有担当的人是没有原则的；是没有信仰的；是会随时撂挑子的。

我对负责的理解是，负责不仅仅要敢于负责、勇于负责，关键是要善于负责。负责不是一种胆识，不是一种豪气，它一定是积蓄力量的能量爆发；它一定是谋定而后动的智慧担当；它一定是目标在前成竹在胸的落地实践。

只有善于负责的人，才可以游刃有余；才可以逢山开路，遇河架桥；才可以没有条件去创造条件，没有资源去建立资源，才可以达到彼岸实现目标。

如何培养奋斗者？李焕荣教授有个非常创新的思路，提出了培养奋斗者的政治技能。在他看来，政治技能分为 4 个维度：社会机敏性、人际影响力、关系网络能力和外显真诚性，是指在组织中为了更好地生存而掌握的劝说、影响并控制他人的能力。

政治技能是一个新鲜的说法，我的理解就是一个人在组织的影响和控制能力。换句话说，就是一个人在组织中的话语权和影响力。

我从两个维度深层次理解，如果一个人在组织中是一个领导者，是组织的高阶管理者，那么他实现话语权和影响力会有双重因素，一是他的阳谋，我们可以理解为他的领导力；另一个有可能是他的阴谋，也可以叫作权术。

而一个人在组织并不是高阶领导者，他如何实现他在组织的话语权和影响力呢？我认为核心在于领导力。所以不断提升和锤炼领导力是一个人在组织变得越来越被组织需要的核心。

当一个人被组织所需要，这个人就是人才了，他就具有成就感和价值了。

记得 2017 年广东省人力资源研究会年会在广东财经大学召开，李焕荣教授做了一个讲座《如何让老实人不吃亏》，给我的印象深刻。我理解李焕荣教授提出的这个"老实人"应该是指踏实做事、木讷于言、不善交际、性格直率这类的人。

给我印象深刻的点在于，我当时思考，李焕荣教授讲出了一个维度，组织一定要厚爱和培养"老实人"，组织一定要给到"老实人"足够的做事的机会、提升的机会、发展的机会。这个观点一定是没有错的。

但我突然想到了另外一个问题，组织是什么？组织一定不是空的，组织一定是由人构成的，在组织内，谁有话语权谁本质上是代表着组织的意见。

因此，从本质上看，让"老实人"不吃亏先得培养"老实人"的政治技能。

一语中的，前后照应，这就是严谨的李焕荣教授。

48

吴培冠：我看人才的德和才

作者简介：吴培冠

全国政协委员、民革中央委员；

中山大学国际金融学院博导；

中山大学企业国际化研究中心主任；

民革广东省副主委；

广东省人力资源研究会副会长兼战略决策委员会主任；

广东省组织与人力资源管理学会副会长。

应好友任江平之约，要我对"人才"谈些看法，体裁不限，字数随意。因水平时间所限，没法成体系地谈，只能结合自己日常所思所想以及工作中的所见所闻，说到哪儿算哪儿。

这里所谈的人才，是对应企业来说的人才，不同的用人主体，对人才的要求不会完全一样。对于企业来说，什么样的人是人才？或者企业需要什么样的人才？还有一个问题，人才的标准会否因时空的不同而变化？

当问到企业想招揽什么样的人才时，经常会听到"德才兼备"。何谓"德"，答案会因人而异。我认为可以借鉴心理学家奥尔波特对人格的三层分类法来理解"德"。奥尔波特用了"首要""核心"和"次要"来形容及区分特质的重要性。首要特质是最能代表一个人特点的人格特质；核心特质是几个彼此相联系的重要特质，它们构成一个人的独特人格；次要特质则是不太重要的特质，往往只有在特殊情景下才表现出来，更多的是起修饰和点缀作用。

"德"和时空一定有关联，但是"首要"和"核心"的"德"更加天长地久及放之四海而皆准。我认为善良、正直、诚实、感恩等就属于此类"德"。一个人正直善良诚实，做事情就会有底线意识，就会有同理心，懂得设身处地，能够和各种各样的同事相处，而且容易赢得他人的信赖和信任。而感恩，则有助于客观地看待自己和他人，对行为的结果有不失偏颇的归因。曾经参与面试一位候选人，当笔试和第一轮面试结束后和她面谈时，问她如果没被录用时会有什么想法。她的回答深深地打动了我。她说"如果没被录用当然会有遗憾，但我已经很知足了，我这辈子感到最自豪的事情就是这次应聘能进入第二轮。因为另外30个候选人的学历都比我的亮眼，他们都是毕业于211大学，而且大部分是985大学，而我的学校只是非211大学。这虽然说明我自己也有实力，但更重要的是你们考官很公正。"当进一步问她如果被录用后会怎么做时，她说"做牛做马都应该啦，否则怎么对得起你们和那些被淘汰的候选人，他们那么优秀。如果我不好好工作，真的很对不起他们，因为我拿走了他们的机会。"从她的回答中，可以推断出她的善良和感恩之心，因此我极力建议录用她。至今10多年过去，她的表现确实很优秀。

不管是什么类型的企业，也不管现在是否已经进入人工智能时代，我认为以上几个核心的"德"都合乎企业的需要。

至于"才"，这里理解为能力。能力有现成的，已经具备的，包括所掌握的理论、知识、技能技术、经验等等，通常体现在各种证书或实际的工作表现上。能力也包括潜能，即获取所需知识技能等的基础。这个基础里面，重要的是心智模式，一是自知之明，这是情商里面的一个重要维度，一个人必须知道自己的特点、优点和缺点，这样才会主动去扬长避短、补强堵漏。对于企业来说，这样的员工成长空间大，适应能力强，可以胜任不同的工作岗位，并且善于和同事合作共事。二是对环境敏感，或者说是对变化敏感。在当今这种技术、社会等瞬息万变的时代，如果对环境不敏感，很容易丧失能力甚至被淘汰。对环境敏感的人，洞察未来的发展趋势，知道未来的环境里需要什么样的知识技能，因此他们懂得未雨绸缪，不断充电蓄能。拥有这样的员工，是企业基业长青的保障。

举两个对环境不敏感的例子。在帮助某一大型企业集团面试管理层的应聘者时，一位在广州工作求学多年的中年男士，用一口浓重的乡音回答考官的问题，几位考官只能半猜半懵他说的是什么。这位应聘者对语言在工作中的作用不敏感，也许他的知识很丰富，但是一个部门的管理者如果语言都不通，如何去和同事或客户沟通呢？最终他被淘汰了，不善于学习是评委们给出的其中一个理由。

前一段时间在贵州调研时，也遇到一位20多岁的政府职员，他大学毕业已经3年了，和我们交谈时，首先声明自己的普通话不好，坚持用贵州方言和我们交谈，而我们费尽精力也最多听懂一半，只好请人翻译。他一位40多岁的同事也责怪他说我年纪比你大那么多都会讲普通话，而你却这么差。不知道什么原因这位年轻人不学普通话，是认为难学？还是认为在当地工作用方言就够了。这位年轻人的心智模型如果不改变，将来发展的空间会受很大限制。

除此之外，我经常和学生说用人单位需要四种能力。概括起来是

"听、说、读、写"。

听,是情商里社会能力的重要成分。上司对你的指令、指导或关心,你要用心听,要听得懂,哪怕上司是在暴怒中向你传递信息,只有听懂了才会做得对。听到赞扬时,不要得意忘形,听到批评或讽刺时,要有"忠言逆耳"或"苦口良药"的心态。多听少讲,是赢取人际资源的重要法宝。

说,指能够把信息准确地传递给他人,在管理学的语言中,就是沟通能力。工作中,沟通占去我们许多时间。沟通的效果如何,往往取决于我们会不会因人因地因时去沟通。上个月我去做扶贫攻坚调研时,一位少数民族地区的县长跟我说:"和农民打交道,说服他搬迁,你必须注意方式方法和把握时机。人家刚和老婆吵完架,你跑去跟人家谈异地搬迁,你能谈得成吗?你要在他高兴的时候,在他喜庆喝酒的时候去谈,这个时候就容易了。"话很朴实,但道理明了。我们的 MBA 管理沟通课程,也是花大量篇幅教大家如何去说,如何做有效的沟通。

读当前信息爆炸的时代,每个人都感觉时间不够用。所以,还要懂得通过合适的读,去摄取对自己有价值的知识。比如知道要读什么书、读什么样的报纸杂志,才能真正增长和自己工作相关的知识,而不是把时间都花在微信浓缩的"鸡汤"或一些似是而非的知识上。

写,比较好理解。就是善于归纳,能用中文或英文写出好的报告和材料。大多数的组织都希望自己的员工能说会写。写作的水平往往是组织判断一个员工能力强弱的重要标准,而毕业于哪里、什么专业、成绩如何等等却退居次要。

以上是我对于人才的一些随想,写出来和大家分享,说得不对之处,欢迎拍砖。

江平辩才:

当我每一周在写"江平辩才"时,既是一个安静的阅读时光,又是一个走进文章深度思考的历程。因此，我自定义为这是我最好的学习方式和休息方式，这个过程给我带来赏心悦目的观感，不仅有文字的美，更有思想的韵。关键是在阅读每一个大家的思想中，我时刻都在捕捉文字背后的灵魂，给我带来的充实和厚重，这是愉悦而激动的。

我一向认为我是有学习能力的。但今天我深读了中山大学国际商学院吴培冠教授的这篇文章后，我才发现了我的浅薄和无知，原来我是一个学习能力急需提高的人。

单从行文来看，吴培冠教授文风自然清新，娓娓道来，丝丝相扣，不教育不说理，但却走进你心里，而他的观点和逻辑却跳跃在他的每一个文字中，简单而空灵，让你读得进、听得懂、悟得出。

这是关于德才阐述最为明了的一篇文章。

我们大家都在谈德。我们每个人也都在关注一个人的德性和道德感。德究竟是什么？吴教授总结出德的核心要义是，善良、正直、诚实、感恩。这个对德的核心维度的总结和理解我是高度认同的。其实我们可以再精练一下，德的基础在善。人唯善，心方正，思方直，意方诚。善一定是从内心的缘起，而不仅仅是外表做几件善事。心善则天高地阔，心善则目光柔和，心善则看万物而善。

德的外显在敬畏和感恩。我听到人讲他是天不怕地不怕的，这样的人要不就是特别无知的人，要不就是没有原则的人。不懂得敬畏之人是没办法一起共事和相处的，因为危险和灾难随时都会发生。而感恩一定是一个人从心底善意的体现，对别人付出和帮助的尊重。

有德的人，是有底线的，人有底线就有敬畏之心；有德的人，是懂感恩的，人懂感恩就是忠诚之人。

德其实最终是一个让别人愿意接受你和你相处的根和源。

吴培冠教授对才的一个非常核心的理解是"听说读写"的能力。这四个字所展现的一是学习力，二是有效沟通力，我发现这个能力恰恰是很多职场中的人非常缺失的关键能力。

什么是听？听什么？听别人讲话一要听音，二要会意，三要悟理。什么意思？他在讲什么？他为什么要和你讲？他是怎么讲的？他讲了哪些东西？他还有哪些东西没讲？所以，你不但要听出他讲的重点，还要听出他没讲的重点，你不但要听出他的需求，你还得分辨出哪些是他真实的需求，哪些是他需求的表象。

说，怎么说？和谁说？为什么说？如何说？什么时间说？在什么场合说？说了后结果怎么样？

其实对一个人来说，真正能把听和说的能力提升了，这个人的社交能力就一定能得到极大程度的改善，这个社会也会更加和谐。

往往回到最本质的点，其实就是最简单的点，比如听话和说话。

能听会说，大道至简。

赵琛徽：VUCA时代的人才管理：挑战与创新

作者简介：赵琛徽

教授；

中南财经政法大学博导、人力资源管理系主任；

中国人力资源开发研究会常务理事；

中国人力资源开发研究会知识技能竞赛理事会副会长；

湖北省人力资源学会副会长；

湖北省人力资源经理协会首席专家；

湖北省人民政府咨询委员；

湖北省委宣传部和湖北省人社厅智库专家。

随着移动互联网技术的迅速发展和经济全球化进程的进一步加快,企业的内外部环境发生剧变,进入一个全新的充满不确定的和复杂性的 VUCA 时代,即商业环境更加 Volatility(易变性)、Uncertainty(不确定性)、Complexity(复杂性)、Ambiguity(模糊性),黑天鹅事件频出,在人才上突出表现为两大挑战:一是企业间竞争的日趋激烈化,组织不得不在全球化的人才竞争中适应和创造顾客需求;二是企业内人才日趋多元化,并且越来越成为企业竞争优势的重要来源,人才能力又经常跟不上企业发展的步伐,组织难以在无边界的人才流动中深度融合向战略方向持续冲击。为了在如此动荡不安的环境下生存和发展,企业裁员、并购、重组和再造等比以往更加频繁,变革和转型升级成为企业的常态,企业追求高质量的可持续发展,而高质量的发展必须以高质量的人才和非常态的人才管理能力为依托,人才管理的思维与格局必须随之发生变化。

49.1 全球化:人才管理必须打赢内外"两场战争"

经济全球化潮流势不可当,全球化不仅是资金、产品和信息的全球化,更是人才竞争的全球化。由于跨国财富增长得越来越快,企业在全球环境中的竞争能力变得越来越依赖于其是否拥有国际化背景的人才、跨国界学习系统以及全球评估奖励系统,企业的国际化竞争已经从"圈地""圈钱"走向了"圈人"。譬如,IBM 的一个部门拥有 10000 多名员工,分别来自数十个不同的国家,拥有不同的生活特点、文化风俗、管理特色以及法律规则。华为公司在全球 172 个国家设有公司或办事处,有各类海外员工 8 万余人。显然,人才的文化背景和价值取向的不同,是企业海外竞争进行人才管理面临的巨大挑战,也是决定企业国际战略成败的关键所在。所有这些,都说明企业的 HRM 策略必须具备全球化视野和行动,要利用国内和国外两个市场、开发国内和国外两种人才资源、打赢国内和国外人才管理的两场战争。

（1）国际环境要求人才管理在更广泛的职能领域开展工作，既包括确定基于汇率变动的报酬方案，考虑不同国别税收对员工收入的影响等诸如此类的具体事情，也包括在全球范围内识别和培养人才，要不断提高组织的学习能力及合作能力，以及管理多元化、复杂化和不确定性的能力，还包括组建全球工作团队和制定企业全球战略和组织结构的能力。

（2）人才管理必须考虑不同国家和地区在法律、制度、工会力量等方面的直接作用，与此同时也必须考虑文化、宗教、习惯等方面的潜在影响。比如国内称道的"两个人干四个人的活拿三个人的工资"的减员增效办法，在欧洲却会遇到强大的工会抵抗、政府限制和社会压力。

显而易见，中国公司要走向世界，人才的整合尤其是文化整合在很大程度上决定了它们是否能成功。人的整合比技术的整合更难，对跨国运营成功与否更起着决定作用。因而在宏观管理层面，全球化要求企业必须在世界范围内协调和组织人才资源，构建一个人力资源网络和联盟，促进信息共享和知识的传播，最大限度地发挥企业 HR 优势和提高企业的核心竞争能力；在微观管理层次上，全球化要求企业"入乡随俗"，对当地的 HR 市场行情、HR 法规政策、文化信仰和人性特点有全面详细的了解，让有不同"心灵语言"的员工彼此认同、团结合作。

49.2　多元化：人才管理简单复制就意味着死亡

随着企业全球化进程的加快，企业内人才资源越来越多元化。过去把员工看作没有区别的"螺丝钉"再也行不通了，员工是差异化的、异质性的人力资源，他们有血有肉，是知、情、意的结合体，不但有个人生活，而且有社会生活；不仅有物质生活，而且有精神生活；不仅有七情六欲、衣食住行，而且有理想、有价值观、有道德标准；不仅有历史传承，而且有未来憧憬。他们的知识和技能整合在一起为企业所用，形成了企业发展和创新的原动力，但多元化也意味着冲突和协调，给人才管理与融合带来了极大的挑战。

以惠普公司为例，它的一个数码设备公司在波士顿市有一个分厂，工厂的350名员工来自44个国家，说19种语言。因而当公司下发文件时，必须同时使用英语、汉语、法语、西班牙语、拉丁语、葡萄牙语、越南语和海地语等不同语言。由此可见，管理的复杂性和不确定性，这就要求管理者改变原来的经营哲学，承认差异，并以能够保证员工稳定和提高生产效率的方式对差异做出反应，同时不带任何歧视。如果对多元化的劳动力管理得当，就能够提高企业的创造性和革新精神，通过鼓励不同的观点来改善决策质量。如果管理不当，就会造成较为频繁的人员离职、沟通困难和更多的人际冲突。

管理多样性（Managing diversity）意味着管理人员必须接受多元化已经成为企业生活中的一个现实，学会理解"不同文化背景"的员工，把它当作变革的一种创造性动力，并且创造一种环境使他们都得到提高和发展，而不能仅仅复制原来的管理模式。显然，过去那种"上阵父子兵、打虎亲兄弟"已经不合时宜了，这要求我们做到以下几点：

（1）发展共同的价值观，开发出共同的愿景和目标，发展一种适合多种工作方式并存的文化和环境。

（2）对人才的需要和动机有深入的理解，能做到需求的精准滴灌和靶向供给，提供个性化、多元化的职业发展培训，促使员工职业发展道路和企业发展"并轨"，提供"自助餐式"的薪酬组合，以奋斗者为本，强调奉献和贡献，赞扬和奖励任何员工取得的业绩，让员工感到自己的贡献得到了回报、自己关注的问题受到了重视。

（3）在团队的基础上，识别员工的创造力和经验，充分利用和开发各年代、各层次、各类文化背景下员工的独特技能和创造力，对员工进行授权赋能，在保证企业大方向的前提下允许员工有一定程度的自治和自主权。

49.3 网络化：人才管理的"生死时速"

信息技术的迅速发展，网络在全球的爆炸式覆盖与应用，正日益深刻地影响着企业发展和管理变革。目前，在工作场所，体力劳动者正日益被知识工人所替代，e-HR、虚拟 HR、HR 外包正成为企业最时髦的话题，移动互联、微信、微博、微视频、网络信息平台、虚拟社区等深深地影响着企业的选人、育人、用人和留人的模式和方法。有了互联网以后，人与人之间的距离在无限缩短，人与人之间沟通无障碍，信息对称，使得组织平台化+微化成为可能。企业内部变成无数个微化的自主经营体，海尔提出叫自主经营体。

网络化带来的更为深刻的变化在于以下几点：

（1）颠覆了企业组织内森严的等级结构，改变了企业的交易方式、管理手段和运营流程，使原来的企业组织方式发生了巨大变革，使信息可以横向、斜向、交叉、上下等全方位传播。新的移动互联网、远距离通信和信息技术大大增加了人们跨距离、跨越正式组织界限沟通的可能性。促进团队成员之间以一种更为柔性和便捷的方式进行知识的共享、创造与传播，引起了人们工作方式的变化，使 SOHO（Small Office and Home Office）一族可以随时随地为顾客提供产品和服务，要求创新组织模式，重构组织与人之间的关系，激发组织内在的活力，构建组织的新能力、新生态。

（2）网络化以及平台组织的出现，意味着必须利用日益复杂和多样化的资源去创造顾客的需要，意味着公司不再把期望完全寄托在内部生产资源和个人能力上，而是要打破企业的传统边界，进行全方位的资源配置和交流。对客户偏好和口味快速反应的竞争需要意味着专业的个体工作和"孤岛般的"专门知识不再能够为客户创造价值提供全部知识，跨职能的团队成为基本的活动单元。

（3）在瞬息万变的环境中，必须需要企业去洞见未来，拥抱未来，需要考虑的还是产业互联网与共享经济对商业模式,把企业的核心业务活动与变化的顾客需求和外部环境建立网络连接,企业与环境高度依存,共享信息。如企业和供应商之间建立紧密的长期合作关系,企业的生产和研发部门与顾客直接联系,而不限于市场和服务部门,企业间结成战略联盟关系,既竞争也合作,实现网络价值。同时,人才管理开始超越点状思维,而走向网络化思维。HRM 不再仅是为了实现本企业和本企业员工的最大价值,而是要实现本企业及员工所在网络的最大价值。必须培养作为团队成员的技能和团队管理者的技能,把组织里的团队卓有成效地联系起来;在与外界环境互动方面,要与外界组织形成网络和与其他组织形成联盟,从而组成一个"3C"企业——它既是一个竞争者(Competitor),也是一个客户(Consumer),同时还是一个合作者(Collaborator)。

49.4 扁平化:人才管理必须有新的"三板斧"

速度、灵活性、创新是扁平化组织的三大特征。GE 公司原有 40 万名职工,管理层级有 12 层,工资级别多达 29 级,其中有"经理"头衔的达 2.5 万人,高层经理 500 多人,副总裁就有 130 人。"12 个管理层次,就像我穿了 12 件衣服,我已经没法感受外界温度的变化,我的行动很困难,必须把多余的衣服脱掉。"企业必须变成一个紧凑而富有弹性的、扁平化的团队组织,结构更扁平,决策链条更短,责任要更下沉,权力更下放,员工自主性更强。在顾客需求驱动下,能敏捷、灵活、快速、高效地适应市场的变化和为顾客创造更大的价值。扁平化对于人才管理意味着什么呢?

(1)扁平化意味着团队工作是企业的主要工作形式,个人对组织的贡献是由他的业绩和能力决定而不是由其地位高低来决定的,意味着组织成员必须有较高的文化素质和较强的独立处事能力,组织成员需要向专家角色的方向发展,追求知识、信息的共享、转化和创新。

(2)扁平化意味着中间层级的减少或消失,因而企业往往不能像直线制那样，通过职位晋升来激励员工，必须寻找新的方式来激励和激发员工，发展新的激励系统，引入水平运动而非垂直运动的新工作观念。

（3）扁平化意味着管理幅度加大，基层员工承担更多责任，自然也要求有更多的权力、技能和知识，这意味着在企业里培训、开发、沟通、授权和辅导等将成为必需。企业的人才管理的工作重点将发生根本性变革，过去那种通过命令链、等级制、标准化来管理员工的方式已经过时了，企业必须找到新的"招式"来让企业和员工共同发展。

（4）扁平化意味着部门界限的传统认知和本位主义已经不合时宜，扁平化组织需要发展和维持与公司其他部门的合作，组织与"外部"的联结不再被一小部分专业的跨界管理者或高级管理者所垄断，组织内将有越来越多的人进行超范围的工作——与客户、供应商、股东、社区和其他利益相关者互动。

49.5　柔性化：僵化的人才管理怎么生存

随着消费者偏好瞬息万变，全球市场变成了一个更加个性化、多样化与人性化的万花筒，企业必须从表面上混沌纷杂的现象中看出事物发展和演化的自然秩序，识别消费者的需求、欲望和预期，并自如地应对。

例如，上海通用汽车公司立足于本地消费者对市场需求偏好，形成了对市场的快速反应能力。在上海通用，以柔性生产线为基础，严格而规范的采购系统、科学而严密的物流系统、以市场为导向的精益生产系统以及以客户为中心的客户关系管理系统共同构成了其柔性化生产管理的支撑体系，满足了顾客个性化的需求。

柔性的生产系统必然要求柔性的人才系统与之相匹配。"刚性管理"以"规章制度为中心"，凭借制度约束、纪律监督、奖惩规则等手段对企业员工进行管理，这是 20 世纪通行的泰勒管理模式。而"柔性管理"则是"以人为中心"，它以满足顾客的需求和偏好为导向，立足于提高员工适应变化的能力，强调基于流程的责任体系，而不是基于权力和职位的责任体系。以促进学习、激发灵感和洞察未来作为管理的最基本职能。显然易见，柔性化的人才不是依赖于固定的组织结构、稳定的规章制度进行管理，而是随着时间、外部环境等客观条件的变化而变化，是一种反应敏捷、灵活多变的崭新的管理模式，要体现出"和谐、融洽、协作、灵活、敏捷、韧性"等柔性特征，因而主要不是依靠外力（如上级的发号施令），而是依靠人性解放、权力平等、民主管理，从内心深处来激发人才的内在潜力、主动性和创造精神，使他们能真正做到心情舒畅、不遗余力地为企业不断开拓新的优良业绩，成为企业在全球性剧烈的市场竞争中取得竞争优势的源泉。如海尔所提出人人都是CEO，如华为提出让听得见炮火声音的人指挥战争。

柔性管理本质上是一种"以人为中心"的管理，要求用"柔性"的方式去管理和开发人力人才。它是在尊重人的人格独立与个人尊严的前提下，在提高广大员工对企业的向心力、凝聚力、获得感和幸福感的基础上，实行的分权化管理。

柔性管理的特征：内在重于外在，心理重于物理，身教重于言教，肯定重于否定，激励重于控制，务实重于务虚。显然，在人才管理柔性化之后，管理者更加看重的是职工的积极性和创造性，更加看重的是职工的主动精神和自我约束。

在这样一个信息爆炸的时代，外部环境的易变性与复杂性一方面要求战略决策者必须整合各类专业人员的智慧；另一方面又要求战略决策的出台必须快速和准确。这意味着必须打破严格部门分工的界限，实行职能的重新组合，让每个员工或每个团队获得独立处理问题的能力，独立履行职责的权利，而不必层层请示报批，因而建立灵敏反应的人才队伍并合理授权是实施柔性管理模式的关键，这要求提供"人尽其才"的机制和环境，不拘成规以鼓励创新和张扬个性，发展员工和管理者的多任务技能，建立起以能力为导向的绩效考核和薪酬激励体系，强调跳跃和变化、速度和反应、灵敏和弹性，注重平等和尊重、创造和直觉、主动和企业家精神、远见和价值创造。

49.6 知识化：人才主权优于资本主权

随着知识经济的兴起，知识逐渐走向权力的中心。如果说农业经济的主导要素是土地，谁拥有土地，谁就拥有财富，谁就拥有权力；工业经济的主导要素是货币资本，货币资本成为社会的最高主宰，社会的权力结构以货币资本为尺度来展开，那么与之相适应，我们可以说知识经济时代的主导生产要素是知识，知识已成为真正的资本和最重要的财富，谁拥有知识，谁能高效地使用知识，谁就拥有财富，谁就拥有权力。这就是说，伴随着财富的"知识驱动"代替"资本驱动"，我们必将告别"资本雇佣劳动"的权力游戏，转而遵循"知识雇佣资本"的理论逻辑，建立人才合伙与聚合思维，建立情感共同体、命运共同体和事业共同体。

在VUCA时代，知识取代了土地、物质资本、简单劳动力而成为企业的战略资源，企业的竞争优势越来越依赖于企业开发和利用知识资产的能力。这一历史趋势不仅在美国的硅谷生动地体现着，而且已经在北京的中关村和武汉的光谷也得到了最真实的反映。然而知识必须以人才为载体，他们不仅是企业知识的最终源泉，而且他们还能利用科学技术知识以改进企业绩效。另外，知识型员工对企业来说是一种"主动性"极强的资产，只可激励不可压榨，他们表现更强的自主性、创造性、流动性、劳动过程及劳动成果的复杂性。因而，在知识型企业里，知识对于企业战略的作用更多体现为知识型员工对企业的战略作用，换言之，如果我们认可新经济条件下知识是企业竞争优势赖以依存的资源，则可以推论知识型人才是新经济下知识型企业赢得竞争优势的根本所在。这就决定在知识型企业可以通过获取知识型人才的人力资本优势和知识整合优势，从而在激烈的竞争中取得高质量的持续发展。然而，以知识型人才因其独特性管理起来似乎颇为"棘手"。

（1）知识型人才具有较高的流动意愿，不希望终身在一个组织中工作，由追求终身就业转向追求终身就业能力，知识员工的频繁流动和集体跳槽经常给企业带来危机。

（2）知识型人才的工作过程难以直接监控，工作成果难以衡量，使组织价值评价体系的建立变得复杂而不确定。

（3）知识员工的能力和价值贡献差异大，出现混合交替式的需求模式，需求要素及需求结构也有了新的变化。他们不仅仅要求有工资的回报，更注重工作变换与流动增值、个人成长与发展等。

（4）知识正在取代职位权威，导致领导界限模糊化，要求领导风格和方式进行根本的转变。

因而，在管理知识型人才时，必须根据其独特的需求和个性特征，对传统的人才管理模式进行调整。首先，可以尝试依据知识员工所拥有知识的战略价值和企业专用性，对员工进行分类，采取分层分类的差异化管理模式；其次，要根据其对组织不同的知觉和期望，诸如薪水期望、发展期望、责任期望、情感期望、诚信期望等等，与之建立不同的心理契约。

在构建心理契约时，一是要强调匹配性，二是要强调动态性。知识型企业的人才管理模式应该有助于知识型人才的个人目标及特征与企业可持续发展的整体战略有机结合起来，由于不同类型的知识员工有不同的特质，企业获取他们的方式不同，他们对企业的期望以及企业对他们的要求也不会相同，因而心理契约的内容和结构必须与之相匹配，唯有如此才能真正做到与战略的匹配。譬如，与内部化获取方式相匹配的较佳心理契约模式应是组织承诺，而与外部化方式相匹配的较好心理契约模式则应是注重遵守契约、相互依赖、利益双赢。与此同时，在缔结心理契约时，要注意心理契约的动态性，即随着知识型企业内外经营环境的变化及战略目标的相应调整，原来的核心员工可能会转变为非核心员工，此时需要引导心理契约做出相应的调整以适应动态的变化，将心理契约的横向多水平与纵向多维度密切结合于动态性之中，确保获得人力资源的整合优势。

江平辩才：

先讲一个故事。

前段时间，我陪广东省保健食品行业协会彭平会长去深圳的三牛犇科技公司见他们的老板张总。这个85后的牛人是我的兄弟，彭会长问他三牛犇有什么意思？

我代张总回答：对基于IT的所有前瞻技术、新型技术的底层数据库和数据库的底层技术张总是精通的并且能举一反三的，此为牛犇一；基于应用层面对未来技术的发展趋势的极端的敏感性而且判断超乎精准，此为牛犇二；站在市场的角度能高度理解客户的需求，然后用技术实现产品，此为牛犇三。

这里面有两个关键词我认为非常重要。一个是前瞻，一个是实现。前瞻是专业的预判能力，不仅仅是眼界，更多的是对行业的洞悉，更多的是对专业的把控，更多的是对环境的敏感。这才是前瞻和能不能达到前瞻的关键。

而实现不是完成。这里面的实现是基于一个时代无中生有的创造；是基于专业推动工具和技术应用的问世；是基于结果实用有效的呈现。

因此，能够预判未必实现，一切实现不了的就是空谈主义，就是"思想家"。而只有把预判和环境有机地结合在一起，产生了实现，才是伟大的创新家、实践家。

这是每一个社会、每一个时期、每一个阶层能不能产生伟大的核心。

无独有偶。我读完中南财经政法大学赵琛徽教授的这篇文章后，又在武汉应邀参加湖北省人力资源学会2018年会时和赵教授有个当面沟通这篇文章的机会。赵教授说，文章的大量观点其实是他10年前思考的，但佐证观点的案例他更多地援引近年的。

这句话更让我震撼。10年前的观点和思想在现在看来依然前瞻并且极有实践的指导意义，完全可以作为现在和未来一段时间内的管理工具和管理路径。

这就是前瞻和实现。

我们都知道一个通识，人力资源管理是一门实践科学。也就是说，所有人力资源管理的研究无论是基础理论的研究还是实践方法论的研究，最终是为教学和应用而服务的。所以，任何一个研究出来的人力资源管理的理论、观点还是工具、技术和方法是一定要能为人力资源管理的目的和结果的实现而服务的。否则理论和观点是苍白的是空中楼阁，工具、技术和方法也必然是花拳绣腿，中看不中用。

而这里面的一个核心问题在于，研究成果的应用是必须也必然要紧扣环境，环境是一个东西是否有价值的关键。

因此，VUCA时代来了，这就是一个新的环境。这个环境一个鲜明的特点是，管理不再是组织内管理了，还有组织边界管理、无边界化组织管理、自定义组织管理等。这就是新的生态环境。这个新的环境同样需要人力资源管理，但你还沉浸在过去的人力资源管理的思想观点工具和方法上，那绝对是行不通的。甚至于过去的非常成功的经典的工具和方法现在不但没有用处、有可能还会成为新环境下解决问题的最大障碍。

这就是赵琛徽教授给大家带来的最大的贡献。我们现在面临的是一个什么样的环境？这样的环境具有什么样的特点？基于这样的特点我们如何找出他的问题的根源？基于这样的问题根源我们的思路和方法是什么？

大道之得简，简在之于适应环境的前瞻；

人生有极致，致因最能实用的结果呈现。

无关理论，不问方法。

郭亚洲：才为业本，善用功成

作者简介：郭亚洲

中国医药物资协会副会长；

中国医药物资协会连锁药店分会秘书长；

北京搜药信息咨询有限公司董事长。

组织的用人之道，是个亘古久远、纵横千年的老话题，被深入研究和探讨过无数遍，但是，将它熟练掌握并运用，至今仍然是让每一个组织（包括企业）最为挠头的难题。或者说，一个在理论上被反复研究的"技艺"，领悟起来乃是一辈子的修行。所以，它更是一个历久弥新的话题。

毋庸置疑，作为企业的领导者，在市场的残酷竞争中有一个体会越来越深入骨髓，那就是，企业之间的竞争、市场的争夺本质上是人才方面的竞争、人才方面的争夺，人才越来越成为企业发展的最大资本和最佳动力。

对于企业领导者来讲，拥有一套优越的用人方式和管理方法会大大增加企业成功的机会，或者说，企业领导者聚集的人才越多，企业成功的机会就越大。

这便对企业领导者提出了更高的要求，即必须具备辨识人才、留住人才、运用人才和管理人才的智慧和能力，更要有海纳百川的广阔胸襟。

可以毫不夸张地说，企业领导者的主要职责就是选拔人才、任用人才、管理人才。很多成功的企业家，貌似粗线条的商人，但其实是深谙用人之道的高手。这些企业家的成功经验告诉我们：巧妙的用人智慧并不是企业领导者不断扩大自己的权力或者提高自己的地位，而是拥有出类拔萃的用人才能和管理才能。

笔者不才，在此结合自身近20年的公司管理体会，浅议企业用人之道，以作抛砖引玉之效。

50.1　用好身边的人是王道

有时候，强调人才的关键性，也会让我们陷入某种迷失。我们时常看到一个现象，作为企业领导者总是抱怨人才不够用，觉得身边的员工不够好，便拼命地四处挖人，因而付出了更高代价，收效却甚微。这缘于一个奇怪的心理在作祟：人才总是别人家的好。

艺术家们经常说，生活不是缺少美，而是缺少发现，在人才问题上也是如此。有的人一谈到人才问题，就摇头叹气，其实人才往往就在你身边，关键是领导者有没有爱才之心、识才之智、容才之量、用才之艺，能不能用发展的眼光识人用人。

实际上，用好身边的人往往比引进人才更为重要。

将身边的人用好其实并不难，只是需要企业制定一系列不同形式的员工发展规划，重视引导员工规划未来的升迁路线及职业生涯发展。根据员工的特长和某一方面的突出表现，帮助员工找到适合自己发展的渠道，让他们通过努力走向自己热爱的工作岗位，实现自身的价值。

用什么样的人才，便成就什么样的事业。

相反，把一个能力不足的人安排在一个他不能胜任的职位上，是强人所难；而把一个能力非凡之士安排在一个平凡的职位上，是对人力资源的浪费，没有哪个公司可以经得起这种浪费。

从这方面讲，用人之道就是以人为本，想人所想，能者居之，员工的贡献得到了认可，团队就会更加稳定。

50.2 不拘一格"拔"人才

毛泽东讲："政治路线确定之后，干部就是决定的因素。"企业也是一样，用好领导干部是企业成败、发展快慢的关键因素。

孙武亦曰："主孰有道？将孰有能？吾以此知胜之谓也"。意思是说，哪一方君主更能行王道，哪一方主将更有才能，我凭此就能判断出战争的胜负了。由此可见，关键人才对竞争结局的决定性意义。

或许是因为大多企业领导者都意识到干部的关键作用，在任用时就显得"谨小慎微"或"畏首畏尾"。其实，作为企业领导人更需要有大胆起用、破格提拔的勇气和胆略，不拘一格"拔"人才。

诺曼底登陆的时候，马修·邦克·李奇微还是个少校，到朝鲜战场的时候，已经成了"联合国军"总司令，后来他接替艾森豪威尔任北约组织武装部队最高司令，短短 8 年时间获得如此大的提升。

事实证明，很多优秀的领导干部都是这么被发现、被历练出来的。那为什么我们就不能这么选干部？坦言之，公司已经没有什么秘密可保了，这个人靠得住、那个人靠不住的时代已经过去了，现在应该是谁品德好、谁有能力，谁就上。

创造条件使优秀干部和核心骨干快速成长，承担更大的责任是在当前经营环境下激发组织活力，加快干部与骨干队伍建设，可谓是保证公司持续有效增长的重要战略。

50.3 "反木桶理论"

无论是"用好身边的人"还是"不拘一格'拔'人才"，其前提都需要做到"识人"，只有"识人"才有所谓的"用人之道"。

现实当中，很多人都推崇"木桶理论"：一个木桶能装多少水，取决于最短的那块板，并延伸成为对很多事物的判断依据，比如对人才的判断，对企业的判断等等。但实际上，我认为，无论是企业用人还是企业制定发展战略，在现在这个时代都应该运用"反木桶原理"来应对，这也是随着互联网经济快速发展带来的新的思维。

"木桶理论"给企业带来的危害是，它让企业拼命地去弥补短板，从而忽略了自身的优势和市场机会。"反木桶原理"则不同，它指的是：最长的一根木板决定了其特色与优势，应在一个小范围内成为制高点。

这种战略思维对于发展中的中小企业而言更加有益，因为我们只有另辟蹊径，找到自己的特色竞争优势，才能出奇制胜成为竞争领域的领先者。在当今互联网经济快速发展的阶段，对于企业而言，没必要抓好每块短板，而应该是把那块长板做到极致。

企业的选人用人也是如此，每一个人都有自己的"长木板"和"短木板",用人所长,并不求全责备。作为企业的掌舵人,主观上总是很想严格选拔出非常完美的人才,但这是不现实的,甚至也并不是公司所希望的。公司不需要圣人,但需要一支"军队",一支战斗力很强的"军队"。

这方面来讲,用人之道实为取舍之道。

那么,怎样看到一个人的"长木板"并判断他是否能胜任某个岗位呢?

古人的智慧其实早就能够帮我们破解了这个难题。诸葛亮就提出了一套非常实用的组织用人方略,他主张"识人七法":直察人才的"志、变、识、勇、性、廉、信"。

意即:问之以是非而观其志、穷之以辞辩而观其变、咨之以计谋而观其识、告之以危难而观其勇、醉之以酒而观其性、临之以利而观其廉、期之以事而观其信。通过这七种要素的考察,来判断一个人是否能够胜任组织交给他的任务。

50.4 与志同道合的伙伴一起走

以上所阐述的一些心得还只是用人之道的"技术"层面,放到"艺术"层面来讲,那就是选择与志同道合的伙伴一起走。这里强调的是对企业文化的认同、对企业的忠诚度。缺乏忠诚,越是人才,离开你越快,甚至对企业造成的伤害越大。

中国的企业其实很少讲使命感、价值观、理想、共同目标,而国外企业讲得最多的就是使命感和价值观。

我们知道,作为一家伟大的公司,阿里巴巴有一个汇聚世界精英的团队,但是,阿里巴巴的用人标准,"精英"二字却不是首选,甚至连第二都排不上。他们选择人的第一标准是:对公司的价值观有认同感的人。

董明珠的用人之道更加简单,却特别有效,即"忠诚+放手用"。

人才进入我们这个公司以后,一定要认同我们的文化,认同我们的共同理想。我经常和大家强调共同的价值观和团队精神，因为我们都是平凡的人，平凡的人在一起，做件不平凡的事。

事实上，我们辞退过有能力的员工，但对忠心耿耿的人，总是不愿意放他走。现在，有很多人都成为公司这个铁打营盘中最长久的战士，公司和他们个人都获得了很好的发展。

总而言之，企业用人之道，实际上便是企业领导者自身的修身之道。

人才遍地皆是，关键在于你的驾驭能力。唐太宗让封德彝举荐有才能的人，他过了好久也没有推荐一个人，太宗责问他，他回答说："当今已没有杰出的人才。"太宗说："君子用人如器，各取所长。古之致治者，岂借才于异代乎？正患己不能知，安可诬一世之人！"

所言实所思，谨以此文共勉之！

江平辩才：

老板是干什么的？老板就是找人用人的。找到合适你的人，用好你身边的人。

企业能做得起来的，事业能做得大的一个共性就是老板都是善于找人，更是善于用人的。所以，一切做得大的企业和一切能做成功的企业，老板的日常核心工作就是找人和用人。

搜药网董事长郭亚洲就是这样的老板，这也是我一天5个以上的电话催他的这个文章的理由和根本。

这些年中国医药行业出了两个现象，我把他们总结为组织文化现象。一是中国医药物资协会，在中国医药行业各类社团组织中，起步最晚，但发展最快，增速最大，影响惊人，一个纯民间的行业社团组织却已成了行业的各类企业家和各类高端人才景仰、向往和依赖的组织，一定是值得研究的。第二是搜药网，一个基于互联网技术的用药推介平台居然在众多同类型企业中10年左右的时间脱颖而出，在医药行业一枝独秀，这个组织的发展模式同样值得研究。

而研究的结果就是推动这两个组织高速发展的背后有一个共同的人，他就是郭亚洲。这样一来，对这两个组织发展的研究可以归结为对郭亚洲组织发展思想和组织发展文化的研究，于是就有了开篇我的观点，一个成功的老板一定是会找人会用人的老板。

这就是为什么中国医药物资协会和搜药网这些年组织高度成长的核心逻辑。

先来看找合适的人。什么样的人才是企业合适的人？企业合适的人究竟长成什么样？合适企业的人究竟在哪里？我怎么样吸引合适的人来我的企业和我一起发展共同成长？这4个问题系统地构成了企业人才的合适论。但恰恰有好多企业不去思考不去分析这些问题。我和很多企业老板讲这些时，他们第一反应是我做过这么多年的企业我怎么不知道我需要什么样的人？他们第二反应就是这是人力资源部的事和我做老板的没有关系。有这两种反应的我可以看到这类型企业的组织发展缺乏后力，企业一步步走向下坡。

因为企业在发展的不同阶段对同一个岗位的赋能是不一样的。

不同的企业在同一个时期对同样的一个岗位的需求也是不一样的。

需求的差异化和个性化构成了企业对人的合适性的理解和标准是不一样的。

没有合适的人，就没有绩效。一个没有绩效的组织，还会有未来吗？

再来看郭总的用好身边的人。

先讲一个故事，一个企业老板和我说，伍老师我现在最难的是身边没人可用啊。他和我说这个话的时候，他的身边有好多人，而且好多是在企业、在他的身边工作一二十年了。我回答他，你这么多人怎么说没人用呢？老板回答我他们都没办法用，做不了事。

这个时候我在沉默中思考了一个问题，一群在你企业干了一二十年的人，你说他们没用，那究竟是谁没用呢？

这个故事我相信不仅仅发生在这家企业的身上，在很多企业都会有这样的问题存在，这个问题我们姑且定位为"企业老人病"。

我的理解是，生了"企业老人病"的企业两个问题没有做好，第一是你根本没有放手放权让你身边的人去做去承担！第二是你从来没有基于企业经营环境的变化去培训他们、去提升他们、去改善他们。

放手放权让你身边的人去做、去承担是用好身边人的核心。没有一家企业一开始就找一大堆牛人，不仅成本很难支付，更关键的是初创的企业牛人扎堆没法融合。所以初创和发展中的企业往往一开始的员工能力、素质都未必很高、很优秀。这个时候，最需要的是企业给他加压，企业给他提供做事的机会，让他在做的过程中提升，让他在做的过程中培养他的担当和责任，这样一来，他对企业的适应性和融入感越来越强，他交付结果的能力越来越强，他对企业的认可度和在企业的坚持度越来越高，他自然就对企业忠诚并且成为企业的顶梁柱。

放手放权让你身边的人在做中学习、做中思考、做中总结、做中成长，从而会推动组织的可持续发展。

好多人问我，伍老师，老板的专业究竟是什么？什么样的人能做老板呢？

我回答他，老板可以什么都不懂，但必须懂人，找好人用好人。

汉高祖刘邦是，郭亚洲也是。

后记

我为什么要做这件事？

编完郭亚洲先生的《郭亚洲：才为业本，善用功成》并一口气写完这一期的"江平辩才"的文字后，全身有一种死一般的放松，空灵和自如，无牵无挂，甚至于最后的一个标点符号我的右手食指很重地在键盘上敲出。

那一刻，我知道，我终于可以稍稍放松一下了。

从2018年元旦的第一期，到这最后一期，一共编发了50期。这50期我是每周六或周日必定是端坐在电脑前，一边阅读着和领悟着文字里跳动的思想，一边思考从哪个角度去讲、去辩，既能贴切原文观点思想，又能从逻辑上引导大家更深的思考。

可以说，这50个星期的每一天，我都在忐忑不安和高度紧张的状态下度过的。

首先，我得着急稿件。约谁写？怎么约？他为什么写？他能按时写吗？他写的质量怎么样？有没有可读性？我们现在大家看到每周日晚上6点就会有新的文章出来，大家认为江平有这么多的人脉啊。我实是不敢苟同。我只能说做了10年的猎头，结识了很多朋友，有朋友不等于一定是人脉，更不等于一定是你的声望。

我在约稿的时候是有过选择和思考的。我约的人第一肯定是我认可的，第二我认为他也应该是认可我的。在我的理解中，双向的认可会有信任和默契，会有懂得和理解，会少了很多没必要的口水。

但事实是，有过太多的推脱和搪塞，也有了我一周每天都在微信催稿和一天打十多个电话的经历。正是这样的经历，让我对所有来稿的大咖，唯有感恩之心。感恩你们，才有了《AI时代重新定义人才》的成书。

我的第二个紧张源于"江平辩才"。我对文字是非常敏感的，所以我署名的文章是从来不假手别人的。因为我敲出的每一个字符是一定承载着我的思想的，是一定注入了我当时的感觉和情绪的，更是一定在我的人生专业阅历的CPU历经大量的搜索和调整才有的空灵和情趣，它一定是和我的思想、我的灵魂、我的身体状态一起呈现的原生态。

这就是独特、个性、有趣。

要对50篇都谈人才的文章进行解读，要解读得既贴合原意，又有独到思考，而且这些思考50篇各不一样，这就成了对我专业的考验、逻辑的考验和文字的考验。一个主题下，做出50种不同口味还得满足大家的菜，我是第一次。

所幸每一期出来后，都有阅读者对我的褒奖，这也是我在忐忑不安的状态下让我亢奋、让我欣喜的最好礼物。

感恩每一期每一个阅读者，是你们的阅读让我有了一期又一期做到了50期的动力之源。

话必须说回来。我为什么要做"才人说"？这得回归到一个点，人为什么活着？我从来不认为人是为自己而活的。人活着的唯一理由就是他存在的价值。他存在是因为被需要，在被需要的时候让他有了存在感，让他有了满足感，让他有了价值感。

存在、满足和价值构成了一个人活着的幸福感的全部。

因此，我存在的价值和意义在于被需要，这就是我做"才人说"的动力。

我在想，我做了20年的人才工作，我见到过太多专业很优秀的人才却无法在企业很好地融入，经常在职场中跳槽，结果几年下来没有建树，甚至于没有平台要他；我也见到太多的企业老板很有眼界，产品也很不错，但就是不懂得如何和人才相处留不住人才，导致企业发展缓慢甚至在退步。这个时候我就在思考，我可不可以邀请不同行业的不同职业的人才写一些他们是怎么做的？他们为什么这样做？他们这样做所收获的结果为什

后 记

么好？让他们自己去思考，去总结，去说，去谈，这样一来没有千篇一律，各自神采飞扬，然后我站在对人才专业思考的角度，从逻辑上梳理出一条通用的、共性的、有普适价值的道理，让大家有所感、有所悟、有所思、有所得。

我想这样的方法也是在人才发展这个领域所没有的方法论，于是有了《才人说 说人才》这个自媒体的问世和运营，也有了今天这本书和大家的见面。

所有的缘一切在善。在我看来，分享是积德，是行善。可能这本书有很多的观点和逻辑未必经得起推敲，但它让大家有了感受产生了感悟，这就是得。

感恩在自媒体版式和IP创意和设计中贡献自己智慧的午马猎头总裁钱晓芳钱掌柜、绿瘦副总裁杨东山好兄弟、我们的平面设计师蔡秋辉；

感恩每周一直在开展排版、校对、审核的午马猎头的品牌总监廖哲辉、行政总监李虹和我们可爱的小美女版面设计师王颖琪；

感恩我最尊敬的中国人事科学研究院余兴安院长百忙之中为本书作序。

因为有你们，才有《AI时代重新定义人才》。

如是后记。

伍江平

2018年11月15日